**메트로폴리스
서울의 탄생**

서울의 삶을 만들어낸
권력, 자본, 제도 그리고 욕망들

메트로폴리스
서울의 탄생

임동근·김종배 지음

바비

일러두기

1. 이 책은 2013년 10월부터 12월까지 방송된 팟캐스트 '김종배의 사사로운 토크(사사톡)'
   의 '도시정치학' 코너를 수정, 보완해 책으로 묶은 것이다.

2. 본문에서 김종배의 말은 '김'으로 줄여 색으로 표시했고, 임동근의 말은 '임'으로 줄여 검
   은색으로 표시했다.

3. 본문에 실린 각주는 편집주에서 정리해 넣은 것이다.

4. 각 장의 맨 앞에 실린 Introduction은 편집부에서 본문을 요약·정리해 넣은 것이다.

동사무소의 출현부터 신자유주의 도시계획까지
서울을 만들어온 통치술의 변화

1915년 미국의 사회학자 로버트 파크(Robert E. Park)는 「도시: 도시환경에서 인간행태를 조사하기 위한 제안들(The City: Suggestions for the Investigation of Behavior in the City Environment)」이라는 짧은 글을 발표한다. 지금으로부터 100년 전의 일이다. 사회학, 지리학, 인류학 등 도시와 관련된 사회과학 연구의 작은 출발점이다. 여기서부터 시작되어 도시사회학이라고 불리게 된 시카고학파의 일련의 연구는 이후 1938년 루이스 워스(Louis Wirth)의 논문 「도시성이란 생활양식(Urbanism as a Way of Life: The City and Contemporary Civilization)」에서 도시생태학으로 발전한다. 'city'에서 'the urban'으로의 전환이 이루어진 것인데, 우리말로는 둘 다 도시란 뜻이다. 하지만 'city'는 성(城)과 같은 물리적 중심에 가깝고 형용사에 관사를 붙인 'the urban'은 '도시적인 것'이라는 뜻으로 모든 도시적 행동의 집합이다. 우리가 도시사회를 보기 위해서는 공간뿐 아니라 새로운 인간 행동의 양태들을 보아야 한다는 쪽으로 패러다임이 전환되는 순간이었다.

　20세기 초의 이 연구들은 이미 사회과학의 고전이고 교과서마다 서문을 장식한다. 그러나 정작 중요한 것은 그 내용이 아니라 이 이론이 등장하고 발전해온 맥락이다. 19세기 말부터 20세기 초까지 미국의 주요 제조업 도시였던 시카고는 인구 증가, 외국인 유입, 공장들의 흥망성쇠, 도시 지역의 팽창 등등 새로운 현상들이 펼쳐지는 역동적인 공간이었다. 시카고학파의 연구들은 포착하기 어려운 도시공간의 이런 변화를 알기 위한 노력, 미지의 것들을 보기 위해 마치 현미경과도 같은 이론을 찾는 여정이었다. 연구자들은 그 변화의 공간을 '도시환경(urban milieu)'이라 명명하였다. 그들은 도시(city)는 도시적인 것(the urban)들이 생성하는 환경으로 파악해야 한다고 말한다.

　오늘날 메트로폴리스 연구는 한 세기 전의 도시 연구가 출발했던, 출발해야만 했던 상황과 비슷한 이유에서 출발한다. 전 세계에서 등장하는 거대도시들, 우리는 이 도시들이 어떻게 발생하고 작동하는지 거의 알지 못한다. 사람, 자본, 물건의 이동은 말 그대로 전지구적이며 잘사는 곳이나 못사는 곳이나 개발의 광풍을 맞았다. 정치학자들은 이를 신자유주의, 세계화(Mondialisation)라는 말로 설명하고 지리학자들은 특히 대도시화(Metropolisation)라는 공간적 현상에 주목한다. 하지만 도시를 인구 몇 만 이상으로 쉽게 정의할 수 없었듯이 메트로폴리스를 단순히 수백만 명이 사는 대도시로만 생각할 수 없다. 도시적인 것의 탄생을 목도하던 때처럼 우리는 메트로폴리스적인 것을 정의하고 상상해야 한다. 도시의 인구가 늘어남에 따라 어느 순간 메트로폴리스가 되는데, 그 순간을 결정하는 힘들을 보는 것, 이 부분이 메트로폴리스 연구의 기본 출발점이다.

서울은 메트로폴리스인가? 우선 서울은 독특한 도시이다. 1960년 대까지만 농촌 풍경을 간직했던 서울은 순식간에 시카고학파의 연구가 주목했던 '도시 공간'을 만들어냈고, 또 50여 년 만에 메트로폴리스로 성장하였다. 상경한 시골 사람들이 도시인으로 변하고 그 자식들이 세계도시 서울에 거주하는 이 역사에서 우리는 도시적인 것과 메트로폴리스적인 것을 구별할 수 있는가 하는 질문을 던질 수밖에 없다. 두 번째로 메트로폴리스는 그리스어로 '어머니의 도시', Μητρό πολη, 즉 모(母)도시란 뜻이다. 그렇기에 자식의 도시인 식민지(αποικί α)가 없으면 존재할 수 없다.* 물론 이는 아주 오래전의 용법일 테고 오늘날 메트로폴리스에서 고대 그리스의 식민지 개척을 떠올릴 사람은 없을 것이다. 그럼에도 이런 어원에 대한 참고는 학문적 영감을 불러일으킨다. 서울은 메트로폴리스인가라는 질문은 서울의 식민지는 어디인가라는 질문으로 이어지기 때문이다.

이런 문제 설정은 서울의 변화를 파악할 수 있는 단초가 된다. 도시적 삶이 익숙하지 않은 세대들, 그들의 성향은 도시 안에서 여전히 비도시적인 것을 꿈꾸었고, 근대화라는 깃발 아래 도시를 만들고 싶었던 욕망들, 만들 수 있다는 신념들은 도시 공간을 바꾸어갔다. 또 국내뿐 아니라 전 세계 사람과 물자들이 이동하며 국제도시 서울을 만들어내는 데 영향을 미쳤고, 이런 세계적인 흐름 속에서 작은 마을까지도 변화할 수밖에 없다. 결국 전쟁의 폐허에서 시작한 서울은 도시,

---

* 불어권에서는 오늘날까지도 메트로폴리스를 식민지 시대에 지배했던 지역에 대응하는 본토라는 뜻으로 사용한다.

나아가 세계도시로 빠르게 변해왔고 그 변화의 역동을 다른 어떤 도시들보다 '솔직하게' 드러낸다. 서울의 특수성이 메트로폴리스라는 거대 기계의 탄생과 작동 방식을 더 잘 보여주는 것이다.

메트로폴리스 서울의 탄생. 1965년에서 2015년 서울 수도권의 인구는 약 10배가 증가하였다. 1975년부터 1995년까지 20년간 매년 50만 명이 수도권으로 이주하였고, 정부에게 이들은 경제 발전을 위해 꼭 필요한 인적자원이자 동시에 도시 기반시설을 제공해야 하는 부담스러운 대상이었다. 인구를 수용하기 위한 정부의 노력은 하나의 장치(dispositif)를 통해서 이루어지지 않았다. 행정, 교육, 치안, 경제 시설, 도로, 병원 등 수많은 시설들이 기능적으로 구획된 '도시환경'을 만들었고, 그 공간들을 주기적으로 순환하는 도시인도 만들었다. 그러나 그렇게 도시환경과 도시인들이 만들어지는 과정은 당연한 것도 아니었고 자연스러운 것도 아니었다. 오히려 정부 정책 등 권력기관의 실천들이 누적되면서 통치의 특정한 방식들이 형성된 결과이다.

필자는 바로 그 지점에 주목해서 동사무소의 출현부터 신자유주의 도시계획의 집행까지 서울을 만들어온 통치술의 변화를 추적하고자 했다. 필자는 『서울을 통치하기』라는 필자의 박사논문이자 2004년부터 10년간 지속해온 연구 결과물을 정리하던 2013년 '사사로운 토크'라는 팟캐스트 출연을 제안받았다. 그리고 방송 녹취록을 기반으로 한 대담집과 연구서를 같이 출간하기로 하였다. 시기적으로 학술 연구서가 먼저 나오길 바랐으나 1000페이지에 달하는 그 책의 정리가 지연되었고, 같이 내기로 한 대담집은 방송한 지 벌써 2년이 되었기에 더 이상 출간을 늦출 수가 없었다. 대화는 많은 자료와 생각들을 통해 사고의 깊이를 전달하기에는 부족한 방식이다. 그럼에도 지식을 보다 쉽게 그리고 핵심을 찔러 전달하는 좋은 방식이다. 연구서보다 먼저 활자화되는 이 대담집이 서울로 이주한 이방인들, 서울을 타지로 바라볼 수밖에 없는 그 사람들에게, 서울을 더 쉽게 이해할 수 있는 이야기들을 들려주기를 바란다.

2015년 7월
임동근

정치지리학의 매력에 빠지다

다른 건 몰라도 그린벨트만은 박정희의 업적이라고 생각했다. 여러 사람이 그랬듯이 나 또한 이렇게 생각했다. 민주주의를 짓밟은 독재자의 면모가 아무리 부정적이라도 잘한 게 하나라도 있다면 인정해야 한다고 생각했다. 그린벨트 지정만은 잘한 일이라고, 멀리 내다보고 집행한 친환경 정책이라고 생각했다.

개발 논리에 빠진 마구잡이 프로젝트일 뿐이라고 치부했다. 어떤 시장이 '디자인' 운운하고 '크루즈선' 운운할 때 기껏해야 아류밖에 더 되느냐고 취급했다. 전임 시장의 뉴타운 '약발'에 자극받은 후임 시장의 사탕발림 정도로 일축했다. 기껏해야 시멘트 개발주의의 화려한 포장술 정도로 치부했다.

정치지리학이라는, 낯선 탐구법을 접하기 전까지 그랬다. 나 또한, 아니 나부터가 선입견과 고정관념의 우물에 갇힌 개구리였다. 그린벨트에 탐욕의 동기가 깔려 있고 디자인서울에 신자유주의 광풍이 스며 있다는 사실을 두루 보지 못한 채 일면만 핥고 있었다.

처음에는 혼란스러웠다. 권력의 작동 원리와 금력의 동원 기제, 여기에 말단 행정력의 집행방식까지 총망라하는 탐구법을 따라가기가 벅찼다. 내 머리의 단순성을 탓하지 않고 오히려 정치지리학의 '잡스러움'을 탓했다. 하지만 잠시뿐이었다. 정치지리학의 탐구법은 '잡스러움'이 아니라 '종합' 그 자체임을 인정하지 않을 수 없었다. 모든 것은 상호작용하기에 종합적으로 봐야 하고, 인과관계는 거미줄처럼 얽혀 제 모습을 감추기에 여러 경로로 탐구해야 한다는 사실을 인정하지 않을 수 없었다. 정치지리학은 그런 학문이었다.

정치지리학이 '메트로폴리스 서울'의 비밀을 풀어헤치면서 다시금 깨닫는 게 있었다. 생활정치의 중요성이었다.

그린벨트의 비사와 디자인서울의 배면, 여기에 판자촌 철거의 정치학과 아파트 건설의 사회학은 정치의 영역이 청와대나 여의도로 국한되는 게 아니라는 사실을 드러냈다. 정치 논리는 궁극적으로 우리 삶 구석구석에 스며들고, 권력의 위력과 위험은 신문 정치면이 아니라 내가 사는 통·반에서 더 능란하게 전개된다는 사실 또한 드러냈다. 이런 사실이 드러날수록 정치 현장은 생활공간이어야만 한다는 깨달음은 커졌다. 권력은 욕망이라는 숙주에 기거하고 개발이라는 전이체를 타고 확장하기에 우리 생활 속의 개발 욕망 실체를 정면으로 바라봐야 한다는 것, 그리고 그런 실체에 맞게 변화의 메스를 가해야 한다는 것이 깨달음의 요체였다. 생활정치는 바로 이런 과제에 답을 내놓는 것이라는 깨달음도 함께.

이 책의 원천이 됐던 팟캐스트 '사사로운 토크'를 제작할 때가 떠오

른다. 임동근 교수가 무지막지하게 풀어놓은 이론과 정보 더미에 깔려 말 잇기조차 힘들었지만 팟캐스트 진행자로서 내색을 할 수 없었던 그때의 난감함, 문득문득 새로 발견하는 게 있어 감탄사가 튀어나오는 데도 역시 팟캐스트 진행자로서 짐짓 태연한 척할 수밖에 없었던 그때의 난감함. 하지만 돌아보면 정말 충격적인 만남이었고 발견이었다.

이 책의 공동저자로 내 이름이 올라가 있지만 이건 잘못된 편집이다. 나는 그저 팟캐스트 진행자로서, 아니 무지렁이 시민으로서 궁금한 점을 묻는 역할밖에 한 게 없다. 정치지리학의 세계를 열고, 종합적 탐구법을 보여주고, 감춰졌던 진실을 드러내는 역할은 모두 임동근 교수에 의해 이뤄졌다. 이 자리를 빌어 임동근 교수에게 감사의 말씀을 전한다. 새로움은 짧은 혼란 뒤에 긴 기쁨을 선사하는 법. 임동근 교수는 그런 새로움을 준 사람이다.

2015년 6월
김종배

차 례

1

동사무소에 얽힌
정치의 비밀

녹음일 2013.10.01.

동은 역사적으로 우물 공동체를 지칭하는데 한국 최초의 동사무소는 1920년 콜레라 발병 때로 거슬러 올라간다. 북촌 양반들이 가산을 보호하기 위해 삼청동 중심으로 모여 사무소를 열고 위생 관련 업무를 보기 시작한 것이 시초이다. 중앙 정부는 이렇게 자치 조직으로 시작한 동을 평화 시기에는 자율권을 풀어줬다가(비용 차원의 아웃소싱) 필요할 때는 다시 행정조직으로 만들어 동원하는 식으로 활용해왔다.

가령 이승만 정권 이후 1949년 지방자치법이 등장하며 1955년 최초의 동장 선거가 시행된다. 해방 이후부터 계속 배급권을 가지고 있던 동장은 지역단위에서 막강한 권한을 가지고 있었다. 이승만 정권 말기 선거에 동장들이 동원되면서 횡령 등의 부정부패가 만연하고 급기야 1958년 24파동 때 동장을 다시 임명제로 바꾸는 법안이 국가보안법과 함께 통과된다.

4·19혁명 이후 우리나라 지방자치법에서 가장 민주적이라고 생각되는 지방자치법 개정안이 통과되고 동장 선거가 부활하지만 서울은 미처 선거를 치르기도 전에 5·16 쿠데타를 맞았다. 쿠데타 세력은 동장의 자격 조건으로 45세 이하일 것, 5년 이상의 행정 경험, 정치적으로 당적이 없을 것, 해당 동에 거주할 것, 체력이 건강할 것 등의 조건을 내걸고 1961년 7월 새로 뽑힌 동장들을 모아 신고식을 했다.

이렇게 해서 24시간 근무체제의 동사무소 제도는 파출소 제도와 함께 1970년대 즈음 완전히 자리를 잡았다. 이는 역설적으로 한국이 자랑하는 고도의 생활 밀착 행정 서비스의 조건이 되었지만 이전보다 더 적은 인력과 자원으로 훨씬 넓은 인구 및 면적을 통치할 수 있게 된 현대사회에서 동사무소의 역할은 애매할 수밖에 없다. 그래서 '국민의 정부' 이후에는 이를 다시 주민자치센터, 주민교육시설, 복지시설로 바꾸거나 혹은 파출소처럼 아예 없애자는 논의가 시작되었다.

베트남전쟁과 정치지리학의 부상

김　먼저 정치지리학이 뭐예요?

임　지리학의 한 분야라고 생각하시면 됩니다. 정치학 쪽에서는 지리정치학이라고, 줄여서 지정학이라고 부르는 경우가 많았습니다. 정치지리학은 지리학 쪽에서 접근하는데 지정학과는 조금 강조점이 다릅니다. 정치학은 선거 이야기를 많이 합니다. 반면 정치지리학 같은 사회과학 분야에선 주로 권력 이야기를 하고요.

김　제가 고등학교 다닐 때 들어본 게 국토지리, 인문지리…… 두 가지 밖에 없거든요.

임　지리학의 분야는 굉장히 많습니다. 솔직히 말씀드려서 세분화하자면 끝이 없기 때문에 일반인들이 해당 분야를 상세히 구분해야 할 필요는 없겠죠. 결국은 땅 위에 있는 모든 것이 자원이라고 할 때, 이 자원의 발생과 이동, 분배 등을 연구하는 학문이 지리학입니다. 또 정치든 권력이든 인간이 이 자원을 어떻게 만들어내고 변화시키는지 연구하는 학문을 정치지리학이라고 합니다. 문화지리학이 문화로 자원을 만들어 사람들에게 어떻게 배분하는가를 탐구한다면, 정치지리학은 정치가 어떤 식으로 자원 배분을 관리하면서 사회를 바꾸어가는가를 보여주는 거죠.

김　아, 이제 좀 감이 오네요.

임　권력과 관련해선 막스 베버(Max Weber)의 영향을 받은 흐름이 있습니다. 로버트 달(Robert A. Dahl)의 『누가 통치하는가(Who governs?)』(1961)와 같은 논지를 따르는 흐름인데, 1970년대 이후 권력을 소유가 아닌 관계로 바라보는 미셸 푸코(Michel Foucault)로 인해 정치지리학 담론이 더 풍부해졌습니다. 미시적인 권력 행위들, 권력관계들이 어떤 식으로 도시 혹은 공간 안에서 펼쳐지는가를

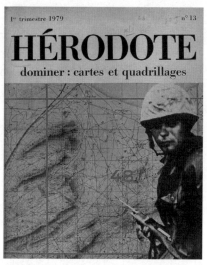

1979년 발행된 《에로도트(Hérodote)》 제13호 '지배하기: 지도와 방안'

질문하며 1980년대 정치지리학이 하나의 학문으로 자리 잡습니다.

여기에 또 하나 중요하게 고려해야 할 것들이 있습니다. 베트남전쟁을 비롯해 세계사 차원의 움직임들이 있었고, 세계경제가 재구조화되면서 '정치'에 대한 관심들이 많아집니다. 지리학 역시 이런 영향을 받아 프랑스에서 《에로도트(Hérodote)》라는 지정학을 여는 잡지가 1966년에 탄생합니다. 전 세계적으로 정치지리학의 붐이 일었습니다. 특히 베트남전쟁에 대해 지리학자들이 질문하기 시작한 것은 새로운 사건이었습니다. 그 전까지 전쟁은 정치와 외교의 문제로 치부했습니다.

김 전쟁은 정치, 군사, 외교 분야의 문제 아닌가요?

임 이 전쟁을 계기로, 미국을 필두로 전 세계에서 전쟁이 지리학이라는 학문의 연구 대상이 됩니다.

김 맛보기로 잠깐만 이야기해주세요. 지리학 관점에서 베트남전쟁은 어떻게 얘기할 수 있나요?

임 베트남전쟁이 일어나기 전에도, 프랑스뿐만 아니라 영미권 지리학, 특히 2차 세계대전 이후의 지리학은 세계경제의 재건에 기여했습니다. 전쟁을 통해 팽창한 국가가 주도해 양산한 생산 설비들이 어디로 갈지를 결정했습니다.

김 그러니까 박정희 정권 때 수립한 국토개발 5개년 계획과 비슷하게 전쟁을 계획한다는 거죠?

임 비슷합니다. 예를 들어 남동임해공업단지처럼 계획하고 시설을 배치하면 효과가 어떨지를 계산하는 지리학이 풍미했습니다. 전쟁을 치르는 것과 똑같습니다. 전쟁도 하나의 지역을 파괴하기 위해서 혹은 전투를 수행하기 위해서 항공기는 어떻게 보내고 보급은 어떻게 하고 등을 과학적으로 계산하는 것이니까요. 그래서 산수를 해보고 이길 수 있을 때 전쟁에 개입하고, 돈도 거기에 맞춰 공급했습니다.

그런데 베트남전쟁은 그게 아니었습니다. 계산을 무수히 했지만 이기지 못했습니다. 왜 졌을까? 도대체 미국이 무엇을 잘못했을까? 고민을 하다 보니까 땅, 그 위에 만들어진 문화, 이 문화 안에서 누가 무엇을 지배하는가, 그 지역에 권력이 어떻게 분포하고 사람들은 어떤 식으로 명령을 받는가 등을 모르면 전쟁에서 이길 수가 없다는 점을 깨닫습니다. 그러면서 문화가 지리학에서 화두가 됩니다. 이렇게 등장한 문화지리학이 1세대 문화지리학이고 2세대는 신자유주의 이후를 이야기하게 됩니다. 아무튼 그때 문화지리학과 함께 정치지리학도 지리학의 주요 분야가 됩니다.

김   그러니까 베트남전쟁은 전형적으로 유격전, 게릴라전 양상을 띤 전쟁이잖아요. 민과 군이 잘 구분이 안 됐던 전쟁 아니었습니까? 그런데 이전처럼 정규군과 정규군이 맞붙는 전쟁만 생각을 하면 답이 안 나오는 거죠. 문화적 배경이라든지 지배 관계를 모르면 전쟁과 연관된 산수를 할 수 없다, 그래서 문화나 정치가 지리학의 영역이 됐다, 이런 이야기가 되는 거군요.

임   베트남전쟁 이후 미국 지리학은 크게 변화합니다. 예전 지리학의 연구 대상은 기본적으로 식생(植生)의 문제였습니다. 어디 가면 뭐를 먹고 산다, 일은 누가 어떻게 한다 등등 자연의 식생과 인간 문명의 관계를 다뤘습니다.

김   우리 고등학교 때 지리 시간에 그런 거 배웠죠.

임   또 특정 식물의 남방한계선, 북방한계선 등을 공부했습니다. 그다음에는 촌락 구조라든지 촌락에서의 명령 체계 등을 배웁니다. 이를 인류학적으로 풀면, 푸코의 문제 설정으로 보았을 때 일종의 '서식지' 연구입니다. 서식지 개념으로 풀지 않으면 지리를 무대로 벌어지는 현상들을 설명하지 못한다는 겁니다.

김   사람한테도 서식이란 표현을 씁니까?

임   예, 약간 반인간적인 의미가 있습니다.(웃음) 영어로 보면 이 서식지가 하비태트(habitat)입니다. 어떻게 먹고 누구와 같이 먹느냐 등을 다루는데 동물 연구에서 쓰는 서식지 개념과 크게 다르지 않습니다.

김 　정치지리학은 그렇고, 도시정치학은 또 뭔가요?

임 　방금 언급한 '서식지' 중에 '도시 서식지'란 말이 있는데, 영어로는 'urban milieu', 도시환경이라고 주로 번역했습니다.

김 　정치지리학에서 범위를 좁혀서 도시만 바라보는, 어떻게 보면 정치 지리학의 세부 주제라고 봐야겠네요.

임 　그렇죠. 그런데 도시지리학에서 이 부분(도시정치학)이 특히 중요해집 니다. 지금 국가의 부, 세계의 부 같은 경제적인 부들이 엄청 빠르게 움 직이고, 이 속도를 따라잡지 못하면 경제성장도 못 하는 상황입니다. 이 런 상황에서 도시 안에서의 결정권, 그러니까 도시 권력이 세계 질서에 미치는 영향이 큽니다. 그런 면에서 도시를 더 부각시키며 조명하는 학 문이 도시정치학입니다.

　가령 다세대·다가구 주택이 갑자기 많이 등장한 시기는 1980년대 후반입니다. 여기에 김영삼 정권이 기름을 부었는데, 세계화와 관련이 있습니다. 또 지금껏 그린벨트는 환경 정책으로만 보았습니다. 그런데 처음 아이디어는 그게 아니었습니다. 경부고속도로를 건설하다 보니 그린 벨트 지정까지 간 겁니다. 일종의 효과의 연쇄입니다. 이런 게 바로 정치지 리학이나 도시정치학이라고 이름 붙여진 학문을 흥미롭게 만드는 지점입 니다. 작은 현상을 가지고 설명을 하다 보면 이전에는 전혀 다른 사안이 라고 생각했던 것들이 서로 연결되어 있는 모습을 발견할 수 있습니다.

전염병과 동사무소의 출발

김　본격적인 이야기로 들어가죠. 도시민들은 홀로 존재하지 않습니다. 백이(伯夷)와 숙제(叔齊)가 아닌 이상, 산 속에 들어가서 나물 캐 먹고 살리도 없으니 누구든 어딘가에 소속되어 있고 일상도 행정 편제를 따를 수밖에 없는데, 한국인에게는 가장 기초적인 조직 단위가 이른바 도시의 경우는 동 아니겠습니까? 동에 얽힌 정치의 원리. 이 주제로 이야기를 풀어보겠습니다. 두괄식으로 가죠. 동에 얽힌 정치의 비밀, 이게 뭡니까?

임　처음 동은 자치 조직이었는데, 권력이 필요할 때면 행정조직으로 바꾸었다가 다시 자치 조직으로 풀고 때 되면 다시 행정조직으로 바꾸었습니다. 전시 동원 체제라든지 배급 체제 같은 어떤 한 방향으로 주민들을 움직여야 할 때에는 동을 강한 행정 기계로 바꿔버립니다. 그러다가 동을 유지하는 데 돈이 많이 든다 싶으면 이걸 자치 조직으로 바꿔서 너희 돈으로 너희가 알아서 하라고 하는 거죠.

김　돈이 많이 들겠다 싶으면?

임　네, 왔다 갔다 했던 겁니다. 이런 과정이 계속 반복되었죠. 권력이 필요에 따라 자치 조직과 유사한 여러 명칭을 붙여가면서 대중이 갖고 있는 에너지를 활용했던 겁니다.

김　역사적으로 훑지 않을 수 없는데, 저는 시골 출신이라고도 말씀드렸으니 단순하게 드는 의문을 말씀드릴게요. 시골에 오래된 전통적 자치 단위, 옛날부터 내려오던 자치 단위가 있지 않습니까? 그렇죠? 거슬

『망우동지』 중 「망우총도」

러 올라가다 보면 조선시대에까지 이를 텐데요.

임 고려 말까지 올라갑니다. 조선왕조실록 중 태조실록에 태조가 송악의 철동에서 태어났다고 나옵니다.

김 지금의 개성이죠 송악이. 철동이 어디에요?

임 저도 잘 모르겠는데, 아무튼 동이란 지역 명칭이 여기서부터 나옵니다. 이때부터 동은 존재했다고 봅니다. 학문적인 근거는 없습니다만 동을 쓸 때 물 수(水) 변에 같을 동(同)자를 쓰거든요. 그러니까 물을 같이 쓰는 사람들을 지칭했다고 여겨집니다. 제가 역사학자는 아니니까 확답을 드릴 수는 없습니다만, 편의상 우물 공동체가 아니었을까 생각하고 있습니다.

김 그러고 보니 저 어릴 때에도 시골 마을은 우물 공동체였어요. 우물에서 온갖 정보가 교환되고 마을끼리 교류하고.

임   18세기에 출간된 『망우동지(忘憂洞誌)』*가 있습니다. 여기에 보면 도시의 향약과 같은 '동약'이 있는데, 보통 중인(中人)이 동을 말단 행정 관리인 서리처럼 관리하며 책임을 지고, 몇 개의 가문들이 하나의 동에 속합니다. 논에 물을 대기 위한 마을 협약 등을 다루지 않았나 싶습니다. 그래서 동약, 동계 등 여러 명칭 속에서 '동'이 계속 쓰였던 겁니다.

김   물 대는 일로 집안끼리 싸움 나는 경우 많았어요.

임   유력한 두 가문이 있을 경우에는 문제가 심각했을 겁니다. 해당 가문의 중인들끼리 모여 번갈아 가면서 사무를 보았습니다. 이런 관행은 갑신정변 때 도시 행정구역이 설치되면서 공식화됩니다.

김   그럼 다시 우리가 알고 있는 동사무소의 출현부터 이야기를 풀어가 볼까요. 지금은 동사무소가 안 보이죠?

임   예, 주민자치센터죠.

김   여기선 그냥 동사무소라고 부르기로 하죠. 동사무소가 일제강점기에 생겼는데 이게 콜레라 때문이라고요?

임   전 세계에 동사무소가 있는 나라가 얼마 없습니다. 우리나라가 유일하다시피 한데······.

● 서울시 중랑구 망우동에 관한 인문지리서로, 조선시대 지리지가 일반적으로 군현별로 편찬되었는데 비해, 이 지리지는 동 단위로 편찬되었다는 특징이 있다. 내용상으로도 동계, 동규, 향약, 선생안, 선배비장 등 지방의 특수 사정을 상세히 기록하여, 조선시대 지방사 연구의 귀중한 자료가 되고 현전 사례가 매우 드물다. 서울특별시 유형문화재 제299호, 서울역사박물관 소장 유물.(1760년)

김　진짜요?

임　많은 분들이 '외국에도 동사무소 있어요?'라고 물어보시는데, 외국에는 거의 없습니다. 왜냐하면 지금은 말단 행정기구를 둘 필요가 없으니까요.

김　그러면 행정구역 편제가 어떻게 돼 있는 거예요?

임　동보다는 조금 크고 구보다 조금 작은 게 기초단위죠. 역사적인 연원은 아직까지는 설입니다만, 흥미로운 부분이 많습니다. 전에는 '폴리스(police)'가 일반 행정 관료에 해당했습니다. 프랑스 역사에서 19세기 때 잠깐 '카르티에(quartier)'라는 구역이 생깁니다. 동네마다 경찰이 일반 행정을 본 시기입니다. 그때가 마침 메이지유신 끝나고 일본 사람들이 전 세계를 돌면서 제도를 수입할 때와 겹칩니다. 그때 프랑스로부터 경찰 제도를 도입합니다. 일본에서 메이지유신 이후에 카르티에를 '정회(町會)'의 모델로 잠깐 쓰지 않았나 싶습니다.

김　여기서 정(町)이라는 게 우리에게는 동이죠.

임　네, 일본 정회는 동회와는 조금 다르지만, 아무튼 우리나라에서도 비슷한 의미로 동이라는 단위가 도입되었습니다.

김　그럼 일제 총독부가 이른바 동사무소를 이식시킨 겁니까?

임　아닙니다. 일단 당시에는 정이니까 정이라고 말씀드리겠습니다. 정에는 정총대(町總代)라고 해서 지금으로 따지면 동장을 뽑았는데, 정총대는 행정을 도와주는 역할을 합니다. 업무가 딱히 정해져 있진 않았습

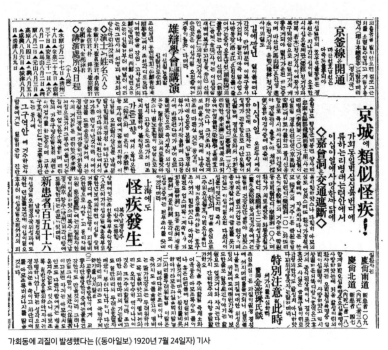

가회동에 괴질이 발생했다는 《동아일보》 1920년 7월 24일자 기사

니다. 경성부(서울시)에 왔다 갔다 하면서 행정을 보조했습니다. 그렇기에 사무소가 있을 리가 없죠. 그런데 1920년에 처음으로 우리나라에서 사무소 건물이 만들어집니다.

김 그런데 이게 콜레라하고 무슨 상관이 있었다고요?

임 1920년 여름 콜레라가 유행합니다. 당시에 콜레라가 부산을 통해 올라왔습니다. 일단 전염병을 처리하는 경찰의 방식은 좀 무식합니다. 전염되면 안 되니까 감염된 사람이 한 명이라도 나왔다 하면 영화에 나오는 것처럼 해당 구역에 못 들어가게 하고 오염원들을 다 불태웁니다. 우물에다 약 타고 광은 다 태우는 식이죠. 양반들, 당시 귀족들 입장에선 자신의 재산이 한순간에 사라지는 겁니다. 머슴 하나 병에 걸렸다고 하면 99칸이든 100칸이든 집안에 있는 광을 다 태워버려야 하니까 문제가 심각한 거죠. 경찰이 아주 단순하고 무식하게 일을 벌이면 큰일이라 부촌을 중심으로 몇몇 가문들이 모여서 '우리가 알아서 통제하겠다. 경찰 들어오지 마라.' 하면서 바리케이드를 쳤습니다. 바리케이드를 치고 마을에서 자기네들끼리 병자 관리를 합니다. 지금으로 따지면 현대 사옥과 안국동 즈음에서 계속 망을 보면서 경찰이 못 들어오게 막고 안에서는 자체적으로 문제를 처리하려고 합니다. 그 와중에 삼청동 쪽에서 처음으로 여러 개의 동이 모여 사무소를 열고 사무소에서 위생 관련 업무를 보기 시작합니다. 그게 우리나라에서는 동사무소의 시초라고 봅니다.

김　정확히 말하자면 콜레라 때문이 아니라 재산 때문이었군요. 주도한 이들은 귀족들, 양반들이었고. 그런데 조선총독부에서 강제로 제도화한 이유는 뭔가요?

임　재미있는 부분입니다. 서울의 남촌이라고 불리는 명동 지역은 일본 권력이 셌고 북촌은 조선인 권력이 셌는데, 나중에 위생 통계를 내보니까 위쪽이 훨씬 효과가 좋은 거예요. 돈도 훨씬 적게 들었습니다. 왜냐면 군대든 경찰이든 들어가서 작업을 하려고 하면 일단 한국 사람들을 대상으로 총을 겨누거나 칼을 겨누면서 물리력을 동원해 통과해야 했거든요. 이와 관련한 비용이 절약되는 겁니다. 알아서 자기들이 관리를 했기 때문에요. 조선인 입장에서 보면 여차하면 내 재산이 다 날아간다고 생각했기 때문에 위생적으로도 미리미리 깔끔을 떱니다. 그러다 보니 병자 발생도 낮고, 병자 처리 면에서도 효과가 더 좋았던 겁니다.

김　조선총독부 입장에선 손 안대고 코 푸는 격이네요.

임　그렇죠. 그래서 처음에 정동의 위생조합 형태로 위생 자치 제도가 만들어지면서 경찰 개입이 약화되고, 경찰 동원 비용이 감소하니, 경성부 입장에선 훨씬 좋은 자치 모델로 정회를 보급한 겁니다. 그러다가 1933년도 즈음 되면 '정'이 제도로서 강제됩니다.

김　그런데 옛날이야기를 들어보면 두레가 있었잖아요. 가래질 등을 하려면 마을 사람들이 모여서 협동을 해야 하는데 그것까지도 감시하고 탄압했다고 들었거든요. 농사일 때문에 모이는 것조차 뭔가 모의할까 봐 감시하던 조선총독부가 정회를 조직하라고 하고 관련 사무소를 두게 했다, 앞뒤가 안 맞지 않나요? 자기들이 알아서 조선 민중의 조직화에 앞장섰다는 이야기인데요.

임　평화의 시기엔 이런 식으로 비용을 절약하는 게 권력의 통치 메커니즘 중 하나입니다. 1930년대 중반 사회가 안정된 느낌이 들자 사회 안정에 썼던 비용을 절약하는 거죠. '너희들이 알아서 잘 살아라, 대신 무슨 무슨 조건하에.'라는 식으로 조건부 자치 제도를 두는 겁니다.

김　'너희들끼리 알아서 잘해. 하지만 까불면 죽어!'

임　'평화 시기'엔 통치 기술이 발전하거든요. 식민통치기를 평화로운 시기라고 할 수는 없을 텐데, 여기서 말하는 '평화 시기'는 인구 이동이라든지 경제변동 등의 진폭이 어느 정도 안정되면서 통치자 입장에서 예측 가능한 시기를 말합니다. 그런 시기엔 비용 감소 측면에서 통치 권한을 아웃소싱하는 거죠. 그때 정회 제도가 만들어집니다. 하지만 아주 잠깐이에요. 다시 전시체제로 돌아가면서 훨씬 더 강한 통제 체제로 바뀌어버립니다.

김 만주사변하고 연결되는 건가요?

일 예, 만주사변하고 제2차 세계대전과 연결됩니다. 정과 물자의 배급이 연결됩니다. 쉽게 말하면 식량을 주고 전시 동원을 하는 거죠.

김 그러니까 강제 징집에, 징용, 심지어 징발까지 했잖아요. 태평양전쟁 말기에는 가마솥까지 뜯어갔고요. 수탈의 말초 조직이 바로 정이었군요?

일 그렇죠. 결과론적으로 설명하면 좀 어이가 없지만 조선인들이 위생 때문에 만들어놓은 자치 조직을 일본인들이 활용하며 방금 말씀하신 대로 가마솥까지 뜯어 간 거죠.

김 말이 좋아 기능 전환이지, 악용이죠. 총독부가 강제했던 이유가 따로 있었군요. 동원 체제 구축.

일 동원 체제도 국민 통치의 개념은 아니었습니다. 정부가 한 사람 한 사람을 주민등록번호 몇 번 이렇게 호명하는 식은 아닙니다. 정회 쪽에 '돈을 얼마 줄 테니 청년 몇 명 데려와라.'고 했어요. 영토 통치 차원에서 넘긴 것입니다. 그 편이 돈이 훨씬 덜 드는 통치였습니다.

김　이른바 정회별로 할당량을 정해주고 닦달을 했군요.

임　대신 식량을 주었습니다. 그래서 배급제와 징집은 진행 과정이 거의 비슷합니다. 한국전쟁 때도 상황은 비슷했습니다.

건준과 미군정의 통치 능력

김　해방 후에는 어땠습니까?

임　건국준비위원회(약칭 건준) 이야기를 빼놓을 수가 없는데……. 여운형 선생이 계동에 있었고 계동에 건준 사무실이 있었습니다.

김　계동은 헌법재판소 있는 쪽이죠?

임　예, 현대 사옥 뒤쪽이죠. 그런데 건준이 해방 이전부터 도시 통계 등을 많이 손에 넣었습니다. 쉽게 말하면 스파이를 통해 조선의 실정을 훤히 들여다보고 있었습니다. 그래서 1945년 8월 15일 이후 건준에서 나온 발표문을 보면 이렇습니다. '쌀 배급과 관련해서는 예전과 똑같이 할 테니까 전혀 걱정하지 마시고 일자리로 가세요.' 그래서 보통 우리가 생각할 때에는 해방 이후 약탈도 많고 일본인 폭행도 많았을 것 같은데 조용히 넘어갑니다. 너무나 평화롭게, 기층을 장악했던 겁니다. 실제로 통치 능력 차원에선 건준이 미군정보다 훨씬 더 잘 준비되어 있었을 거라고 생각합니다.

김　그러니까 건준의 하부 조직이 이른바 정이었던 거군요.

For use by War and Navy Department Agencies only
Not for sale or distribution

KYONGSONG OR SEOUL (KEIJO)
KYONGGI-DO (KEIKI-DO), KOREA

Scale 1:12,500

CONTOUR INTERVAL 10 METERS
POLYCONIC PROJECTION

SEE BACKUP FOR INDEX TO ADMINISTRATIVE UNITS

ZONE C

LEGEND

HEIGHTS AND DEPTHS IN METERS

HAN GANG

A.M.S. L951
1st Edition JUNE 11, 1946

해방 후(1946년)의 서울을
담은 미군정의 지도

임 그렇죠. 그런데 정회가 신탁운동, 반탁운동에도 토대가 됩니다. 당시에 좌익 우익 가리지 않고 여러 정치 세력이 있었는데, 좌익이 몇몇 정회를 포섭합니다. 또 의식화 교육도 진행합니다. 한글 가르치고 청소 같이 하고 위생 문제도 교육하고 경제문제까지도 같이 돌보았습니다. 일제시대 때부터 전쟁 끝나고 상황이 복잡할 때, 이런 말단 조직의 기능은 다양했습니다. 난민, 고아 구휼 문제, 즉 돈을 푸는 작업과 함께 범죄를 막으면서 안정된 경제활동을 보장하는 역할을 정회가 했던 겁니다.

김 그럼 정회를 바라보는 미군정의 태도는 어땠습니까?

임 당연히 못마땅해했죠. 왜냐하면 동제는 배급제랑 결부되어 있는데, 유령인구가 정말 많았어요. 왜냐하면 당시에 주민등록등본도 없었을 거 아니에요? 호적은 본적만 있고 아버지가 누구인지 등 가족관계나 적혀 있지, 어디 사는지 자식이 몇인지 잘 안 나오거든요. 이런 상황에서 믿을 만한 서류는 1939년부터 만들어놓았던 정적부, 해방 후 1949년에 동적부로 바뀌는 목록밖에 없었던 겁니다. 이건 전시 식량 배급 하려고 만든 주민 리스트인데 세상이 바뀌고 나니까 사람들의 이동이 어마어마해집니다. 예를 들면 개똥이 엄마 아들 누구는 충청도 가 있는데 서울에서 쌀을 받고, 또 충청도에도 정적이 있다면서 거기서도 쌀을 받고 이러면서 유령인구들이 탄생하는 거죠. 이런 유령인구들이 미군정 입장에서는 굉장히 골치 아픈 겁니다. 쌀을 축내는 건 둘째 치고, 제헌국회를 구성하는 등 각종 선거를 해야 하는데 국민 리스트가 없는 상황이거든요.

김   신거인명부를 만들 수 없는 거군요.

임   그렇죠. 그래서 새벽 1시에 주택가를 뒤져서 상주인구들과 아귀를 맞추려고 무진장 애를 씁니다.

김   이른바 인구조사를 한 거네요.

임   네, 선거를 앞두고 미리 한 거죠. 조사도 황당합니다. 새벽 1시에 현관문 똑똑 두드리면서 쳐들어와서 몇 명 사는지 머릿수 세서 리스트를 만든 거죠.

김   왜 새벽에 그랬대요? 가족들이 다 있을 거라고 생각했나요?

임   그렇죠. 아무튼 당시에 정회의 유령인구 때문에 골치가 아팠는데, 문제는 정회장들이 좌익이든 우익이든 유령인구를 통해 쌀을 얻어서 정치자금으로 만들어버립니다. 찬탁 쪽이든 반탁 쪽이든지요.

김   찬탁운동이나 반탁운동에 그 자금, 쌀 배급을 받아서 현금화한 돈이 운동 자금으로 들어간 거군요.

임   재미있는 에피소드가 있습니다. 원래 찬탁 반탁 치고 받고 막 싸워야 할 것 같잖아요. 그런데 미군정이 동회를 없애겠다고 하니까 양쪽 다 반대를 하는 거예요.

김   이른바 찬탁 반탁 연합이 형성된 거네요.

임   그렇죠.(웃음) 정회가 양 진영의 돈줄이었던 거예요. 아무튼 미군은 이걸 없애고 구를 강화하려고 했는데 끝내 실패했습니다.

1949년 지방자치법과 1955년 1회 동장 선거

김 그럼 이승만 정권 들어선 어땠습니까?

임 이승만 정권 때를 말하기 전에 한국전쟁 시기를 먼저 얘기해야 하
는데요. 1949년도에 지방자치법이 만들어지면서 동회를 지방자치 조직
으로 아예 못을 박아버립니다.

김 법적 근거를 마련했군요.

임 네, 법적 근거가 굉장히 중요한데, 재산 문제이기 때문입니다.

김 무슨 재산요?

임 동 재산이죠. 보통 동회에서 관리권을 갖습니다. 소유권이 있기도
하고, 없다고 하더라도 관리권이 생깁니다. 동회에서 뒷산에 있는 땔감
이나 물 등을 썼는데 이 전통이 계속됩니다. 1949년도에 선거를 하려고
했는데 전쟁 때문에 못 했다가 복잡한 상황이 벌어집니다. 일단 1953년
도에 당시 내무부가 시정을 통치했는데 내무부가 보기에 동회가 좀 이
상해진 겁니다. 옛날 같으면 완전히 자치 조직이 됐어야 하는데 전쟁 때
는 동이 자치 조직으로서 별 의미가 없습니다. 한국전쟁 때는 전선이 계
속 왔다 갔다 하다 보니까 어떤 동의 경우는 동장이 북한으로 끌려간
경우도 있습니다. 한국전쟁 끝나고 서울을 재건할 때 남은 동장들이 조
직을 추스르고, 무너지는 집도 고치며 자치 조직의 위상을 세우면서 힘
을 발휘하기 시작했습니다.

김 그러니까 1949년 법령이 제정되면서 직함이 정총대가 아니라 정말 동장이 되는 거죠?

임 그렇죠. 이제 동장이 움직입니다. 서울에 200명의 동장이 있었다고 치면 150여 명의 동장들이 와서 벽돌 나르고 일을 합니다. 일을 하면서 힘을 발휘하기 시작하니까 내무부장관 입장에서는 이걸 좀 정리할 필요가 있었습니다.

김 왜요?

임 무슨 조직인지 잘 모르겠으니까요. 첫번째로 영역이 애매합니다. 그러니까 동회 자체가 동과 일치하지 않았습니다. 서로서로 합의하여 동장들이 마음대로 정할 수 있었으니까요. 쉽게 말하면 여기가 수성동이지만 수성동장이 없어서 가회동장이 거기 가서 일을 하겠다고 하면 가회동 영역이 되는 겁니다.

김 영역이라니, 갑자기 조폭이 생각납니다.(웃음)

임 그런 문제가 많아지면서 정리를 할 필요가 있었고, 1953년에 동은 법정동만 있었거든요. 행정동이라는 말은 아직 탄생하기 전입니다. 또 동회는 주민의 편의를 위한 일시적인 조직이지 정부의 공식 조직이랑은 전혀 상관이 없다는 것이 정무 입상이었습니다.

김 1949년에 법령을 제정해서 근거를 마련했잖아요? 그런데 손 떼라고요?

임 방향이 완전히 바뀌어버리는 겁니다. 물론 동회와 관련해 복잡한 사회문제도 많았습니다. 그중에서 돈을 걷었던 게 가장 큰 문제였습니다. 세금도 아닌 다양한 동세가 있었습니다. 주민 자치 조직이다 보니까 여기저기에 광범위하게 돈이 쓰였는데, 이로 인한 혼란상을 정리할 필요가 있었던 겁니다. 어쨌든 동회를 정리하는 것은 내무부장관의 꿈이었어요. 결국은 1955년도에 새로운 동제가 시행됩니다. 이때까지 있었던 동회는 다 사라지고 제도로서의 동이 정식화됩니다. 당시 서울에 306개 동회가 있었는데 245개로 축소됩니다.

김 그럼 법정동하고 일치되는 겁니까?

임 아닙니다. 동회를 토대로 지금의 '행정동'과 같은 동을 만들어 동장 선거를 합니다. 동장 선거 규칙이 생깁니다.

김 직선이었나요?

임 예, 완전 직선이었습니다.

김 그럼 잠깐 거슬러 올라가 일제시대에 정총대라고 불렸던 시절 정회장 같은 사람들은 어떻게 선출했습니까?

임 주민들이 선출했다고 하는데 투표는 아니고, 이장처럼 한 겁니다.

김 '이번엔 김 서방이 해!' 이런 식으로? 이른바 추대식? 그럼 직선제는 1955년에 처음 도입됐나요?

임 예, 투표함을 놓고 투표를 했습니다. 서울에서는 제1회 동장 선거가 1955년 5월에 치러졌는데 816명이 입후보해서 245명의 동장이 탄생했습니다.

김 그래도 경쟁률이 4 대 1이
나 되네요.

임 네, 꽤 큰 선거였죠. 그만
큼 국민들의 정치적 욕구가 컸
습니다. 1955년 동장 선거 후
동장들끼리 모여서 동에 정책
연구소를 따로 조직할 정도였
습니다. 이는 1945년 이후 건
준부터 시작해서 정총대연합
같은 흐름의 연속선에 있는 겁
니다.

1955년 5월 9일 동제에 의한 첫번째 동장 선거 기사
(《동아일보》 1955년 5월 9일자)

김 지금 동사무소와 비교해보면 엄청나게 활동량이 많고 활동 범위도
넓고, 정말 자치 조직이었네요. 증명서 뗄 때나 가는 지금 동사무소를
연상하면 안 되겠네요. 옛날 시골에서는 왜, 동네 총각들이 분쟁이 나
면 마을회관으로 달려가서 '제 아버님 증언에 따르면……' 이렇게 고하
고, 어르신를 나근사토 꽉 있으시고 찡중밍에 쇠현짱자 있으써시 흔게
하고, 그래서 속칭 '빠따'도 때리고 그랬다고 하잖아요. 모든 일이 자치
조직인 마을공동체 안에서 해결됐는데 그것의 확대판이 이른바 동회였
다는 말씀이죠?

임 일상과 그렇게 밀접하게 연계돼 있었을까 의심하실 수 있는데 정말

그랬습니다. 왜냐하면 당시 여전히 배급제가 있었기 때문입니다. 1955년
까지만 해도 동사무소에서 쌀을 가져다주었습니다.

김　그럼 힘이 막강했겠네요.

임　생각보다 훨씬 더 강한 힘을 가지고 있었습니다. 줄여서 통장이라
는 배급 통장을 주민들이 하나씩 다 가지고 있었거든요. 동장이 도장
을 찍어줘야 쌀이 나오기 때문에 동장 힘이 굉장히 셌죠.

김　동장이 눈 한 번 찔끔 감아주면 두 번 탈 수도 있었나요?

임　힘든 사람 구휼할 때 조금씩 도와주기도 했습니다. 지금 후암동 뒤
에 동장의 업적을 기념하는 동적비가 하나 있더라고요.

4·19 혁명 후 불발된 동장 선거

김　아, 그래요? 사또님 현덕비는 봤는데.

임　네, 비슷한 거죠. 동장이 잘만 하면 쌀 빼돌려가지고 어려운 사람
도와주기도 했기 때문에 마을 사람들로부터 인심도 많이 얻었죠. 문제
는 1955년도 제1차 동장 선거 다음부터입니다. 이승만 자유당 정권 때
동장들을 선거에 동원하기 시작하면서, 동장과 관련해 아주 부정적인
이야기들만 신문지상에 계속 오르내리는 겁니다. 뭐 횡령했네, 빼돌렸
네 하는 이야기들이죠.

김   자유당 정권이 부패는 눈감아주는 대신에, 동원선거 관권선거의 말초 조직으로 동장을 활용한 거군요.

임   그렇죠. 1956년 정부통령 선거에도 동장을 엄청나게 많이 동원합니다. 말단 행정기구를 정치 깡패와 함께 활용하며 선거를 방해했습니다.

김   현대사를 보면 이승만 정권의 수많은 부정선거와 관련해, '고무신을 돌렸네.' 하는 이런 이야기 많이 하잖아요. 고무신을 돌린 통로가 바로 동장인가요?

임   그렇죠. 그러면서 스케일이 더 커집니다. 국가 차원의 권력 집행 방식들이 도시 구석구석 말단 세포까지 좍 퍼져나가는데, 맨 마지막 흐름을 집행했던 사람이 바로 동장이었습니다.

김   변질이 되는 거네요.

임   동장과 함께 파출소 또한 밀접하게 연결됩니다.

김   파출소장과 동장, 이 두 사람을 잡으면 한 동을 꽉 잡겠군요.

임   그런 상황 속에서 1956년 선거에서 이겼으면 괜찮은데 자유당이 지거든요. 서울시의회 선거에서는 아주 큰 차이로 집니다. 그래서 여당에서는 동회를 겁내면서 동장을 임명제로 바꾸려고 합니다. 동장은 원래 2년 임기였고 1957년도에 두 번째 선거를 하는데 이때에도 대부분 자유당 출신이 됩니다만, 아주 소수, 민주당도 되기는 하거든요. 여당에서는 이조차 없애고 싶어서 1958년도에 동제를 폐지하고 동장을 임명제로 바꿔버립니다.

김 1958년도에 임명제로 바뀌는군요. 주민들의 반발은 없었나요?

임 엄청났죠. 지방자치법 제4차 개정안이 1958년 12월 24일 국회를 통과합니다. 당시에 같이 통과된 법이 국가보안법입니다.

김 그때 엄청난 파문을 불러일으켰잖아요.

임 예, 24파동이라고 합니다. 아무튼 이 와중에 지방자치법은 은근슬쩍 묻어가면서 어느 순간 동장은 임명제로 바뀌고, 시의원은 임기가 4년에서 3년으로 주는 식으로 제도가 개악됩니다.

김 악법이 세트로 통과된 거군요. 그럼 4·19 혁명이 날 때까지 계속 임명제가 유지됩니까?

임 네, 1959년에 처음으로 동장을 임명하는데 실제로는 188명 정도 유임했습니다. 당시 서울특별시장이 허정이었는데 허정이 대부분 유임을 시키는 와중에 민주당의 동장 스물다섯 명을 해임하고 친자유당 사람을 임명해버렸습니다. 민주당 쪽에서는 행정소송 한다고 나섰고 엄청나게 시끄러운 상황이 계속됩니다.

김 그럼 4·19 혁명 후에는 어떻게 달라집니까?

임 4·19 혁명 후에 다시 원상복구를 시키려고 했습니다. 이승만 정권 때 개악했던 지방자치법들이 하나 둘씩 복원되면서 지금까지도 우리나라 지방자치법에서 가장 민주적이라고 생각되는 지방자치법 개정안이 통과됩니다. 당시에는 아주 밑에 있는 말단 조직까지 자치 조직으로 바꿔버린 거죠.

김 모두 선거를 통해서 바꾸었나요?

임 예, 서울시장과 도지사가 한 묶음이고 시, 읍, 면장이 한 묶음입니다. 시, 읍, 면의 장과 의회 의원 다 직선으로 바꿉니다. 도지사도 직선, 서울시장도 직선, 서울시의회와 도의회 의원도 직선이고, 심지어 동리장도 임기 2년으로 해서 직선으로 만들어버립니다. 그러니까 거의 모든 행정조직에서 선거를 치르지 않고 장이나 의원이 되는 경우가 없다고 할 만큼 선거제도가 확대됩니다. 당시에 선거를 한꺼번에 여러 차례 해야 했기 때문에 사회적으로 참 힘든 상황을 겪습니다.

김 4·19 혁명 이후 1년 만에 5·16 군사 쿠데타가 발발하지 않습니까? 그러면 다시 자유당 시절로 돌아갔습니까? 쿠데타 세력이 내세웠던 명분 하나가 맨날 자고 나면 데모하고 자고 나면 선거한다고…….

임 정말 선거가 많긴 많았습니다. 1960년 7월에 민의원·참의원 선거를 하는데 투표율 84퍼센트를 기록할 정도로 엄청난 열기를 뿜어냈습니다. 그런데 12월에 네 개의 선거를 거의 일주일 단위로 합니다. 12월 12일 도지사 선거 하고, 19일 도의원 선거 하고, 26일에 시읍면장 선거 하고, 12월 29일 한 해의 마지막에 서울시장 및 도지사 선거를 합니다.

김 요즈음은 지방선거 하루에 다 하잖아요. 그땐 왜 그랬어요? 관리가 안 돼서?

임 그렇죠. 선거 하나 끝내고 나서 개표하는 데 아마 일주일 넘게 걸릴걸요?

김 아, 그렇지. 요즈음은 다 전자개표기를 쓰니까.

임 역설적으로 선거가 많다 보니까 국회의원 선거 때 84퍼센트를 기록한 투표율이 맨 마지막인 12월 29일 서울시장 선거의 경우에는 32퍼센트까지 떨어집니다.

김 유권자가 일주일에 한 번씩 투표하려면 피곤하죠.

임 그런 상황에서 김상돈 씨가 최초로 서울시 민선시장이 됩니다. 정치인들 입장에서는 동리도 다시 선거 한다고 했으니까 기대를 하고 있었습니다. 지방의회 선거 했으니까 동리장 선거를 하겠거니 하고 한참 기다리는 와중에 1961년 3월 10일 부산이 제일 먼저 합니다. 다음에 인천이 뒤따라가는데 서울시는 계속 안 해요.

김 도별로 선거 날이 또 달랐구먼요.

임 동리장 선거는 조례상으로 알아서 했습니다. 서울은 왜 안 하느냐고 정치권에서 비판했더니 4월 12일 서울시에서 5월 말에 하겠다고 발표합니다. 그런데 5월 16일에 쿠데타가 일어납니다. 그래서 부산의 경우는 동장 선거가 서울보다 한 번 더 많았던 겁니다.

쿠데타 세력이 생각한 동장의 자격

김 그래도 몇 차례 하긴 했네요. 그래서 쿠데타 후에 군부는 다시 직선제를 없애버립니까?

임 바로는 못 없었습니다. 일단 6월 20일에 정부는 모든 동장을 다 해임해버립니다. 물갈이를 해야 한다면서요. 명분은 뭐였냐면 이승만 정권, 장면 정권 때에 정치적으로 동 조직이 너무 많이 동원되다 보니까 국가와 사회 부패의 상징으로 여겨졌어요. 동장과 동 조직에 대한 적대감, 그러니까 정치에 대한 적대감이 엄청 컸기 때문에 일단은 다 해임을 해버립니다. 서울에선 당시 215명의 동장이 해임되었는데 36개 동은 그나마 동장도 없는 상태였습니다. 동장을 해임하고 새로 동장을 뽑겠다고 발표를 합니다.

김 그러면 다시 임명제로 바꿉니까?
임 당시엔 임명제였죠. 해임하고 임명하겠다고 초법적인 결정을 한 겁니다.

김 선거를 통해 뽑힌 사람들인데 잘라버렸군요. 이때 쿠데타 세력이 내세웠던 동장의 자격 조건이 있었다면서요?
임 이 부분이 좀 재미있습니다. '45세 이하일 것'이라는 게 굉장히 중요했어요. 30~45세가 입후보 조건이었죠.

김 동장이라면 지역 주민들에게 신망도 좀 있고 존경도 받으니 연세 지긋하신 분들이라고 일반적으로 생각하잖아요. 그런데 나이를 낮춰버렸네요.
임 일꾼이라고 생각한 겁니다. 정치 지도자가 아니라 행정가를 뽑는다고 보았습니다. 동장 후보자에게 '5년 이상의 행정 경험'을 요구합니다.

군 생활까지 포함해서요. 행정가를 동장으로 앉히겠다는 강한 신념이 있었던 거죠. 또 '정치적으로 당적이 없을 것'(정치인 배제하겠다는 얘기죠.), '해당 동에 거주할 것'(지역 주민을 뽑겠다는 뜻입니다.)을 요구했고, 다섯 번째가 제일 재미있어요. '체력이 건강할 것'이란 조건입니다.

김   아니 동장에게 무슨 일을 시키려고?

임   모르겠습니다. 자세한 이유는 전혀 알 수 없습니다. 1961년 7월에 서울시 동장을 임명하고 윤태일 시장이 동장들을 모두 모아놓고 신고식을 합니다. 신고식을 하는데. 이것도 좀 재미있습니다. 임명식이 아니라 신고식이었습니다. 그때 업무 지침 중 첫번째가 24시간 근무 체제 확립입니다.

김   이거 뭐 전시체제도 아니고.

임   군사 쿠데타가 일어났으니 전시체제이긴 한데(웃음) 경찰, 군인과 비슷하게 생각한 거였습니다.

김   그러면 쿠데타 세력은 아예 임명제를 굳혀버리려고 했던 겁니까? 아니면 임시방편이었습니까?

임   처음에는 일시적 조치였던 것 같습니다. 그때 200명 넘게 임명했는데 그중에 117명이 군인이고 경찰이 41명, 그러니까 초급장교를 임명한 겁니다. 쿠데타 때 같이 움직였던 군인들 중 많은 이들이 동장으로 풀린 거죠. 그리고 공무원이 73명입니다. 군인, 경찰, 공무원 다 합치면 비율이 90퍼센트가 넘습니다.

김　아, 왜 체력이 건강할 것이라는 조건을 달았는지 이제야 알겠어요. 동장을 예비군 중대장으로 생각했군요?(웃음)

임　일시적으로 지방 행정을 장악하기 위한 방편이었던 것 같아요. 그런데 당시 서울시장 윤태일 씨가 동장 신고식에서 재미있는 이야기를 합니다. 체력도 좋아야 된다, 내핍 생활을 솔선수범해라, 종전에 있던 타성을 청산하라는 등의 이야기였는데, 말미에 "있을지 모르는 동장 선거에 대비해라"라는 말을 합니다.

김　그러면 직선제로 돌아갈 생각까지 하고 있었다는 거잖아요. 그런데 안 돌아갔죠? 임명제로 쭉 갑니까?

임　네, 쭉 갑니다.

김　그리고 역시 동장으로 임명되는 사람들은 군 출신이거나 경찰 출신이었겠군요.

임　1970년대 즈음 되면 동은 완전 행정조직이 되고 직원들은 지방공무원이 됩니다. 1960년대 초반까지는 계속 왔다 갔다 하지요. 그런데 그때도, 동에 쟁쟁한 노장들이 건재한데 갑자기 권총 차고 온 젊은 군인이 장악하려고 하면 잘 되지를 않지요. 그래서 주민 중에서 명예 동장을 뽑기도 하고 표순홍 사업을 하면서 표칭도 주는 식으로 동을 장악하기 위해 많은 노력을 합니다.

김　그러면 동 조직에서 이른바 자치성, 자치 조직 성격이 완전히 거세된 것이 이때라고 보면 됩니까? 말단 행정조직화 하는 시기라고 볼 수 있나요?

임 그렇죠. 통제 중심으로 바뀌는 겁니다. 동의 경제적 성격이 사라지면서 배급제가 사라지는데 이것도 행정조직화에 일조합니다.

김 1990년대 지방자치제가 부활하기 전까지는 이 체제를 계속 유지했지요?

임 1961~1962년도에 동장 선거가 사라졌고 그렇게 한 50년 동안 지내다 보니, 동장을 선거로 뽑았다는 기억 자체가 사라져버려요.

김 솔직히 말씀드리면 저도 처음 들었어요. 동장까지 선거로 뽑았다는 얘기는 처음 들었어요. 그런데 지방자치제도가 부활했지만 동장을 선거로는 안 뽑잖아요? 왜 그런 거예요?

임 동은 아예 지방자치단체가 아니기 때문에 동 재산도 없고 동 권한도 없습니다.

김 그러면 5·16 군사 쿠데타 이후에 동이 지방자치 조직에서 하나의 말단 행정조직으로 전환되어버렸는데 그 관습이 계속 이어진 거네요.

임 주민자치센터로 개명하긴 했지만 자치 조직은 아닙니다.

김 그러니까 제가 여쭤보는 겁니다. 센터 이름은 주민자치센터인데 자치센터 가운데 앉아 계신 분은 임명되어서 내려오신 분이잖아요. 이걸 어떻게 읽어야 합니까?

임 역설적으로 이 행정동 때문에 우리나라 도시 행정 서비스는 세계적으로 보아도 굉장히 좋은 편입니다. 도보로 행정관청에 가서 업무를 볼 수 있다는 것은 큰 혜택입니다. 주민들에게 아주 가까이 있는 겁니다. 경찰은 당신의 5분 거리에 있다고 했던 10년 전 경찰 표어처럼요. 동 자체는 주민 가까이에 있습니다. 보행권 안에 있다는 점이 중요합니다. 그만큼 서비스도 좋았습니다.

1970년대 동 업무가 가장 많을 때는 인구 이동이 많았을 때입니다. 동방위로 일하셨던 분들은 기억이 날지 모르겠지만 행정 수요가 제일 많을 때가 이사 시기, 전입 전출이 많을 때, 즉 서류가 왔다 갔다 할 때입니다. 지금이야 전산으로 처리하지만 옛날엔 다 서류가 오고갔고 실제로 캐비닛에서 장부를 꽂고 빼고 했거든요. 1970년대 한때는 동사무소가 24시간 풀 가동, 야간 개장도 합니다. 외국 같으면 있을 수 없는 일입니다. 행정 서비스란 측면에서 정말 주민 편의에 신경을 많이 썼다고 할 수 있습니다. 주민들이 필요로 할 때 그렇게 했으니까요. 행정 서비스 면에서 보면 나날이 발전해서 지금까지 온 겁니다.

김 그런데 행정 서비스는 그렇다고 하지만 권력자 입장에서는 이 동 조직을 얼마든지 동원 조직이나 관리 조직으로 바꾸어 악용할 수도 있지 않습니까? 그 길이 계속 열려 있잖아요?
임 요즘은 조금 힘들죠.

김 중간 단계 도지사나 시장이나 구청장이 직선이니까 그런가요?
임 1980년대까지만 해도 관은 아무래도 정부의 행정조직인 동을 정부 정책의 홍보 도구로 많이 활용했죠. 반상회가 있었으니까요.

김   그런데 지금 국회의원 선거나 대선 때 이야기를 들어보면, 기초단체장이 어느 당 사람이냐에 따라서 지역 표가 상당 부분 달라진다는 이야기를 많이 하거든요. 그런데 원래 구청장들은 정치적 중립을 지켜야 되는데, 여의도에서는 어느 당 사람이 거기 구청장을 맡고 있느냐에 따라서 표 수가 달라진다는 얘기가 늘 돌아요. 이건 어떻게 해석해야 하나요?

임   전 정치인이 아니라서 잘 모르겠어요.(웃음)

김   통장, 반장은 선출직이 아니잖아요. 그렇다고 꼭 명예직이라고 볼 수도 없고. 그런데 뉴스에 여러 번 났는데 통장들에게 지원을 꽤 많이 해주던데요. 굉장히 심하다는 이야기도 들었어요. 통장, 반장은 위촉이지요? 이 사람들은 주민들하고 일상을 공유하는 사람들 아닙니까? 그러니까 동장이 통장 반장을 어떤 사람으로 앉히는가에 따라 거기서 유포되고 전파되는 이야기가 많이 달라지지 않겠습니까?

임   지방으로 내려갈수록 경우가 너무 다릅니다. 일반화하기가 참 힘듭니다. 통장이 누구냐에 따라 달라진다고 하지만 실제로 보면 통장 성격에 따라서 다릅니다. 실제로 돈이 통장을 통해 지역 주민들에게 뿌려지는 게 아니기 때문에 입소문 차원에서 조직하는 거라면 방송 타는 거랑 효과는 비슷할 겁니다. 동네 통신이니까. 그런 차원이라면 진짜 일반화하기 힘듭니다. 하지만 지금도 효과가 없다고는 할 수 없겠죠.

김   경로당 파워가 얼마나 센데요.

임   부녀회 파워도 굉장히 세지 않습니까?

김 그럼요. 최고의 조직이죠.

임 오늘날에도 통장이 힘을 발휘할 때가 몇 번 있습니다. 예를 들어 예전 부산에서 재개발하려다 못 한 지역에서 살인범 나왔습니다. 그때 재개발이 된다 해서 몇몇 건물이 허물어지고 주민이 사라지면서 통장 조직이 사라져버립니다. 문제는 통장이 사라지면 인적 통제가 불가능하다는 점입니다. 통장이 주민관리를 했는데 이제는 거기에 누가 사는지 모르게 됩니다.

김 그렇죠. 위장전입 등의 검증 주체가 통장 아닙니까?

임 네, 그렇습니다. 역설적으로 통장이 있을 때의 효과는 상당합니다. 사람이 오고가는 것을 살피고, 여기에 누구는 정신이 나갔네, 쟤는 어떤 놈이네, 이러면서 주민번호가 아닌 사람의 얼굴과 성격을 보고 판단할 수 있는 시스템이 통장제입니다.

행정조직에서 다시 자치 조직으로?

김 아까 다른 나라는 우리나라 동 조직 같은 게 없다고 말씀하셨어요. 그러면 이 차이는 어디서 기인하는지요. 역사적인 배경은 제쳐두고 동 조직의 기능이라든지 역할이란 측면에서 볼 때 우리나라에만 나타나는 동 조직을 어떻게 봐야 하는 겁니까?

임 이를 두고 행정학자들이 많은 이야기를 합니다. 동사무소가 지금의 행정 기술만 따지면 없어도 되는 조직이기 때문입니다.

김 아니 예를 들어서 요즈음은 각종 증명서를 대부분 인터넷에서 발급할 수 있잖아요.

임 옛날에 동 조직원 1명당 주민 1000~1500명을 포괄했습니다. 일당 천이죠. 그런데 지금은 1인당 700~800명 정도 됩니다. 기술은 발전했지만 동 조직원이 엄청나게 많아진 겁니다. 그래서 정부는 동 제도를 없애고 싶어했죠. 김대중 대통령 때 처음으로 행정조직에서 다른 조직으로 전환하자는 이야기가 나와요. 주민자치센터로 전환하자는 얘긴데, 고려해야 할 부분이 많습니다.

예를 들면 동에 있는 모든 직원들을 지방공무원으로 바꾼 해가 1977년도이고 그후 아주 안정적인 직업으로 인정받았죠. 그런데 속된 말로 철밥통이라 할 만큼 정년이 보장된 공무원을 갑자기 줄인다든가 다른 데로 배치한다는 게 쉽지가 않습니다. 그러니 인건비가 큰 부담으로 남습니다. 비슷한 예로 파출소가 있어요. 지방경찰청 입장에서 보면 파출소 인원이 총경찰력의 70~80퍼센트나 되는데 이게 엄청난 부담이거든요. 이를 다른 쪽으로 전환해 기동경찰대가 나온 겁니다.

옛날 동사무소엔 복사기도 없고 전화기도 없었지만 지금은 인터넷을 비롯한 각종 장비들이 많아서 통치 기술이 엄청 발전했거든요. 지금은 주민 1~2만 명당 동이 하나 있는데, 현재 통치 기술로 보면 한 동이 10만 명 정도 통치할 수 있습니다. 그래서 행정 쪽에서는 계속 구조조정을 하고 싶어했습니다. 번번이 실패했을 뿐이죠. 그래서 없애지 못한다면 어떻게 활용할까 하는 고민도 시작됩니다.

1990년대 중반부터 네 가지 정도의 접근 방법이 있었습니다. 첫째는 행정개혁론으로, 동사무소 아예 없애자. 둘째는 주민자치론이라 해서 원칙상으로 주민자치로 가자. 물론 안 되었습니다. 말만 자치로 갔습니다. 그리고 셋째는 평생교육론으로 접근해서 주민 교육시설로 전환하자.

김 우리 동네 동사무소에서도 학생들 대상 강좌 등이 많아요.

임 그렇게 재교육 프로그램으로 가자는 주장이죠. 넷째는 복지를 위한 지역 조직으로 활용하자는 이야기가 있었습니다.

1990년대 중반 즈음 동사무소 폐지를 놓고 가능성, 타당성을 따지는 학위 논문이 많이 나오다가 지금 와서는 좀 뜸해졌습니다.

김 지금 지역 복지론 이야기 하셨는데 우리나라에서 복지 담론이 몇 년 사이에 엄청나게 많이 쏟아져 나오지 않았습니까? 그런데 최일선에서 복지를 집행하고 담당하는 사람들은 동사무소에 계신 분들이에요. 그렇죠? 그렇게 보면 동사무소가 유지되어야 할 것 같은데요?

임 복지기구로 개편할 수도 있지만, 그것도 생각해봐야 합니다. 복지기구라고 하면 그에 맞는 영토 구획을 할 텐데 지금 동의 영역은 너무 좁죠. 순수하게 '권력 기계'라는 측면에서 보면 동사무소에는 지나치게 많은 에너지가 들어갑니다.

하지만 자치라면 이야기가 다릅니다. 상징성이 있으니까요. 동사무소 앞에 광장도 있고 큰 나무도 있어서 마을 사람들이 나는 무슨 동 사람이라고 이야기하면서 동사무소가 있는 공간을 떠올리는 상황을 생각해보세요.

김 그러니까 옛날 시골 마을회관 같은 경우죠?

임   그렇죠. 그럴 경우는 경제적 가치를 뛰어넘어 존속시킬 이유가 있습니다. 하지만 지금은 동 체제를 끊임없이 개편해 인구 1~2만 명을 관리하는 행정기구로 만들었습니다. 끊임없이 동 폐합을 했거든요. 동이 1동에서 10동으로 늘었다가 다시 3동으로 줄기도 하고 이름이 바뀌기도 하면서 주민들 사이에서 상징성을 가질 만큼 오래 지속했던 동이 별로 없습니다.

김   한 동에 오래 거주하는 주민들도 별로 없어요. 전세 2년 만기 되면 다른 데로 이사 가고.

임   그래서 지방자치 조직으로 만들기에는 아직 경험들이 축적이 안 된 겁니다.

김   그러면 단도직입으로 여쭤볼게요. 도시에서 하나의 동 단위가 주민의 자치 단위가 될 수 있나요? 시골은 달라요. 시골은 조상 대대로 살아온 경우 많잖아요. 그러니까 공동체 귀속감이 엄청나게 크지만, 도시민은 그렇지 않단 말이에요.

임   심각하게 고민을 해야 합니다.

김   임동근 박사 개인 견해는 어떠세요? 얘기하는 거 보니까 필요없다는 거 같은데.(웃음)

임   아닙니다.(웃음) 주민들이 자치에 대한 개념을 충분히 이해하고 희망할 때는 보존을 해야 합니다.

김 　주민자치 개념 하니까 갑자기 생각나는 게 반상회예요. 지금도 하나요?

임 　예, 조금씩 합니다.

김 　반상회라는 게 사실 박정희 대통령 때 정권 홍보, 정책 홍보의 통로 아니었습니까?

임 　1957년도에 국민반을 만들고 국민반상회를 했습니다. 이것이 4·19 이후에 없어지고 1976년도에 반상회가 다시 시작됩니다. 박정희 정권이 1961년에 들어섰는데 1976년에야 반상회 제도가 만들어집니다. 박정희 정권 동안 반상회가 없는 기간이 훨씬 더 많았습니다.

김 　그럼 1976년도에 왜 만들었어요?

임 　다 아시잖아요. 유신 이후로 힘들어진 상황. 게다가 1975년도부터 인구가 도시로 집중합니다.

김 　1976년도 유신체제가 곪아 터지기 일보 직전이니까.

임 　예, 그래서 동사무소도 1962년도부터 행정기구로 바뀌어갔는데, 어느 순간 한꺼번에 바뀌는 것은 아닙니다. 1970년대 동장의 주요 업무 중 첫 번째가 주민등록 업무입니다. 즉 동장의 제1임무는 주민 '동태 파악'입니다.

김 　북한에는 5호담당제가 있고, 남한에는 동 체제가 있는 겁니까?

임 　비슷했습니다. 1962년도에 만들어진 주민등록법도 전시체제 동원

령과 비슷합니다. 인적 자원을 최대한 활용하기 위해 만든 거죠.

김 주민 동태 파악! 어휴, 무서워요.

임 당시 파출소와 공동 책임을 졌습니다. 보고가 동에서도 올라가고 파출소에서도 올라가서 두 개의 업무일지가 동시에 위로 올라가는 거죠. 그렇게 주민 동태를 파악했습니다.

김 상호 경쟁까지 했군요.(웃음)

임 한참 뒤에야 동과 파출소의 영역이 일치돼서 한 동사무소, 한 파출소 제도가 정착되는데 그 전까지는 계속 서로 엇갈렸습니다. 보통 행정동이 동사무소 영역입니다. 다음에 이야기할 1963년도 서울시 재편에서 논의할지 모르겠습니다. 아무튼 행정동과 법정동의 연원을 말씀드리면 1953년도에 내무부령에서 법정동만이 동이라고 했는데, 사실 하나의 법정동에 하나의 동장을 파견하기가 힘들었습니다. 동이 너무 작거나 너무 넓었죠. 그렇다고 인구에 따라 법정동을 변경하려고 하면 법으로 정한 동이니까 법을 바꿔야 합니다. 그런데 서울에 인구가 몰려들던 시절에 동의 인구가 바뀔 때마다 법으로 계속 동을 바꿀 수가 없습니다. 동은 재산의 행정 관리 문제와 밀접합니다. 내가 가지고 있는 토지대장에서 계속 동이 바뀐다고 생각을 해보세요. 치러야 할 비용이 어마어마합니다. 그래서 토지 같은 재산과 관련해서는 법정동으로 계속 가고 사람 통치와 관련해서는 행정동 중심으로 체계를 바꿉니다.

김 그러니까 토지등기부등본상 동명과 주민등록상 동명이 다를 수 있겠네요?

임 정확히 말하면 부동산은 법정동의 지배를 받고, 사람은 행정동의 지배를 받습니다. 사람이 지배를 받는 사례가 대표적으로 취학이고, 병력을 징집하는 일도 여기에 해당합니다. 주민세 납부는 행정동 소관입니다. 반면 재산세는 변화가 별로 없는 법정동 관할입니다. 주소가 바뀌면 안 되니까요. 반면 자동차세 같은 것은 행정동과 연관됩니다. 사람에 링크되어 있으니까요. 이런 식으로 영토 통치와 인구 통치가 법정동, 행정동과 결부됩니다.

김 아까 파출소 이야기를 하셨는데, 파출소와 동사무소는 어떤 관계를 형성해온 겁니까?

임 파출소는 치안을, 동은 통제를 맡습니다. 정보 파악은 동에서 하고, 사건 파악은 파출소에서 하는 겁니다. 데이터베이스를 만드는 쪽은 동이고요. 이벤트 관리는 파출소 담당이라고 생각하시면 됩니다. 그러니까 범죄가 일어났다 하면 파출소 담당이고요. 범죄가 일어날 환경을 체크하는 이는 동장입니다.

김 지금 말씀하신 것은 5·16 군사 쿠데타 이후에 이른바 직선제를 다 없애버리고 주민자치 조직의 성격을 거세해버린 이후의 상황이죠? 그런데 주민자치 조직의 성격이 짙은 경우엔 통제가 목적이라고 할 수 없는 거 같아요.

임 예, 그래서 좀 아이러니이긴 한데 지방자치단체 만들어지고 나서, 2004년도에 강남구에서 처음으로 당시 구청장의 재량으로 동장 선거를 했습니다.

김 　직선으로요?

임 　예, 그래서 선거 유세도 했습니다. 물론 오래가지는 못했습니다. 왜냐하면 국가에서 돈을 대주는 게 아니었거든요. 아무튼 한 번 해보긴 했습니다. 지금도 구청장이 마음만 먹으면 동장을 선거로 뽑을 수도 있습니다.

김 　그럼 구청장 재량입니까? 법으로 규정한 사항이 아니고?

임 　자격 조건만 있습니다. 교육감 선거랑 비슷하다고 생각하면 됩니다. 주민들이 추대할 수도 있고요. 굉장히 열린 조직입니다. 처음에 드린 말씀을 생각해보시면 돼요. 자치기구와 행정기구를 왔다 갔다 하는 거죠.

김 　그런데 구청장 입장에선 직선제를 별로 하고 싶지 않을 텐데요. 왜냐면 구청장 입장에선 동사무소가 구 행정의 일선 집행기관이잖아요. 그런데 직선으로 뽑힌 동장이 말 안 들으면 골치 아프니까요.

임 　할 일이 별로 없기 때문에(웃음) 말을 안 들어도 크게 문제 되진 않을 것 같네요. 동의 업무는 사실상 대부분 위임 업무고요. 앞으로 사회가 바뀌는 방향에 따라 새로운 일들을 만들어가야 하는 상황이라서. 지금 과도기라고 생각합니다.

김 　아까도 잠깐 언급하셨지만, 동사무소, 주민자치센터에 어떤 위상을 주고 어떤 역할을 부여할 것이냐가 문제군요. 복지 차원의 관점도 있고,

자치 차원의 관점도 있고, 평생교육 차원의 관점도 있고…… 지금 과도기라고 하는 이유는 사회적 합의가 큰 틀에서 이뤄지지 않았기 때문입니까?

임 도시 서비스라는 측면에서 옛날에는 말단 행정기구가 할 일이 정말 많았습니다. 쓰레기 처리, 물 공급 등등. 하지만 요즘은 행정 서비스가 점점 더 광역화됩니다. 지금은 청소가 구 단위로 실행되잖아요.

김 쓰레기봉투가 구 단위로 만들어지죠.

임 그렇다 보니까 주민들이 동의 행정 서비스를 밀접하게 느끼는 경우가 굉장히 드뭅니다.

김 그러니까 이른바 동의 행정 기능이 갈수록 없어지고 있는 거군요.

임 여기에 경제적인 욕구도 다 사라졌습니다. 옛날 동이라면 경제 공동체 역할도 했습니다. 같은 동회 사람끼리 사돈도 맺고 일도 같이 했는데, 지금은 같은 동에 산다고 해도 친근감을 느끼고 경제활동을 공유하기는 굉장히 힘들죠.

김 아파트 옆집에 사는 사람들도 모르는데요, 뭘.

임 이런 상황에서 동이 존속할 가치가 있을까를 물으면 애매하지요. 사회적 조건 자체가 우호적이진 않습니다. 단, 장기간 거주한 사람이 많은 동네의 경우엔 공동체 역할을 충분히 하고 있습니다. 재개발로 다 산산조각이 나기 전까지는 하나의 동에 20년 거주한 분들이 많았으니까요.

김 북촌이나 서촌 정도에서나 있을 법한 일일까요?

임 지금은 그곳들도 너무 많이 바뀌었습니다.

김 잠정 결론을 내리면 행정 서비스 기관으로서 동사무소, 주민자치센터 기능은 갈수록 사라지고 있다는 얘기군요.

임 약화되고 있는 게 현실입니다.

김 그러면 저는 단순하니까 이렇게 여쭐게요. 아예 없애면 어때요? 공무원들의 밥그릇이 직결되어 있어 힘들다고 하셨나요?

임 그것도 있고 또 다른 이유로 전 반대입니다.

김 왜요?

임 애써 공공재산을 만들어냈는데, 없앤다는 것은 재산을 판다는 얘기라 반대합니다. 기왕에 있는 국유재산은 웬만하면 갖고 있어야 한다는 주의예요.

김 팔아서 복지 재원으로 쓰면 어떨까요?

임 아, 그거, 효과 없습니다.(웃음)

김 그러면 지역 복지기관으로 가느냐, 평생교육기관으로 가느냐, 주민자치기관으로 가느냐. 그때그때 상황에 맞게 운영하면 되잖아요. 꼭 일률적으로 규정되어야 하나요?

임 그렇죠. 맨 마지막에 '마을만들기'를 다룰 텐데, 제가 생각할 때 지금 마을만들기의 가장 큰 실책은 동을 고려하지 않았다는 것입니다.

김 그렇군요. 아무튼 첫 시간에는 이른바 도시 동 조직을 살펴봤는데, 지난 역사가 파란만장했군요.

임 예, 정말 재미있습니다. 비단 한국만의 이야기는 아닙니다. 런던도 그렇고 파리도 그렇고 베를린, 도쿄도 항상 전염병, 위생병 문제가 도시 행정조직을 만드는 씨앗이 되는 경우가 많았습니다. 물 관리, 하수 관리, 변 관리 등이 전염병과 밀접했기 때문에, 주민들의 생활을 실질적으로 밀착 감시하게 됩니다. 화장실을 어디에 둔다, 똥을 어디에 푼다, 이런 것들을 시시콜콜하게 따져야 하기 때문에 위생 조직이 도시 행정조직의 씨앗이라고 할 수 있습니다.

2

행정구역 대개편과
서울의 확장

녹음일 2013.10.08.

1960년대만 해도 시청 앞에서 추곡수매를 할 정도로 시골 모습을 간직했던 서울은 1962년 총리 산하의 특별시가 되고 1963년 행정구역 대개편의 결과 면적이 거의 2배로 늘어나면서 대도시로 탈바꿈하기 시작한다. 1950년대 내내 정부가 행정구역을 선거에 이용을 하는 데 대해 국민의 불만이 쌓여가던 상황이었기에 대체로 행정구역 개편에 대한 명분에는 이의가 없었지만 경계선에 대한 이의는 있었다. 망우리 공동묘지를 가로지르는 등 이해하기 어려운 사례들 때문이다.

이렇게 갑작스레 서울을 확장한 이유는 미스터리하지만 서울시장 윤태일과 내무부장관 한신의 갈등 때문이라는 설이 있고, 조금 더 크게 보아 (20세기 초 일본을 통해 들어온) 전원도시 개념의 영향을 받은 조치라 생각되기도 한다. 당시에도 사람들은 서울을 너무 번잡하게 느꼈고 서울 안에 더 많은 녹지가 필요하다고 생각했다는 것이다. 황량한 농지를 대거 서울로 편입시킨 것은 당시로서는 엉뚱했으나 어쨌든 신의 한 수였다. 그 후 수도권 인구는 5년 단위로 100만 명씩 증가했는데 인구가 늘 때마다 수시로 새로 구청을 만들거나 동을 나누는 등의 행정조치를 자체적으로 쉽게 할 수 있었다.

사실 1960년대 초반 당시에는 전쟁과 군대 때문에 성인 남성 노동력은 부족하지만 전체적인 유휴 노동력은 많은 상태였다(노동력의 이중 구조). 그러다가 1970년대 들어 베트남전쟁과 중동 특수의 영향을 받고 농업 생산성도 급격히 향상되어 수도권 유입 인구는 거의 두 배로 늘어났다. 1975년 강남구가 만들어지기 전에 영등포구 인구는 82만 명으로 군부 정권은 이에 대단히 두려움을 가지고 있었다. 이런 곳에서 폭동이 일어나면 사태가 심각하리라는 일종의 4·19 학습 효과였다. 그래서 1977년에는 '수도권 인구 재배치 계획'까지 등장한다.

1963 행정구역 개편 배경과 '군'의 역할

김 오늘은 어떤 주제로 이야기를 하실 건가요?

임 지난 시간에 동회와 동사무소, 동장 선거와 관련한 이야기들을 했고, 오늘은 더 나아가 행정구역을 다루겠습니다. 요즘도 행정구역은 계속 바뀌고 있는데, 그 밑에 깔려 있는 힘들, 이해관계자들, 그리고 지난 역사를 종합적으로 바라보는 시간입니다.

김 행정구역 개편, 이렇게 정의하면 될 것 같습니다. 우리나라 행정구역의 기본 골격이 언제 결정되었죠?

임 1963년, 그러니까 5·16 군사 쿠데타 직후에 가장 크게 바뀌었습니다. 서울시가 엄청 확장을 했습니다. 지금과 같은 600제곱킬로미터가 넘는 서울이 만들어졌고, 부산도 직할시로 바뀌었죠.

김 서울이 특별시가 된 것도 그때 일인가요?

임 특별시는 직전인 1962년에 되었습니다. 이전에는 내무부장관의 명령을 받았는데 특별시가 되고 나서 총리 산하로 들어갔고, 1963년에 면적이 늘어나게 된 겁니다.

김 그 이전의 서울시와 지금의 서울시는 비교가 안 될 정도죠?

임 예, 면적도 그렇고, 공간 구성도 달랐습니다. 1960년대만 해도 서울시에서 추곡수매를 했어요. 농민이 구청 앞으로 쌀을 갖고 오면 정부가 수매했던 거죠.

김 1960년대까지 갈 필요도 없고 1980년대만 해더라도 지금의 목동이 다 논이었어요. 버스 타고 가다 보니까 화곡동 까치터널 지나 논이 좍 펼쳐지더라고요. 서울에도 이런 곳이 있구나 했어요.

임 당시 대치동도 그랬습니다.

김 그러니까요. 그 위에 어마어마한 아파트 단지가 들어설지 누가 알았겠어요, 그렇죠? 그러니까 1960년대 서울에서 추곡수매를 했다고요. 가만있자, 지금 서울에 논이 있나, 혹시?

임 없는 걸로 알고 있습니다. 마지막 논이 마곡에 있었습니다.

김 아, 저기 김포공항 가는 데? 요즘 엄청 개발하고 있지요?

임 행정타운도 조성하고 기업도 입주시키는 대규모 마곡지구 개발이 진행 중입니다. 문정동, 장지동에도 논이 좀 있었는데, 아마 다 사라졌을 겁니다.

김 그런데 1963년에 5·16 군사 쿠데타 세력이 행정구역 개편을 단행한 이유가 뭐였을까요?

임 정부가 첫째로 든 이유는 당시 군 체제라든지 행정구역의 골격이 일제시대 형성됐는데 그후 안 바뀌었다는 거였죠. 전쟁도 한 번 겪었고 시대도 많이 바뀌었는데 여전히 그대로니까 불합리한 점이 많아서 시대 상황에 맞게 전면 개편한다고 했습니다. 둘째는 재정자립도가 워낙 열악한 데가 많아서 재정자립도 기준으로 좀 효율화하겠다는 겁니다. 왜냐하면 재정자립도가 낮고 인구도 엄청 작은 시, 읍, 면이 있었거든요. 그런 곳도 다 선거를 하고 공무원도 있어야 하니 비용이 과다지출되는 곳이 많았습니다. 그러니까 잘만 하면 행정구역만 개편해도 사회적으로 이익이라는 식의 이야기들이 많았죠.

김   그런데 행정구역 개편 이야기는 지금도 계속되고 있거든요. 예를 들어서 전국을 다시 80개 정도의 광역시로 넓혀서 단일 편제를 하자는 주장도 있는데, 지금 말씀하신 논리와 똑같거든요?

임   언제나 같습니다. 행정구역과 관련해서는 늘 같은 이유가 등장합니다. 우선 교통이 계속 발전하니까 그렇습니다. 예전에는 한꺼번에 통치를 할 수 없던 곳들이 이제는 충분히 가능하거든요. 훨씬 더 빨리 달릴 수 있고 길도 엄청나게 많이 늘어났으니까요. 행정구역 개편은 교통기술, 그리고 통신기술 발전과 밀접합니다. 예를 들어 전화가 개통되면서 상황이 급변했습니다.

김   걸어가서 행정 지시를 내리느냐, 전화 한 통으로 해결하느냐에 따라서 통치의 권역이 넓어지겠죠.

임   네, 행정 쪽에서 중요했던 것은 전신, 전화, 팩스 같은 기계들입니다. 복사기도 어마어마하게 큰 역할을 했습니다. 예전 같으면 원본을 증명할 때 다 도장을 찍은 증명서가 오고가고 했거든요. 그런데 이제는 복사를 해서 보내면 되니까. 훨씬 더 빨리 가는 거죠.

김   저 어릴 적 시골에서 살 때는 행정과 관련해 가장 많이 쓰이는 기계가 자전거였어요. 공무원 아저씨들이 자전거 타고 오셔서 통지서 나눠

주었죠. 그런데 지방 재정자립도가 낮으니까 일제 때 골격을 바꾸자는 주장은 명분일 테고, 실제 이유는 뭐였습니까?

임 실제 이유는 아무래도 쿠데타 이후 민정이양 관련한 선거죠.

김 이야기를 상세히 풀어주세요.

임 행정구역과 선거구역은 밀접하게 연결되어 있습니다. 선거구를 인구 비례로 할 것이냐, 영토 비례로 할 것이냐는 아주 오래전부터 있던 문제입니다. 1961년 이후 잡은 기본 방향은 인구를 최대한 반영해서 행정구역을 설정하고, 행정구역에 맞춰서 선거구를 나누는 겁니다. 그래서 어떤 시는 두 명을 뽑네 다른 시는 세 명을 뽑네 하는 말이 나오지 않도록, 아예 인구 기준으로 합리적으로 행정구역을 나눈 다음, 행정구역별로 선거를 하면 훨씬 더 편하지 않겠냐라고들 생각한 겁니다. 둘째로는 1950년대 내내 행정구역 가지고 정부가 장난을 무척 많이 쳤다는 점을 들 수 있습니다. 읍 승격이 가장 큰 문제인데, 한 번 읍으로 승격한다는 얘길 하면 그 지역에서 여당 몰표가 나옵니다. 군 안에서도 이렇게 저렇게 행정구역을 계속 바꾸었습니다. 그러다 보니까 이미지가 별로 안 좋아졌습니다. 행정구역이 이제 개판이 되고 있다는 인식을 전 국민이 다 공유하고 있었으니까요. 오히려 4·19 이후부터, 이승만 정권 때워낙 개악했기 때문에 바꿔야겠다는 말들이 많아집니다. 또 하나, 장면 정권 때의 핵심 주제는 군(郡)이었습니다. 시·읍·면 장을 직선으로 뽑고, 도지사도 다 직선으로 뽑으면 도대체 군은 뭐냐는 겁니다. 군수는 직선이 아니었거든요. 그래서 군을 폐지하고 도 아래 행정 체제를 시·읍·면으로 단순화하자는 이야기가 나왔습니다.

김   아까 말한 80여 개 조정하자는 이야기잖아요.

임   그러고 보니 지금 군이 80개 정도 되네요. 그런데 군을 없애자는 이야기는 우리나라뿐만 아니라, 다른 나라에서도 많았습니다. 행정구역에서 군은 애매한 단위입니다. 군이 만들어졌을 당시 근거는 이렇습니다. 도는 범위가 넓어서 국토 곳곳을 통치하기에는 힘이 없고 그렇다고 맨 밑에 있는 지자체들 위주로 통치하자니 경제권이 범위를 넘어가면서 더 이상은 하나의 자치제로 존속하기 힘든 조그마한 단위가 됩니다. 그럴 때 군이 중간에 하나씩 들어가면서 국가의 직접 명령을 바탕으로 통치했던 겁니다. 그래서 국가의 힘이 아주 강력히 집행된 단위는 도도 아니고 시·읍·면도 아니고 바로 군입니다. 군수는 국가지사에 해당하며 국가가 파견한 행정 수장으로서 힘을 많이 썼어요.

김   옛날 역사를 보면 조선시대도 그렇고, 원리가 똑같지 않나요? 군의 현령, 이른바 사또가 지금으로 치면 군수 아닌가요?

임   예, 맞습니다.

김   국가가 감찰 기능 등을 수행하지 행정 기능을 직접 담당하지는 않았단 말이에요. 그렇죠? 그래서 결국은 사또님들이 다 했는데, 그러고 보니 같은 원리네요.

임   국가의 대리인 기능입니다. 강한 중앙집권 체제가 자리 잡은 국가일수록 군수에 해당하는 중간 단계 행정 관리의 힘이 막강했습니다. 군수의 힘이 셌지만 지방자치제로 바뀌면서 기초단체들의 역량이 강화되고 군수의 위치가 중간에서 어정쩡해집니다. 그래서 4·19 이후에는 군

수, 군제를 없애고 깔끔하게 만들자는 주장이 나왔는데 아주 명쾌하다는 장점이 있습니다. 예를 들면 인구 1만 명 이상이면 면이에요. 이 면의 영토 구역이 변하지 않은 상태에서 인구가 2만으로 넘어가면 읍으로 승격해줍니다. 그러다가 인구 5만 이상이 되면 영토가 그대로 있는 상태에서 하나의 읍이 하나의 시가 되는 겁니다. 그러면 시·읍·면에 대한 영토 단위는 거의 동일하게 유지하면서 인구가 많을 때마다 한 번씩 지위를 상승시켜주겠다는 이야기거든요. 그러면 이번에 시를 만들기 위해서 무슨 무슨 읍을 합쳤네, 면을 어떻게 쪼개네, 이런 말이 안 나오게 하고 하나의 영토 단위를 만들어주니 자치 의식이 생깁니다. 마치 2부 리그에서 1부 리그로 올라가는 영국 축구리그처럼 면이었다가 읍으로 올라갔다가 좀 발전하면 시로 올라갑니다. 이런 식으로 하나의 영토 단위가 계속 유지됩니다.

김 그러니까 일반적으로 읍이 시로 승격될 때 옆에 있는 조그마한 면을 흡수 통합을 해서 땅 덩어리를 넓혀 시로 가자, 이런 개념은 아니었던 거죠? 구획은 그대로 두고 인구수에만 기초한다는 게 장면 정권의 발상이었죠?

임 예, 아주 명쾌한 방식입니다. 그런 구도로 가면 사람들에게 지역에 대한 공통의 기여, 가치 인식이나 역사 인식이 쌓이고 계속 재생산되는 거죠.

김 그렇죠. 지역에 대한 귀속감이 계속 유지됐는데.

임 네, 그런데 요즘은 이게 다 깨져버린 겁니다. 5·16 이후에 이슈가 좀 달라졌거든요. 이전엔 군을 없애려고 했다면, 5·16 이후에는 시·읍·면 중에 읍·면을 지방자치단체에서 제외하려고 했고 결국 그렇게 했죠. 그래서 군을 자치체로 하고 기초단위로 삼게 됩니다. 군수는 100명 정도만 포섭하면 되는데 시·읍·면 장까지 우호적인 사람으로 앉히려면 1000명 정도의 사람들이 필요했거든요. 그래서 군을 기초단위로 삼았습니다.

서울을 확장한 이유

김 아, 그러니까 1963년에 박정희 세력이 단행한 행정구역 개편의 핵심은 바로 중앙정부의 통제력을 어떻게 강화할 것인가였군요? 그래서 군을 중심에 두려 했고. 그러면 서울은 어떻게 바꾸려고 했습니까?

임 미스터리가 많습니다. 도대체 서울을 왜 확장했을까요? 팩트부터 이야기하면 일제시대 서울은 사대문 안과 용산으로 시의 범위가 축소됩니다. 그래서 표주박이 뒤집힌 모양이 되죠. 용산이 볼록 튀어나와 있으니까요. 그러다가 해방 이후 1949년 독립하면서 '성저십리(城底十里)'라는 개념을 기반으로 1차 확장합니다. 예전부터 '성에서 10리'까지는 한양은 아니지만 한양의 통치를 받았는데, 진짜 말 그대로 옛날 한성부의 권역으로 성 밖 10리까지 서울이 확장됩니다.

김 10리면 4킬로미터인데, 그러면 동대문 같은 경우는 왕십리까지 포괄하는 건가요? 서대문은 마포까지 포괄하고?

임 마포는 들어갔지만 은평까지는 안 들어갔고 은평구 중 수색만 들어갔죠. 어쨌든 이 확장된 땅은 1960년대 초까지 여전히 놀고 있었습니다. 그냥 논밭이었죠. 요즘도 청량리라고 합니다. 또 여전히 수유리, 망우리라고 부르듯, '리'라는 개념이 아직도 머릿속에 박혀 있습니다. 청량리는 1949년도에 서울에 편입됐지만 여전히 서울 사람들에겐 '리'였던 거지요.

김 제가 마포 끄트머리 시영아파트에 산 적이 있었는데, 거기에 빨간 벽돌 담을 쫙 쳤어요. 동판이 하나 박혀 있는데 뭐라고 쓰여 있었는지 아세요? 지금도 그대로 있는지 모르겠는데 '마포는 더 이상 종점이 아닙니다. 새로운 출발의 시작점입니다.'라고 적혀 있었어요. 옛날 노래 중에 〈마포종점〉이 있었고, 그때만 하더라도 마포는 말 그대로 끄트머리 아니었어요?

임 신촌도 거의 개발이 안 되어 있었습니다. 1960년대 이화여대 지리교육과에서 조사한 신촌 자료가 있습니다. 민속지 자료라고 볼 수 있는데, 학생들이 뭘 조사했느냐면 우물 수를 조사를 해요.(웃음) 여기 우물이 몇 개다, 버스 종점이 어디에 있다 등등. 당시에는 신촌로터리도 버스 종점이었으니까요. 버스터미널도 있었고요. 아무튼 굉장히 낙후되어 있던 지역입니다. 다시 원래 문제로 돌아와서, 1949년도에 편입된 지역조차도 도시화가 진행되지 않았는데 도대체 왜 1963년도에 시역을 두 배이상 확장했을까요? 당시 11개 면을 포함해서 통합했습니다.

　　여러 가지 설이 있습니다. 도시학자 중에 손정목 선생이라고 원로가 계십니다. 그분이 야사들을 모아서 『서울시 도시계획 이야기』라는 책을 냈습니다. 『한국 도시 이야기』도 썼는데 그분이 밝힌 내막은 이렇습니다. 쿠데타 세력들 간 암투가 벌어지는데 당시 서울시장 윤태일과 내무부장관 한신의 갈등 때문이라는 게 가장 유력한 해석입니다.

김 다 군인 출신이잖아요?

임 예, 그런데 한신 내무부장관은 일본에서 법을 공부했고 엘리트였어요. 윤태일 시장은 만주군관학교를 나왔습니다.

김 박정희 직속 후배군요.

임 네, 출신지도 다릅니다. 윤태일 씨는 함경북도 출신이고, 한신 내무부장관은 함경남도 출신입니다. 우리가 볼 때는 차이가 없지만(웃음) 자기들끼리는 굉장히 큽니다. 함경북도는 청진 쪽이고 함경남도는 원산쪽인데, 원산하고 청진 비교하면 광복 후에는 함남 권력이 셌습니다.

김 서울시장과 내무부장관이라면 말 그대로 직결되는 주무 부처 수장들인데요.

임 예, 손정목 선생이 밝힌 표면적인 갈등은 지프차의 숫자 때문이었습니다. 쿠데타 이후에 민정이양 전까지 쿠데타 세력은 군복 입고 군 지프를 타고 다녔습니다. 둘 다 별 둘이었기 때문에 지프 아래에는 별 두 개가 붙어 있었습니다. 그러다가 지프 통행이 시민들에게 위화감을 준다고 감색의 관용 번호판을 답니다. 요즈음 길거리에서 가끔 '외교'자 보게 되잖아요. 그 감색이죠.

　　1호차는 대통령 차, 2호차는 국무총리 차, 내무부장관 차는 12호입니다. 그런데 서울시는 내무부 아래에 있기 때문에 26호라고 박혀 있는 거예요. 더 큰 문제는 서울시장 윤태일 씨가 한신 내무부장관보다 네 살 더 많다는 거였습니다.

김 그러니까 나이도 어린 한신 장관한테는 도저히 밀릴 수 없다, 그러려면 서울 땅이라도 넓혀야겠다, 끝발 높이는 방법은 그것밖에 없다. 뭐 이런 심정이었던 거라고요?

임 예, 그래서 버럭 한 번 화를 내고 작업에 들어갑니다. 마침 한신 장관이 보신탕을 먹고 직접 차를 몰고 가다가 교통사고를 당해요. 그래서 세 달 동안 입원을 했는데 바로 그사이에 작업을 해서 서울특별시라는 지위를 얻어낸 겁니다. 한신 장관이 못 나오는 동안 최고회의 참석자들을 설득해서, 서울특별시를 내무부장관 직속에서 국무총리 직속으로 바꾸어버립니다.

김 서울시의 위상이 올라갔군요.

임 손정목 씨 같은 경우는 공무원 생활을 오래했는데 그분이 전하는 바에 따르면 당시 공무원들은 쾌재를 불렀다 합니다. 다 급이 하나씩 올라가 버리니까요. 구청 말단 직원까지, 서울시와 관련된 공무원들은 자동으로 일계급 특진이 되면서 일도 많아지고 돈도 많아지고.

김 '성 밖 10리'라고 했으니까 왕십리까지라고 치고. 5·16 군사 쿠데타 세력 중에 누가 성수동에 땅이 있어서 '여기를 좀 넓혀라!' 하고 압력을 넣은 일은 없었을까요?

임 돈과 관련된 이유는 드러난 게 없습니다. 당시 군인 월급으로 땅을 그렇게 많이 가질 수 있는 상황은 아니었습니다.

김 조상으로부터 물려받은 땅이라든지…….
임 쿠데타 세력들이 대부분 지방 출신이에요.

김 그렇겠네요. 그러면 또 다른 설이 있습니까?
임 영토 확장을 아주 예전부터 기획하고 있었다는 설도 있습니다. 4·19 이후부터. 1949년에 서울 확장을 하면서 서울 계획 인구가 150만 명 정도였어요. 앞으로 150만 명 정도까지는 수용하겠다는 거죠. 그런데 1960년에 이미 서울 인구가 250만 명을 넘었습니다. 그래서 수치상 땅이 좁다는 생각을 하고 있었던 겁니다. 수치상일 뿐이지만 아무튼 그런 계획이 있었기 때문에 확장을 하겠다고 했을 때 별 비판이 안 나왔다는 이야기가 있습니다.

또 하나는, 시대적으로 시 외곽 개발을 인식하고 있었습니다. 영국에 있던 전원도시 개념이 20세기 초 일본을 통해서 들어옵니다. 일본도 전원도시를 굉장히 빨리 받아들였고, 한국에서도 전원도시 개념은 다 알고 있었습니다. 농촌 출신들이 워낙 많기도 했고, 도시에서 바글바글 사는 데 만족하지 않는 사람들이 많았어요. 지금 생각하면 말도 안 되지만, 당시에도 사람들이 서울이 지나치게 혼잡하다고 느낀 겁니다.

김 도심은 일하는 데고 내가 사는 데는 그래도 녹지나 논밭이 좀 있으면 좋겠다?

임 예, 그래서 1962년도에 도시계획법이 만들어지는데 서울시에서 처음으로 도시계획을 수립하려고 조사를 한 기초조사 보고서가 1962년도에 나옵니다. 1949년 편입 지역 말고 경기도 지역 6개 군을 조사한 결과물이죠. 하나의 생활권으로 본 겁니다.

김 그 군들이 당시에는 경기도 지역이었고 나중에 다 서울이 되는 거죠?

임 예, 교외화라고 이야기하는데, 도심에서 4킬로미터 정도 떨어진, 베드타운도 아닌 전원도시를 기획합니다. 예전부터 한성은 일하는 데고 집에서 왔다 갔다 하는 사람들이 워낙 많았기 때문에 서울시를 그런 식으로 확장하려고 했었습니다. 그 흐름의 연속선에서 군사정권이 서울시를 확장했다는 거죠. 어느 정도는 설득력이 있습니다. 서울시가 1949년에 편입한 지역에 여전히 도시계획을 수립하지 못할 정도로 허덕대는 와중에 1963년 더 크게 확장했는데도 당시 신문기사나 언론에서 말이 안 된다는 이야기가 전혀 안 나옵니다.

묘지를 가르는 경계선의 미스터리

김 그게 혹시 군사정권의 서슬 퍼런 보도 통제 때문은 아닌가요?

임 그건 아닙니다. 사람들이 확장에 거부감이 없었다는 얘깁니다. 물론 경계에 대한 이의가 제기됩니다. 왜 여기까지 서울시로 확장을 했느냐. 예를 들면 중대면의 경우 일부만 들어가고, 당시 제일 번화했던 소사 지역은 빠졌거든요. 서울시 도시계획위원회에서 1962년도에 기초조사를 할 때에는 부천 소사가 발전 축으로 보면 가장 좋았습니다. 인구 성장도 빨랐고 철도 교통이 워낙 좋은 곳이니까요. 공업시설도 많았고 제조업체도 많았습니다. 그래서 군이 확장을 하려면 소사가 다 들어가야 하는데 이 제일 잘 나가는 소사읍을 반토막 냅니다. 반면 중대면이라든지 지금의 강남, 서초 지역의 경우에는 죄다 농사만 짓던 곳인데 모두 편입합니다.

김 뽕나무 밭이었죠.

임 그러니까 말이 안 된다는 이야기가 나옵니다. 여기는 되고 저기는 안 되는 경계가 모호합니다. 하필 이런 선을 그은 이유가 뭐였을까, 누가 그었을까, 이것은 지금도 미스터리입니다.

김 그냥 탁상행정의 결과가 아닐까요? 지도 갖다가 빨간 줄로 쫙 그어 버린 거죠.

임 이와 관련된 인터뷰도 없고, 당사자들 중 지금 살아 있는 사람도 별로 없습니다. 워낙 빨리 처리하다 보니까 집중 조명도 되지 않았습니다. 누구 머리에서 나왔는지 모릅니다. 관련된 황당한 예는 많습니다. 김포공항 옆의 개화산 인근, 개화리하고 송정리가 있는데 개화산을 반 토막을 내서 개화리가 안 들어갔습니다. 원래는 개화리와 송정리가 하나의 생활권입니다. 송정이 좀 더 번화가이긴 합니다. 개화리는 북에 근접해 있어서 배 타고 월남한 북한 사람들이 많이 정착했습니다. 그 사람들이 돈을 모아 만든 게 송정중학교입니다. 그런데 자기네들이 만든 학교는

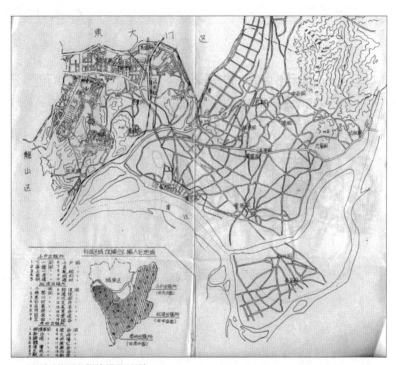

1963년 서울시 행정구역 확장(성동구의 경우)

서울이 되고 정작 자기들의 거주 지역은 서울이 안 된 겁니다. 이건 약과였습니다. 더 충격이 큰 사례는 망우리였습니다. 공동묘지 가운데로 행정구역 분계선이 지나가 버립니다.

김 제 말이 맞다니까요. 책상에 지도 펼쳐놓고 그냥 마음대로 그어버린 거야.(웃음)

임 묘를 관통하는, 서울과 경기도의 구분선이 생겼거든요.

김 그러니까 할머니 묘는 서울, 할아버지 묘는 경기도 이렇게요?

임　경계 문제는 확실히 이상한 구석이 있습니다. 소사 같은 제일 잘 나가는 지역은 쪼개고, 정말 농촌인 강남 지역은 포함했듯이요. 강남이 얼마나 외곽이었냐 하면, 당시에 지금 서초구 지역을 가려면 두 가지 길이 있어요. 하나는 노량진까지 한강대교로 건너가 양재까지 가는 경우가 있었습니다. 거의 1박 2일 코스입니다.(웃음) 그리고 광진교를 지나서 송파 쪽으로 갔다가 다시 서쪽으로 가는 길입니다.

김　그때 한강 다리는 몇 개나 있었죠?

임　당시에 한강대교와 광진교 두 개 있었습니다. 강남 쪽이 다리 중간에 있었기 때문에 언덕배기, 고개를 몇 개 넘고 도랑 건너야 갈 수 있는 지역이었고, 그래서 별로 개발이 안 될 땅이었습니다. 남서울신도시계획*을 냈던 화신백화점 사장 박흥식이나 '새서울백지계획'**을 짰던 김현옥 서울시장 같은 사람들은 다리를 놓자는 주장을 했고, 결국 제3한강교(한남대교)가 건설됩니다. 참고로 제2한강교는 1963년 서울시 확장 때 공사를 하고 있었고 1965년에 완공됩니다.

김　그때 조상님이 서초구에 계셔 땅덩어리가 조금만 있었어도 인생이 달라지는 건데. 그때 졸부들 엄청 나왔겠어요.

---

* 1961년 박흥식이 제안한 강남개발계획을 바탕으로 서울특별시가 1966년 1월 발표한 안이다. 한강 남쪽 송파, 가락 일대에서 삼성동, 역삼동, 서초동, 반포동, 방배동을 거쳐 경기도 시흥군 관천면 일대에 이르는 2,400만 평의 땅을 대상으로 이상적인 전원도시를 약 11년간에 걸쳐 개발한다는 것이 골자이다. 새서울백지계획이 구체화되면서 무산되었다.

** 1966년 9월 당시 김현옥 서울시장에 의해 발표된 것으로 무궁화꽃잎 모양으로 된 5천만 평의 땅에 주택지구 40%, 관공서 등 업무지구 20%, 상업 5%, 경공업 5%, 녹지대 30%, 도로 30%를 건설한다는 계획이었다. 남서울, 즉 지금의 강남, 서초구가 개발 대상지였다.

임 아, 그것도 시대를 잘 타셔야 돼요.(웃음) 다 수용을 당했을 수도 있어요. 그냥 쫓겨나는 거죠.

김 그렇군요. 군사정권 때나 가능한 이야기지요.

임 예, 서울시 확장과 관련해서는 풀리지 않는 의문들이 있습니다. 왜 확장을 했는지는 군인 개인의 성격 탓으로 돌릴 수도 있고 당시에 도시를 좀 크게 보아 농촌도 도시의 일부로 생각하는 개념의 귀결로 볼 수도 있습니다.

김 당시 서울은 인구수가 250만 명이라고 하셨죠. 그럼 영토를 확장해서 서울의 적정 인구를 얼마로 잡은 거예요?

임 300만 명으로 잡았어요. 그런데 1963년 행정구역 개편 확장을 하고 나서 인구가 진짜 많이 늘었습니다. 5년 단위로 100만 명씩 증가합니다. 역사에 가정은 없다지만, 결과를 놓고 말하면 인구가 이렇게 많이 느는데 그때 행정구역 확장 안 하고, 서울시 지위를 높여놓지 않았으면 문제가 됐을 개연성이 큽니다. 서울시가 당시에 힘을 키우지 않았다면 좀 힘들지 않았을까 싶습니다.

김 어떤 점에서?

임 행정 면에서는 일단 서울시가 내무부장관 아래 있다가 국무총리 아래로 가면 지휘 체계가 한 단계가 줍니다. 나아가 혹자는 서울시는 거의 무통제 지역이었다고 합니다. 총리가 서울시에 이래라 저래라 이야기하기는 좀 그렇잖아요. 그런데 내무부장관 아래에 있었다면 교부금을 갖고 계속 간섭했을 겁니다. 이런 식의 '준'자치 시로 독립한 서울시는 행정이 굉장히 자유로웠습니다. 인구가 많이 유입되는 등 상황이 변할 때 구청 만들거나 동을 나누는 등의 행정조치가 쉬웠던 거지요.

전국적인 변화들

김　그런데 서울 경계 지역을 대폭 넓히다 보면 서울의 말단 행정조직을 새로 짜야 하는 거 아닙니까?

임　예, 그 과정이 무지하게 힘들었습니다. 일단 공부(公簿)라는 게 있어요. 재산세대장부터 농수산물 관련 세무 서류, 하다못해 인감대장까지 전부 다 주소를 경기도에서 서울시로 바꿔야 했으니까요. 서울시 공무원이 출장가서 서류에 딱지를 붙여가며 다 바꾸는데, 이런 일들을 전담하는 특수 조직이 출장소입니다. 구청 아래 출장소를 두고 호적, 세금 관련 공부를 다 바꿔버리는 비용이 어마어마했습니다.

　　여기에 1963년 당시 부산직할시가 새로 생겼고, 금산이 전라도에서 충청도로 갔고 울진이 강원도에서 경북으로 바뀌는 등 전국적으로 할 일이 많았습니다. 부산직할시도 엄청나게 시끄러웠어요. 조용했던 지역은 아마 울진밖에 없을 겁니다. 울진은 대구에 비해 춘천이 워낙 머니까 우리는 왜 강원도냐고 전부터 끊임없이 불만을 제기했어요. 반면 금산 같은 경우에는 전북이 엄청 반대를 했습니다. 금산은 인삼 등등 작물이 많았기 때문에 금싸라기 땅이었거든요. 전북 입장에서는 손해가 막심한데 금산 사람들은 또 바꿔달라고 거세게 요구했어요.

김   금산 사람들은 왜요?

임   더 가깝다는 겁니다.

김   논산, 금산, 강경을 생각해보면, 강경은 상권이 엄청 발달했던 곳 아
닙니까? 경제적 가치가 컸던 거죠?

임   그런데 전주 쪽으로 가는 인원보다 대전 쪽으로 왕래하는 인원이
훨씬 더 많았고 상권도 그쪽으로 많이 연결되어 있었죠. 그래서 나중에
는 주민들이 '우리는 대전 방송 보지 전주 방송 안 본다.' 이런 이야기까
지 하면서 충청도로 꼭 가야겠다고 했고 결국 넘어갔습니다.

김   제가 충남 출신인데. 왠지 듣기가 좋네요.(웃음) 농담입니다.

임   부산직할시 신설은 당연히 경남에서 반대했죠. 비슷한 사례는 계
속 나옵니다. 이후 울산 독립할 때에도 경남이 반대했죠. 그런데 당시
직할시라는 개념이 애매했습니다. 대구, 광주, 전주, 부산이 규모로는 다
비슷비슷했어요.

김   그중에 부산만 콕 찍어서 직할시 만든 거라면 전략적인 판단이 깔
려 있다고 봐야 되잖아요.

임   예, 항만 경제나 당시 일본과의 수교도 고려했겠죠. 일본과 바로 연
결되는 항구를 특별히 관리해야겠다는 생각도 했을 테고. 산업단지 입
지를 고려해서요.

김   이른바 남동임해공업단지의 거점으로 삼기 위해서 직할시로 만든

거군요.

임 예, 그런데 이후 다른 도시가 난리를 칩니다. 엄청난 불만을 표출했는데 정부가 '부산만 직할시다!'라고 못 박고 대구와 광주의 직할시 욕망을 원천봉쇄합니다. 아무튼 1963년 행정구역 개편은 정말 일제시대 이후 처음 보는 대개편이었습니다. 준비만 1년이 걸렸고, 1년 내내 말이 엄청 많았습니다. 심지어 박정희, 당시 국가재건최고회의 의장도 '무리해서 하지 마라, 돈 많이 든다.'면서 속도 조절을 요구합니다. 행정 공부를 다 바꿀 생각을 하니까 재정적으로도 견적이 안 나오는 거죠. 그래서 끝없는 조절 후에 1963년도에 대폭 개편을 하고 나서도 '우리 다 못했다, 민정이양 한 다음에 2차로 개정할 거다.'라고 이야기합니다.

김 또 다른 지역은요?

임 행정구역 개편 때 우리나라 경제 발전은 태백산과 제주도를 어떻게 개발하느냐에 달렸다는 게 중론이었습니다. 왜냐하면 태백산은 자원이 많고, 제주도는 지금 관광지로 유명하지만 더 근본적으로는 수자원의 주요 기지이고, 수산물 수출에서도 중요한 지역이기 때문입니다.

김 개편되기 전에 태백산과 제주도는 어떻게 편제되어 있었어요?

임 태백산 일대는 강원도 내의 평범한 시군 지역이었고, 제주도는 그때 도로 독립하는데 원래는 전라남도 소속이었습니다. 그런데 1960년대 초 제주도와 태백산을 주식회사로 만들어 법인화한다라는 전략이 제기되었습니다. 아무래도 행정구역상 층층시하라 주식회사로 만들어 의사결정을 단일화하고 투자도 받겠다는 의도였습니다.

김　요즘 기업 하는 분들이 법인 등록 하나 하는데 서류 몇 십 개 떼어야 한다고 투덜거리는 거랑 비슷한 얘기군요?

임　네, 그래서 아예 독립된 단위로 조성하고자 했던 겁니다.

김　그럼 제주도 주식회사, 이렇게 편제하려고 했던 겁니까?

임　네, 지금 보면 아주 선진적인 생각이었지요.

김　제 고정관념인지는 모르지만, 행정구역에 어떻게 주식회사 개념을 도입할 수 있는 거예요?

임　더 정확하게 말씀드리면 행정구역이면 국가의 행정 권력이 들어가야 되는데, 그 땅은 행정 권력이 안 들어가고 기업 형태가 됩니다. 그래서 정확히 규정하면 반관·반민 체제입니다. 관과 민이 서로 투자하는 단위를 만들겠다는 겁니다.

김　그러니까 제주 도지사가 아니라, 제주주식회사 사장님이 계신 거네요? 태백주식회사도 그렇고? 요즘 개념으로는 경제특구랑 비슷한 발상인가요?

임　예, 태백의 경우에는 시를 만들기는 좀 힘든 상황이었거든요. 읍 두 개가 양 끝에 치우쳐 있고 하나의 단위로 묶일 만한 행정구역이 아니었습니다. 그런데 인위적으로 시를 만들었습니다. 일본의 도요타시*와 같

● 일본 아이치현 중북부에 있는 도시로 토요타자동차 회사가 있는 곳으로 알려진 시이다. 원래 명칭은 고로모시였으나 토요타자동차의 이름을 따 도요타시로 개칭했다. 그러나 토요타자동차의 창업지는 가리야시 도요타정, 도요타 그룹의 발생지는 나고야시 니시구로, 현재의 도요타시에서 토요타자동차가 창업된 것은 아니다.

은 기업도시를 꿈꿨습니다.

김 그런데 왜 무산됐어요?

임 그냥 아이디어 차원에서 거론만 된 거지 실제로 집행하기는 힘들었
겠죠.

김 아무튼 그때만 해도 태백시의 자원을 활용하거나, 제주도를 수산
의 전진기지로 만들어 경제를 개발한다는 계획을 세웠군요.

임 당시에 세계은행이나 UN에서 자문해준다고 한국에 많이 왔었어
요. 사람은 많지만 너무 황량하고 아무 자원도 없는데 한국은 도대체
뭘 먹고 살아야 할까 고민해준 겁니다. 이렇게 컨설팅을 받아보면 대부
분 석탄은 많다, 즉 땔감은 있다, 그러니까 전기가 해결된다는 이야기가
나오고요. 또 물은 많은데 하필 여름에만 집중적으로 오니까 댐을 많
이 만들라는 이야기가 두 번째로 나옵니다. 그 결과 강한 성장 동력으
로 물과 석탄이 자리를 잡습니다. 그래서 IBRD는 고속도로 투자 관련
타당성 조사를 할 때 속초 쪽 동해안에 만들 것을 권합니다. 실제로는
아주 늦게 만들어졌지만 외국 전문가들은 석탄 자원 운송에 그런 것들
이 가장 필요하다고 본 거죠.

김 말씀 듣다 보니 행정구역 개편이 어마어마한 작업이네요. 전두환
정권 때에도 행정구역 개편하려고 연구도 하고 준비도 했지만 못 했다
면서요? 박정희 정권에 맞먹는 서슬 퍼런 전두환 정권도 못했을 정도로
힘든 일이란 얘기죠. 주민들의 삶, 지역 경제 문제 등이 다양하게 얽혀

있잖아요? 그런데 엄청난 반발이 있었음에도 불구하고 다 찍어 누른 건가요? 어떻게 한 거죠?

임　1963년의 경우 찍어 눌렀다고 하기보다는 얼떨결에 순식간에 통과시켰다고 봐야겠습니다.

김　반발할 틈이 없었군요.(웃음)

임　통과되기 직전까지 정부는 언론플레이를 했습니다. 갑자기 '동도주민자치로 바꿀지도 몰라.' 하는 이야기도 흘리고요. '결코 무리하게는 안 한다, 실제로 돈이 많이 들기 때문에 쉽게 할 수 있는 게 아니다.' 등의 이야기를 계속 흘리면서 조사만 계속합니다. 조사 한참 하다가 가끔 다시 이야기를 꺼내기도 합니다. 지역 정치도 고려해서 지역을 안심시켜야 했고 귀찮기도 했습니다. 거의 매일 지방에서 1만 3000명 연판장 돌려 들고 오고, '군청을 우리 동네에 만들어달라.'고 상소 올리듯이 시골 양반들이 계속 상경해서 농성해대니 민원을 감당할 수가 없었던 거죠.

　　그리고 지방 행정구역 심의하려고 100명 정도의 심의위원들이 활동을 했는데, 어떤 일이 벌어졌을지 상상이 되실 겁니다. 향락과 접대가 오가고 되네, 안 되네, 설왕설래가 있었습니다. 이렇게 사회적으로 많은 비용이 들었기 때문에 최고회의 안에서도 행정구역 개편이 그리 빨리 진행될지 몰랐던 겁니다. 몇몇 고위 관료들은 잘못된 정보를 흘렸을 정도니까요.

노동력의 이중 구조

김 아까 서울 권역을 확장했다고 했는데, 수도권 집중은 대한민국의 고질적인 문제 아니겠습니까? 그런데 수도권 집중은 둘째 치고 서울 집중이 문제겠죠. 당시는 이런 상황이 심각할 정도는 아니었을 텐데요. 서울 집중은 '더 이상 농사 지어서 먹고살기 힘들다, 그러니까 서울 공장에 들어가서 돈 버는 게 훨씬 낫다.' 이런 심리로 탈농 현상이 일어나고 인구가 서울로 유입되는 과정이지 않습니까? 이런 문제까지 이미 예측하고 염두에 두고 있었던 겁니까?

임 서울 인구 집중과 관련해서 정부 및 학계의 의견은 엇박자를 냅니다. 정부 입장도 통일되어 있지는 않았습니다. 도시 규모를 키우면 아무래도 규모의 경제가 생깁니다. 그리고 서울시가 당시 다른 도시에 비해 제조업 기반시설도 많고, 서비스업도 많고, 일자리도 많았어요. 그런데 당시 우리나라 노동력이 과잉이 아니었습니다.

김 그랬겠죠. 전쟁 때문에 많은 사람들이 죽었으니까.

임 네, 더 심각한 게 가장 혈기왕성한 남자들을 군대에 보내기 때문에 노동력 손실이 많습니다. 놀고 있는 사람이 많아서 노동력이 많아 보이는데 일을 시키려고 하면 딱히 시킬 사람은 없습니다. 노동력은 부족한데 일을 잘 못하는 사람들은 계속 서울로 올라오는 거죠.

김 회사 사장님들과 비슷한 말씀을 하시네요.(웃음)

임 이렇게 실제로 써먹을 수 있는 노동력보다는 써먹을 수 없는 노동력이 과잉으로 많을 때를 노동력의 이중구조라고 부릅니다. 이 이중구조를 해결하기 위해서 양쪽으로 엇박자를 내는 겁니다. '우리는 지금 실업률이 높고 노동력이 과잉이다.'와 '우리는 노동력이 부족하다.'라는 이야기가 동시에 나옵니다. 이는 사용자와 노동자 측의 이야기가 아니라 하나의 정부에서 정반대 이야기가 동시에 공명하는 겁니다.

서울시 집중 면에서도 마찬가지입니다. 서울시에 제대로 된 공장들을 계속 만들려면 공장 돌릴 사람들이 필요한데 그러려면 서울시로 양질의 노동력이 계속 유입되어야 한다는 논리가 만들어집니다. 반면 당장 애들 학교에 보내야 하고 물 대야 하고 전기 공급해야 하는 시정부 입장에서 보면 끔찍한 상황이라 이쪽에서는 노동력 과잉이라고 하는 겁니다. 이 정반대 주장이 공존하는 상황에서 서울시 확장을 바라는 쪽은 전자, 즉 서울시가 계속 노동력을 끌어와야 한다는 논리를 택합니다. 그래서 인구를 500만 명까지 늘려도 전혀 문제가 없도록 만들고 싶어 했습니다.

김 　인구 유입을 예측했다기보다 인구 유입을 바라고 만든 거군요.
임 　예, 그래서 반대쪽에서는 수도권 집중 억제하라고 이야기하는 거죠. 수도권 인구 집중 방지책이 1968년도부터 나오기 시작하니까요.

김 　왜 반대되는 이야기가 나오는 거죠?
임 　실제로 인구가 많이 늘어나는 추세이기는 했습니다.

김 　예측보다 더 심하게, 감당하기 어려울 정도로?

임　예, 그리고 수도 공급이 원활하지 않았습니다. 시내의 동대문구까지도요.

김　음. 그때는 우물에서 물지게 지고 가던 시절 아닌가요?

임　물차가 왔다 갔다 했지요. 1970년대에도 전염병이 크게 한 번 돈 적이 있는데, 더러운 물을 먹은 아이들에게 발생하는 질병 문제가 심각했습니다. 1968년도 즈음에는 서울시 인구가 규모와 시설에 비해서 너무 많다는 주장이 정론으로 받아들여지기 시작합니다. 여기에 군사 요인이 추가되는 거죠. 이렇게 많은 인구가 집중해 있는데 북한이 포라도 한번 잘못 쏘면 어떻게 하나 하는 두려움도 있었습니다. 전쟁이 일어나면 또 한강 다리를 폭파해야 할 텐데 이 많은 인구를 어떻게 소개할 것인가도 문제였습니다. 서울시 도시계획에서 인구 소개라는 요인이 가장 큰 영향을 미친 사업이 강남 개발입니다.

김　강남 개발의 이유 중에 하나가 바로 인구 소개입니까? 한강 다리 넘어가기도 힘들고 하니 차라리 한강 이남에 인구를 수용하자는 논리군요?

임　예, 세 개의 핵을 계획합니다. 영등포, 강남, 도심을 하나의 핵으로 잡아서 입법, 사법, 행정 기구를 배치하고자 했습니다.

김　수도권, 더 좁혀서 서울로의 인구 집중은 박정희 정권이 정책적으로 의도했던 것인데, 1968년을 기점으로 더 이상 정부 차원에서 경제적으로나 정치적으로나 제어할 수 없게 되었다. 이렇게 보면 됩니까?

임　예, 못 했습니다. 어찌 보면 방조한 것일 수도 있습니다. 농촌 인구의 실질소득 등을 보면 농촌을 망하게 만들었다는 결론이 나옵니다.

김　그렇죠. 그래서 박정희 시절 경제성장의 희생양이 농촌이었다는 이야기를 많이 하잖습니까?

임　예, 1970년 중반부터 탈농이 더 심각해집니다. 통일벼가 나오는 등 노동생산성이나 설비생산성 등이 많이 향상됩니다. 조선시대 후기 광작(廣作) 효과처럼 더 이상 농촌에 많은 사람들이 필요하지 않은 상황이 됩니다.

김　이른바 산아제한 정책도 이런 상황에서 나오는 겁니까?

임　산아제한은 그 전에 나옵니다. 1975년도부터 서울시로 들어오는 인구가 두 배가 됩니다. 1974년보다 1975년도의 수도권 전입인구가 두 배 많습니다. 통일벼의 보급으로 농촌에서 더 많은 사람들이 올라오게 되는 거죠. 이농 현상의 원인으로는 중동 건설 붐도 무시 못 하죠. 건설 붐과 중화학 산업 단지 조성으로 생긴 대규모 공장으로 노동력이 유입됩니다. 일자리가 울산이나 포항으로 집중되면서 농촌은 점점 더 인구가 줄어드는 단계로 갑니다.

집과 땅에 대한 욕망이 싹트다

김　그러면 1963년 서울 확장 이후에, 부동산 투기도 있었나요?

임   엄청 많았죠. 물론 그때까지는 소수가 알음알음으로 했고 본격적으로 복부인들이 등장하는 시점은 1970년대입니다. 그렇다고 해도 1960년대만 해도 땅을 많이 샀을 겁니다.

김   이른바 쿠데타에 참여했던 극히 일부 세력과 연줄이 닿는 사람들인가요?

임   아닙니다. 베트남전쟁 특수가 부동산 투기의 첫 번째 징후였습니다. 베트남전쟁 때 정말 많은 돈이 유입됩니다. 경제가 활성화되면서 유동자금이 팽창합니다. 유동자금이 풍부해지면서 인플레이션이 발생하고 관련 경험을 쌓은 사람들이 땅 투기 쪽으로 몰리는 거죠.

김   그렇죠. 돈이 갈 데가 없으니까 땅으로…….

임   당시 신문 연재 소설 등을 보면 일반 회사원들의 집에 대한 욕망이 이때부터 만들어집니다. 가령 1966년 출간된 이호철 작가의 『서울은 만원이다』라는 소설을 봐도 서울에 집 한 채, 땅 한 뙈기 있었으면 하고 바라는 이들이 나오는데 이런 열망이 사회적으로 얼마나 강했는지 알 수 있거든요. 지금이랑 비슷해요. 청담동 쪽으로 들어가는 사람들은 전원주택의 꿈을 갖고 있었습니다. 지금 서울 시내 아파트 소유를 꿈꾸는 거랑 비슷합니다. 그러니 관련된 사기도 많았고요. 그때 나온 소설들에는 '서울 내기' '서울 사람' 같은 이야기가 정말 많습니다.

김   저희 후배 아버님이 그 시절에 사내 주택조합 비슷한 게 있어서 택지를 제공받을 기회가 있었는데, 후보지가 두 군데였대요. 하나는 청담동이고 다른 하나는 인천 연수구였는데 그중에서 하나를 고르라고 해서 아버님이 인천의 연수구를 고르셨대요.(웃음)

임   연수구 쪽이 대중교통이 훨씬 좋았죠.(웃음)

김   그러니까 인생이 약간 복불복인 면이 있어요. 목동하고 상계동이 같이 개발되지 않았습니까? 그리고 일산하고 분당하고 같이 개발되고. 어디를 선택하느냐가 인생을 좌우했죠. 아무튼 1960년대 부동산 투기는 행정구역 개편의 결과입니까? 아니면 전부터 있었던 겁니까?

임   후자입니다. 부동산이라는 상품은 항상 도로가 뚫리면 값이 오릅니다. 1963년에 서울시가 확장되고 나서 강서구 쪽에 있는 주민이랑 인터뷰를 한 기사가 있는데 '집값 많이 올라서 좋겠어요?'라고 했더니 '집값은 이미 김포가도 만들 때 다 올랐고 확장하고 나서 더 오른 건 없다.'라고 대답합니다. 교통망 발달이 집값의 일차적인 상승 요인이었습니다.

서울시 확장에 당시 경기도민들의 반응도 둘로 갈립니다. 하나는 '내가 내 집 짓고 사는데 괜히 구청에서 이래라 저래라 말만 많아지지 별로 좋을 게 없다. 물값은 또 공짜냐.' 이런 식입니다. 그냥 우물 퍼다 먹었는데 서울시 들어와서 상수도 깔아준다고 하면서 물세 받는 거 아니냐는 얘기죠. 요즘도 시골에선 농사짓는 사람에게 물값은 큰 부담이거든요.

물론 서울로 출퇴근하는 사람들이나 서울에서 장사를 하는 사람들은 환영하는 경우가 많았습니다. 하지만 그렇지 않은 사람들은 의구심을 품죠. '되고 나면 귀찮기만 하지, 뭐.' 이런 말들이 나왔어요. 이전면사무소가 아닌 영등포구청까지 가려면 얼마나 더 오래 걸리겠느냐, 뭐 이런 식으로 생활상 불편을 먼저 따진 거죠.

그래서 처음 확장 시에는 땅값 상승 면에서 큰 효과가 없었는데 1966년 이후부터는 얘기가 확실히 달라집니다. 앞서 베트남전쟁 이후부터 돈이 엄청나게 들어오면서 땅 투기가 많아졌다고 했죠? 그런데 역설적으로 개발이 잘 안 됩니다.

땅 투기 때문에 값이 많이 올라 있었기 때문에 토지수용을 해서 도로를 깔 수도 없는 거죠. 높은 지가가 개발을 방해합니다. 또 하나, 간접적으로 부동산 인플레 때문에 국세청이 좀 힘이 세져요. 그래서 자금 조사를 엄청나게 많이 하게 됩니다. 그러다 보니까 음지에서 도는 돈이 부동산 쪽으로 안 가서 개발이 안 됩니다.

가령 앞서도 잠깐 얘기했지만 수유리가 1949년에 편입되고 개발이 잘 안 돼서 땅도 내내 나대지(裸垈地)* 상태였구요. 그러다가 베트남전쟁이 시작되면서 땅이 좀 팔릴 기미가 보일까 말까 했죠. '기흥 쪽에 리조트 만든다면서 돈이 도는데, 우리도 한번 개발을 해볼까?' 하면 또 부동산 세제 개편, 부동산 투기 방지책 등으로 국세청에서 감시의 눈을 확대하고, 결국 개발이 계속 안 됩니다.

김 우리는 일반적으로 투기는 개발의 그림자라고 생각하잖아요. 그런데 오히려 투기가 개발을 막았다고요.

임 난리도 아니었어요. 아마 그때가 서울시하고 국세청하고 사이가 제

---

* 지목이 대(집이 있는 땅)인 토지로서 영구적인 건축물이 건축되어 있지 않은 토지를 말한다.

일 안 좋았을 겁니다. 서울시는 개발을 해야 하는 입장이었거든요. 특히 1949년 편입된 지역도 길 하나 제대로 못 뚫었던 상황이었으니까요.

김　서울시 입장에서는 국세청이 뭐 조사한다면서 재 뿌린다고 느꼈겠네요.

임　1960년대 후반, 1970년대에야 빗장이 풀리면서 개발 붐이 일었죠.

김　우리가 지금 일상적으로 받아들이고 있는 행정구역이 1963년 행정구역 대개편을 통해서 틀이 잡혔다는 말씀이잖아요. 임동근 박사가 이걸 총평한다면 어떻게 하시겠습니까?

임　엉뚱했습니다. 왜냐면 면적이 122퍼센트 증가합니다. 122퍼센트면 두 배가 넘는 겁니다. 면적은 두 배가 넘는데 인구는 5퍼센트 증가합니다. 그러니까 논밭 땅을 이제부터 여기도 서울시라고 이야기한 것과 다름이 없습니다. 심지어 1949년 편입을 했던 수색, 뚝섬, 숭인면이라고 하는 지금 수유리 쪽도 여전히 추곡수매를 하던 시절입니다. 이런 상황에서 더 큰 논밭을 서울시 안으로 편입시켰으니 통치를 제대로 했을 리가 없습니다. 제일 문제가 됐던 부분 중 하나는 치안입니다. 불광 지역은 범죄가 늘어나고 수유리도 마찬가지입니다. 행정력이 못 좇아가는 겁니다. 서울시로 편입되었다고 해도 공무원이 출장소로 가서 공부 바꾸기에 바쁘지 예전처럼 순찰을 돌 여유도 없습니다. 때 되면 비료 뿌려라 뭐 해라 이런 농정 지도를 예전에는 군에서 다 했는데, 서울시 되고 나서는 공무원들이 그럴 여유가 없게 됐습니다. 그래서 행정과 치안 쪽으로 공백이 심했습니다. 단순히 땅만 넓혀놓은 거죠. 그렇게 10년 넘게 갑니다. 강남이 개발되어서 그럴듯하게 모양이 잡히는 시기가 1975년이니까요. 10년 정도는 우여곡절을 겪었는데 베트남전쟁하고 중동 건설 붐, 이 둘이 살린 겁니다.

김 진짜 우연인데요. 베트남전쟁, 중동 특수 이런 것까지 예상했을 리가 없잖아요.

임 예측을 못 한 요인인데, 결과적으로는 그 덕에 개발이 된 겁니다.

김 그렇게 보면 진짜 더 이해가 안 가네요. 미스터리예요. 그건 그렇고, 5·16에 가담했던 세력들은 전원생활을 좀 했답니까?

임 서울시에 눌러앉은 사람들이 꽤 많습니다. 당시에 청담동으로 간 사람들은 전원생활을 했겠죠. 청담동도 당시엔 시골이었으니까요. 서울로 편입되어서 제일 좋아했던 주민들은 양재동 등 강남 쪽 주민들입니다. 왜냐하면 당시 서울은 반포가 거의 끝이었습니다. 흑석동 국립묘지까지만 서울로 생각했어요. 거기 넘어가면 주로 화훼단지가 있었습니다.

김 양재동에 아직도 화훼단지 있죠?

임 그 역사가 조금 남아 있는 거죠. 당시 그곳 주민들은 농사도 지었지만 꽃 팔고 나무 팔고 했거든요. 서울 사람들이 고객이었는데 서울로 편입되면 교통이 좋아질 것이란 기대가 컸습니다. 물론 1963년도에 편입되고도 7년을 더 기다린 후에야 다리 하나(한남대교) 생기고 했지만요.

김 그럼 가장 극심하게 반발했던 곳은 어디입니까?

임 극심하게 반발했다기보다는 중랑구 쪽에서는 별 관심이 없었습니다. 혜택이 없으니까요.

김 그렇군요. 주민들의 반응은 경제적인 효과에 맞닿아 있군요. 그럼 임동근 박사께서는 서울시 권역이 대폭 확장되고 결국 메트로폴리스가 된 것은 어떻게 생각하시나요?

임 긍정적인 효과를 가져왔다고 봅니다. 자유로이 조정·통제할 수 있는 영토가 좀 넓어졌고요. 예전같이 서울시가 작았으면 구가 계속 만들어지는 와중에 경계 문제가 항상 발생했을 겁니다. 예를 들면 안양천변의 서부간선도로는 1990년대 중반까지는 서울시에서 내려갈 때는 도로가 잘 뚫려 있다가 경기도로 넘어가는 순간 갑자기 길이 막혀버리고 이상한 비포장도로를 달려야 했습니다. 이런 일들이 정말 많았거든요. 이런 행정구역 간의 조정이 필요한 문제들이 서울 안에서는 하나의 행정 틀에서 진행되었기 때문에 더 효율적으로 도시화가 진행됐습니다. 또 도시계획 역량 자체가 서울시가 워낙 컸기 때문에 효과가 더 커졌습니다.

민심을 두려워한 박정희 정권의 수도 이전 계획

김 박정희 정권 때 수도 이전을 검토하고 추진한 적이 있지 않습니까? 서울시를 이렇게 키워놓고도 수도 이전을 검토했어요. 그건 어떻게 읽어야 합니까?

임 우선, 수도 이전 검토한 것은 정권 후반기고요. 두려웠던 겁니다. 서울이 너무 비대해지자 겁이 나는 겁니다. 1977년도에 아주 유명한 보고서, 「수도권 인구 재배치 계획」이 나옵니다.

김 예? 무슨 스탈린 정권이에요? 인구를 어떻게 재배치를 해요?

임 당시에는 인구배치계획이라고 했습니다. 인구배치계획은 당시 무임소장관(無任所長官)이 만들었습니다. 지금은 정무장관입니다. 수도권 인구 집중을 가장 반대한 측은 서울시이고, 이전의 수도권 집중 방지책도 주로 서울시 중심으로 추진합니다. 서울시 입장에서는 기반시설물 관리 임무가 있었으니까요. 그런데 인구가 너무 빨리 증가합니다. 그래서 박정희 대통령한테 서울시 인구 많아져서 전쟁 때 좋을 게 하나 없다는 이야기를 서울시가 계속 하는 겁니다.

그런데 1970년대 중반 즈음 되니까 서울시가 통제할 수 있는 상황이 아닌 거예요. 1975년도부터 이전보다 두 배로 올라오니까요. 그 결과 가족계획 엄청 강화하고, 예비군 훈련 때 정관수술 하는 등 여러 정책들이 결합됩니다. 서울로 못 오게 하려고 해도 안 되니까 박정희 대통령이 청와대가 직접 하라고 해서 무임소장관, 어떻게 보면 깍두기 장관 같지만 힘은 제일 센 무임소장관이 일을 책임집니다. 재정, 국토, 교육 등 주무 부처 장관들 다 모아서 종합적인 수도권 정책을 만듭니다. 그때 만들어진 것이 '대학정원제', '공장총량제' 등입니다. 얼마나 강력하고 구체적인 정책이었는지 심지어 콘돔을 위한 고무 산업 발전 방안까지 하나의 틀에 묶어서 수도권 인구 집중 방지책을 짜게 됩니다.

김 그럼 수도 이전을 검토했던 것도 수도권 인구 재배치 차원에서도 이해할 수 있겠군요.

임 예, 솔직히 1975년 이전까지는 수도권 인구 유입을 막겠다는 방침은 그냥 말뿐이었습니다. 1975년부터 문제가 심각해진 거죠. 그러면서 부랴부랴 과천도 만듭니다. 여담입니다만 왜 과천이냐면 북한에서 포를 쏘면 관악산에 걸려서 정부종합청사가 안 맞습니다. 곡사포로 쏘지 않는 이상 안 맞게 돼 있습니다. 전쟁은 도시 발전에서 중요한 역할을 합니다. 그런데 좀 이해가 안 가는 게 「7·4 남북공동성명」이 나오는 등 당시 긴장 완화 시대였거든요. 그런데 수도권 인구 집중이 전쟁 일어나면 안 좋다는 이야기가 또 먹혔다는 거죠.

김 그러니까 사정권이 서울대까지였구나.

임 어쨌든 행정수도는 실제로 계획은 엄청나게 잘 세웠죠. 계획 설계에서 당시 관여 안 한 교수가 없을 정도였습니다. 사실 그때 중요한 이슈가 영등포구였습니다. 1975년도에 강남구 만들어지기 전에 대부분이 영등포구였으니까요. 당시 영등포구 인구가 82만 명이 넘습니다. 웬만한 시보다 더 컸죠. 영등포 중 강남 지역만 해도 대구시보다 인구가 더 많았습니다. 인구가 그렇게 늘어나다 보니까 권력자들은 여기서 한 번 폭동이 일어나면 사태가 심각할 거라는 생각을 합니다. 일종의 4·19 학습 효과예요. 이렇게 통제 안 되는 인구가 너무 많이 들어왔을 때 도대체 어떤 일이 벌어질지를 두려워하는 겁니다. 특히 당시에 데모도 많았고 유신 말기로 가면서 상황이 더 안 좋아지니까 피난을 가고 싶은 거죠. 원래 정권 입장에서는, 특히 4·19를 겪은 우리나라 남한 정권에게는 도시 중심의 주변부가 제일 무서운 지역이니까요.

김 거기가 이른바 부심권이죠.

임 그쪽은 동향 파악이 안 되니까요. 반상회도 바로 이 문제랑 연결됩니다. 1975년 이후에 반상회가 강제되기 시작하거든요. 여기에 주민등록법, 주민등록증 관련 조치가 강화되기 시작합니다. 뭐 이런 것들이 하나하나 결합되는 양상을 보입니다.

김 그러고 보니 서울에 4대 부심권이 있는데 신촌권역, 청량리권역 같은 경우는 대학이 몰려 있네요.

임 옛날부터 많았죠.

김 정부 입장에서는 경계할 수밖에 없었겠군요.

임 그런데 봉천동이 더 심했고 훨씬 더 무서웠을 겁니다. 너무 빨리 성장하는데 이 인구가 어디서 와서 뭘 먹고사는지 파악 자체가 안 되기 때문에 굉장히 무서워했습니다. 봉천동, 사당동의 인구 증가는 자고 일어나면 집 하나가 생기는 수준이었으니까요.

김 하긴 신림동 같은 경우에는 신림 몇 동까지 있었죠? 십 몇 동으로 기억하는데.

임 예, 경기도 광주의 학습 효과도 있습니다. 광주대단지사건이 있었죠. '설마 그렇게 힘이 센 군사정권이 그런 것까지 눈치 보면서 살았겠어.'라고 생각할 수도 있지만, 바로 몇 년 전 일들이 기억에 남아 있었으니 무서워할 수밖에 없죠.

아파트도 그래요. 와우아파트 붕괴하고 시민아파트가 문제가 되었

광주대단지 전경(1970년 9월 21일 촬영)

을 때, 이제 서민 대상 아파트 짓지 말자는 이야기를 합니다. 하지만 서민 대상에서 중산층 대상으로 바꿔서 아파트는 계속 지었습니다. 당시에 서민들이 모여 살면 빨갱이들이 침투할 수 있기 때문에 서민들을 공간적으로 집중시키는 아파트는 사회적으로 위험하다는 이야기가 나옵니다.

김 재미있네요.

임 1975년 유신 말기로 넘어가면서 시대 상황은 지금으로선 상상하기 힘들지만, 당시 정치권은 국민들을 굉장히 두려워했습니다.

김 어느 정치학자가 그런 이야기를 했어요. 유신 정권을 사람들이 오해하는데, 철권 통치가 강행돼서 가장 강한 정권이라고 생각하는데 그렇지 않다. 가장 약한 정권이었다.

임 그렇죠. 정당성이 약했기 때문에.

김 민정(民政) 쪽에서 반발이 가장 거셌고. 그런 점에서 정권의 기반이 가장 약한 때였습니다. 특히 유신 정권 말기로 가면요. 옳은 말 같습니다.

임 거기다가 공장도 많아지기 때문에 노동자계급이 형성되는 시기이기도 합니다.

김 그건 따로 떼어서 이야기를 듣고 싶네요. 오늘은 여기서 마무리해야 할 것 같습니다. 임동근 박사님, 수고하셨습니다.

임 감사합니다.

3

경부고속도로는
그린벨트의 어머니

녹음일 2013.10.15.

1964년 박정희 전 대통령은 독일을 방문해 아우토반을 목격하고 돌아왔다. 그리고 1967년 재선 당시 고속도로 건설을 공약으로 내놓기에 이르렀지만 예산은 전혀 없었다. 일본의 경우를 참고하면 총 공사비는 3500억 원 정도로 예상되었는데 실제로는 2년 반 만에 450억 원으로 공사를 마쳤다. 돈 없이 경부고속도로 짓기라는 이 희대의 프로젝트를 담당한 사람은 바로 국토계획 전공자이자 서울신문 주필이었던 주원 건설부 장관이었다. 일본에서 '도시 및 국토 계획을 위한 고속도로 투자 분석, 투자기법'에 관한 논문으로 박사학위를 받은 테크노크라트였다.

이 프로젝트에서 가장 중요했던 것은 바로 체비지 매각(세금 우대)이었다. 허허벌판을 국가가 개발할 때 인근 지주들에게 땅을 환수해서 그 일부를 판매하는데 그 땅을 체비지라고 한다. 가령 당시 영동1지구(송파, 동작, 서초)는 경부고속도로가 통과하는 7.4킬로미터의 땅을 확보하기 위해 설정된 곳이었다. 그럼에도 불구하고 팔아야 할 땅이 너무 많아 체비지가 잘 안 팔리자 투자가 몰리는 다른 지역을 그린벨트로 묶어버려서 돈을 체비지로 몰아오기도 했다. 이때 피해를 본 지역은 부천, 소사 등 당시 발전하고 있던 곳, 풍광이 좋아 리조트가 들어서려 했던 기흥, 1966년 경인특정지역개발계획으로 신도시계획까지 다 짜여진 상태에서 묶인 능곡 등이다.

우리나라는 1972년 국토계획이 도입되던 시기부터 그 기조가 일관되게 유지되어온 편인데, 여기에는 주원 건설부 장관의 공이 크다. 오히려 테크노크라트의 힘이 약해지면서 지방자치제가 도입되고 1기 신도시, 2기 신도시가 추진되는 등 불확실성이 커졌다. 테크노크라트가 강할 때에는 국토계획의 장기적 흐름 속에서 정책이 추진되었다면 지자체가 권한을 많이 가지는 지금은 역설적으로 대통령 혹은 정권의 영향을 훨씬 더 받는 경향이 생긴 것이다.

주원 건설부장관과 경부고속도로 구상

김 자, 그린벨트 지정이 경부고속도로 건설과 밀접하게 연관돼 있다.
감이 잘 안 오는데요.

임 경부고속도로 이야기는 많은 회고록에서 볼 수 있으니 간단히 사실
확인만 하고 넘어가겠습니다. 1964년 박정희 대통령이 서독에 가서 아
우토반을 보고 감명 받았다는 이야기는 여러 군데에서 나오니 사실일
겁니다. 그런데 아우토반만 본 건 아니고, 독일의 농촌까지 같이 봅니다.
농촌 경제, 즉 농촌 근대화에 주목했고 감명을 받아서 왔습니다. 이후
한국에서 고속도로를 만들고 싶은데 돈이 없으니까 계속 못 만들다가
1967년 5월 재선에 나서면서 공약으로 내놓습니다. 이후 재선이 되고
1967년 11월부터 고속도로 건설을 강하게 밀어붙이기 시작합니다.

그런데 1968년도 예산에는 고속도로 예산이 하나도 없었습니다. 당
시에 도로 예산 전체가 100억 원 남짓이었는데, 일본에서 투입된 예산
을 참고해서 견적을 내면 고속도로 건설에만 3,500억 원 정도가 필요했
습니다. 따라서 당시 상황에서 고속도로 건설은 어림 반 푼어치도 없는
소리였죠.

김 지금 따지면 한 35조쯤 될까요? 아무튼 그때 3,500억이라고 하면
어마어마한 돈인데요.

임 그래서 정부는 1965년도부터 IBRD를 통해 해외 투자를 받고자 했
습니다. 고속도로 지을 테니까 타당성도 조사해보고 돈도 좀 빌려달라
고 IBRD에 부탁을 하는데, 문제는 IBRD 입장에서 보면 경부고속도로

건설은 말이 안 되는 거였어요.

　이것도 비사 중 하나인데, 경부고속도로 대상지는 1번 고속국도였습니다. 당시 1번 고속국도는 서울에서 부산까지 가는 길이었고, 참고로 1번 국도는 좀 달라서 파주에서 목포까지 갑니다. 1번 경부고속국도는 많은 역사가 있는 도로입니다. 특히 한국전쟁 때 미군이 개입하면서 낙동강 전투를 전환점으로 밀고 올라가는데 비포장도로에서 탱크가 진격하기 힘들었습니다. 또 물을 많이 만납니다. 우리나라의 지형이 동고서저라 동서 방향으로 강이 많습니다. 그래서 수없이 도하를 해야 하는데 마땅한 길이 없을 경우 문제가 많습니다. 그래서 탱크가 갈 수 있는 길들을 파악해서 미군이 1951년도에 탱크길 지도를 만듭니다. 이 지도의 1번 라인이 바로 그 경부고속도로 라인입니다. 그래서 탱크로 다져진 길이었다고 생각하시면 돼요.

김　그러니까 경부고속도로가 뚫리기 전에 탱크가 왔다 갔다 해서 땅은 이미 다져놓았다는 거군요.

임　그렇죠. 그래서 전후 우리나라 상황에서 굉장히 좋은 도로 중에 하나였던 겁니다. 그리고 이미 상당 부분이 포장되어 있었습니다. 1960년 당시 상황을 보면 수도권에 포장된 도로가 많은데 대부분 탱크가 지나간 길들입니다. 탱크가 지나간 길 위주로 포장이 되어 있었습니다. 지금 생각하면 역설적인데, 당시에는 동두천 등 전선으로 탱크가 가야 하기 때문에 경기 북부가 경기 남부보다 포장률이 훨씬 더 높았습니다. 그래서 경부 라인은 도로 포장이 잘 돼 있고 철도인 경부선도 있다, 상태가 훨씬 나쁜 길이 엄청 많은데 왜 하필 여기에 고속도로를 까냐, 다른 데

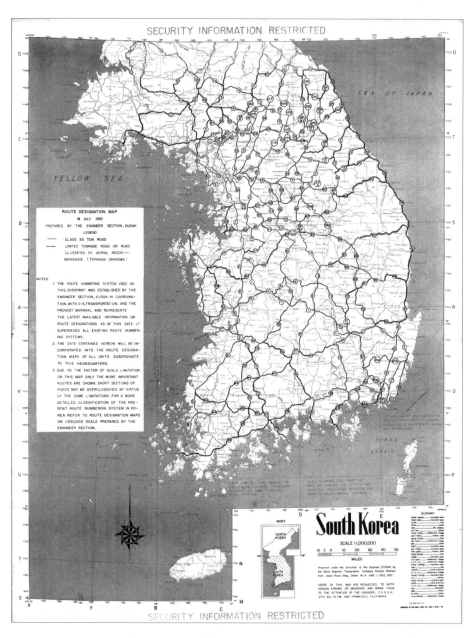

1951년의 미군 지도. 도로 중량 50톤 이상의 도로를 색깔을 넣은 선으로 표시했다.

부터 먼저 깔아라, 그러면서 대전~목포, 포항~광주 간 고속도로를 제안합니다. 그래서 경부 라인은 지원을 못 받습니다. 결국 차관을 받으려고 서독 등 외국을 다 돌아다니다 일본으로 갔습니다. 일본에서 아주 조금 지원을 받았습니다.

김 왜 박정희 정권은 그 라인을 계속 고집한 거예요?

임 일본과 연결하기 위해서입니다. 특히 부산항이 중요합니다.

김 지난번에 행정구역 개편에서 부산을 직할시로 만든 것도 일본과의 교역에서 전진기지로 삼기 위해서였다고 말씀하셨는데 다 연관이 있는 거군요.

임 예, 그리고 전쟁 시에 아무래도 일본에 있던 주일 미군이 한국으로 들어올 때 통로가 되기도 하니까요. 한국전쟁 때 경험이 고려 대상이 되었습니다. 그래서 나중에 IBRD에서 돈을 그렇게 많이 받지는 못하지만 외국에서 돈을 끌어올 때 투자 심의 과정에서 미군이 결정적인 역할을 합니다.

김 결국은 일본에 손 벌려서 돈을 얼마나 갖고 왔는데요?

임 당시 유류세를 올려서 180억 원 정도를 모았고, 정작 일본 쪽에서 끌어온 금액은 25억 원 남짓입니다.

김 아니 3,500억이 필요하다고 했다면서요?

임 경부고속도로는 실제로 2년 반 만에 450억 원으로 공사를 했습니

다.(웃음)

김 우리가 가끔 북한 TV를 보면 북한 군인들이 열심히 삽질해서 건설하는 장면 많이 나오잖아요. 그와 비슷한 거지요?

임 비슷합니다. 공병대가 혁혁한 공을 세웁니다.(웃음)

김 제가 옛날에 막노동을 많이 했는데, 막노동에서 공병부대 출신 형을 하나 만났어요. 정말 삽질이 달라요. 농담이 아니라 삽질이 각이 잡혀 있어요. 저는 허리 아파 죽을 거 같아서 어떻게든 대충 하려고 그러는데 이 형은 딱딱 세 번에 틀어서 하더라고요. 이때 공병대를 다시 봤습니다.

임 당시에는 군이 가장 좋은 건설 장비를 가지고 있었습니다. 특히 미군의 경우에는 건설 장비, 트럭 등을 잘 갖추고 있었기 때문에 도움을 많이 받았죠. 그런데 그것만은 아닙니다. 여기서부터 오늘 이야기가 시작됩니다. 돈 없이 경부고속도로 짓기가 박정희 대통령의 최고의 목표가 되었습니다. 이 임무의 적임자로 주원 씨를 지목하고 1966년에 건설부장관으로 임명합니다.

이분에 대해서는 조금 설명을 드려야겠어요. 주원 건설부장관은 1909년생 함경남도 출신인데 당시 쿠데타 참여 세력 중 함경도 출신이 많습니다. 주원 장관은 일본에서 1920년대에 무역학을 공부했고 경제학 박사를 따고 1950년대에 한국에 돌아옵니다. 1953년부터 국토계획, 도시계획을 설파합니다. 국토계획, 지금으로 보면 당시 계획경제를 주창했다고 보시면 됩니다.

처음엔 서울시에서 『도시계획 국토계획』이라는 책을 1955년도에 출간하고 큰 틀을 잡습니다. 서울대학교에서 강의도 했고. 그러면서 전문가 집단을 키우게 됩니다. 1960년대 중반 즈음에 《서울신문》 주필을 하면서 과학기술인 양성을 주창하고요. 특히 1966년 박사 논문을 쓰는데 주제가 바로 고속도로였습니다. 도시 및 국토 계획을 위한 고속도로 투자 분석, 투자기법 분석을 했습니다.

그런데 1967년 5월에 재선된 박정희 대통령이 고속도로 전문가라고 해서 아예 건설부장관으로 임명합니다. 당시 신문에서는 쿠데타 세력도 아니고 군인과도 멀고, 오히려 지방 행정과 관련해서 힘이 셌던 사람이라 많이 의아해하지만, 실제로는 1965년도부터 국토계획 쪽으로 많은 영향력을 행사했던 사람입니다. 장면 정권 때부터 국토 건설과 관련해선 서울시, 중앙정부 양쪽에 영향력이 있었습니다.

1962년 도시계획법을 만들면서 서울시에서는 도시계획 수립을 위해 주변 조사를 합니다. 이때 이분이 총책임자 역할을 합니다. 1963년도에 벌써 수도권 광역 구상을 하고, 1964년도에는 영어판 수도권 계획 보고서를 출간합니다. 이어 1965년도에는 수도권 경제개발 계획을 만듭니다.

김 우리가 지난주에 얘기했던 1963년 행정구역 대개편에도 이 사람의 입김이 어느 정도 들어가 있다고 봐야 되나요?

임 아닙니다. 행정구역 개편에서는 완전 소외됐습니다.

김 수도권 광역화 구상은 이분과 연결이 돼 있는 거 아닙니까?

임   네, 전반적인 수도권 전략을 입안했던 겁니다. 이 전략은 대부분 외국의 투자유치에 쓰였죠. 경인 특정 지역 개발이라고 해서 외국에서 돈을 끌어오기 위해 각종 보고서를 만들어야 하는데 주원 씨는 이를 책임지는 국토 전문가였던 겁니다.

김   그런 건 보통 기획사에서 하는데…….

임   그래서 당시에 영어 보고서들은 지금 국책보고서보다 훨씬 더 솔직하게 잘 쓰여 있습니다. 왜냐하면 우리나라 맥락을 전혀 모르는 사람에게 우리나라에 투자를 해달라고 부탁하는 보고서이기 때문입니다. 대충 할 수가 없는 상황이잖아요. 상대가 한국을 잘 모르니까 아주 명쾌해야 합니다. 수도권에서, 우리가 가지고 있는 자원은 물이다. 전기를 생산할 수 있다, 앞으로 이를 활용해 뭘 하겠다, 이런 식으로 전략이 직관적으로 이어져 있고 쉽게 읽힙니다. 실적도 많이 냈습니다. 경인고속도로 같은 경우에는 외국의 투자를 받거든요. 주원 장관은 이런 경험들을 축적한 테크노크라트였는데 언론의 전면에 등장하게 되죠. 원래 국토계획을 입안하던 전문가였는데 건설부장관이 되고 고속도로 사업을 진두지휘하게 됩니다.

김   경부고속도로 건설 구상에서 집행까지, 다 이 사람이 총대 메고 하는 거네요?

임   처음에는 방패막이였다는 이야기도 있었습니다.

김   그때 경부고속도로 건설에 야당들은 반대하지 않았나요?

임   반대를 하긴 했는데 조건부 반대가 제일 많았어요. 고속도로를 짓긴 짓더라도 예산도 좀 만들어놓고 절차도 좀 만들어놓고, 외국에서 해준 타당성 조사도 반영하고 합리적으로 해보자는 의견이었습니다.

김   아, 그런 차원에서라면 얼마든지 반대할 수 있는 거잖아요. 박정희 추종 세력이 박정희 대통령의 위대함을 설파하는 논거 중에 하나가 경부고속도로 건설이고, 그때 야당이 반대했다는 게 야당의 무능을 입증하는 논거로 사용되는데. 말씀을 들어보니 야당의 반대 취지는 충분히 납득할 만하네요.

임   결사 반대하는 세력, 철도 중심으로 바꿔야 한다든지 지방도로부터 깔아야 한다고 주장했던 사람들은 극소수였습니다. 당시 도로 놓는 것 자체는 쌍수를 들고 환영하는 분위기였고, 고속도로에 대한 거부감도 없었습니다. 또 고속도로는 그냥 큰 도로라고 생각했지, 차가 빨리 달릴 수 있는 도로라고 생각한 사람도 그렇게 많지 않았습니다. 왜냐하면 빨리 달릴 수 있는 차가 많지 않았으니까요.

김   경부고속도로가 완공된 직후에 제한속도가 있었을까요? 차들도 별로 없었을 텐데.

임   차량 성능에 달려 있지 않았을까요? 경부고속도로 개통식 테이프를 끊고 나서 돌아가는데 대통령 지프는 성능이 좀 괜찮아서 잘 갔고, 다른 장관들 차들은 중간에 죄다 퍼졌다는 유명한 일화가 있습니다.

김   자발적 속도 제한 정도가 있었겠군요.(웃음)

임 어쨌든 처음엔 예산도 없이 돈을 만들라고 했습니다. 임시방편으로 박정희 대통령이 얼마 필요하냐고 물었는데 주원 장관이 대충 500억 원이 필요하다고 별 근거 없이 이야기를 했습니다. 실제 계산은 나중에 하게 됩니다. 그런데 더 희극적인 일은, 경제부처에서는 150억 원이면 된다고 했다는 겁니다. 말도 안 되는 금액이죠. 그래서 타협점으로 300억 원으로 결정됩니다. 실제론 450억 원이 들어갔어요. 결국 주원 장관 어림짐작이 맞았던 겁니다. 아무래도 토목 전문가였으니까요.

체비지 매각과 말죽거리 신화

김 이야, 일본과 비교하면 10분의 1로 줄어들었네요.

임 예, 인건비뿐만 아니라 토지수용비도 많이 절감했습니다.

김 그런데 이미 1951년부터 탱크가 다니던 길을 경부고속국도로 조성했다고 하셨죠. 그러면 경부고속도로 조성에서 토지수용이 그렇게 어렵고 힘든 문제는 아니었을 수도 있잖아요.

임 도로 폭을 넓혀야 했습니다. 직선화도 해야 했고요. 중간에 다리도 있고 산도 있고 해서 비용과 노력을 많이 들여야 했습니다.

김 토지수용은 어떤 식으로 했어요?

임 돈 없이 건설을 하다 보니까 애로가 많았고, 박정희 대통령이 1967년 12월에 지시를 합니다. 도시를 통과하는 땅은 토지구획정리 사업을 해서 토지를 확보해라.

김 토지구획정리 사업이 제 상식으로는 여기는 주거지역이고 여기는 상업 지역이고, 뭐 이런 식으로 나누는 거잖아요. 그러니까 토지공사가 들어가서 땅 다지고 구획선 긋고 하는 일 아닌가요?

임 토지구획정리 사업은 역사가 깊습니다. 1904년 초 독일 프랑크푸르트에서 제정된 아디케스법(Adickes法)*을 통해 처음 시행됩니다. 핵심은 정부의 재정 투입 없이 공공용지를 획득하는 겁니다. 정부는 공짜로 토지를 얻을 뿐만 아니라 우리나라의 경우 돈도 벌었습니다. 가령 나대지가 있다 하면 지주들에게 땅의 20~30퍼센트를 국가에 내놓으라고 합니다. 우리나라는 50퍼센트까지 내놓으라고 한 적도 있습니다.

김 요즘에는 기부체납이라고 하는 거 아닌가요?

임 아닙니다. 이건 그냥 주는 겁니다. 이 과정에서 지주들 땅이 얼마나 줄어드는지 이전과 비교한 수치를 감보율(減步率)**이라고 합니다. 땅뿐만 아니라 돈까지 내놓는 경우도 있습니다. 국가는 지주들에게 받은 땅중 일부를 팝니다. 그렇게 내놓는 땅이 체비지입니다. 이 돈으로 도로, 공원, 등 공공시설을 건설합니다. 그러면 논밭이었던 땅이 갑자기 도시

---

* 프란츠 아디케스(Franz Adickes)는 19세기 말~20세기 초 당시 프랑크푸르트의 시장으로 근대적인 도시계획과 도시개발에 중요한 업적을 쌓았다. 아디케스는 프랑크푸르트에 공업회사 유치 외에 문화 및 교육 시설 유치에도 관심이 많아 프랑크푸르트 대학을 설립하는 데에도 큰 역할을 했다. 개발허용지역과 개발억제지역을 나누는 도시구획정리를 처음으로 시작하고 토지이용을 법적으로 규제하고 개발이익을 국가가 환수하는 방식을 처음으로 제도화했다.
** 토지구획 정리사업에서 공용지(도로·공원·학교 부지 등)를 확보하고 공사비를 충당하기 위하여 토지를 공출(供出)받는 비율로, 그 값은 개개의 소유지의 위치에 따라 다른데, 최고 50%를 초과할 수 없다.

땅으로 바뀌니까 지주들의 땅값이 올라버립니다.

말죽거리 신화가 바로 여기서 나왔습니다. 자기 논밭, 그중 땅이 안좋아 밭밖에 안 되던 땅이 갑자기 도시가 되면서 금싸라기 땅으로 바뀌니까 국가에 땅 절반을 떼어준다고 해도 괜찮은 거죠. 두 배 이상, 거의열다섯 배 이상 올랐으니까 엄청 큰돈을 벌었습니다. 국가 입장에서도자기 돈 하나도 안 들어갔습니다. 처음 착수할 때 돈이 들기는 하지만특별회계를 통해 돈을 운용하면서 나중에 체비지로 돈을 벌게 됩니다.

김 진짜 경우에 따라서는 국가가 개발 재원만 조달한 게 아니라 돈도남겼겠네요?

임 예, 계속 남겼습니다. 서울시 재원의 굉장히 큰 부분, 재산세 수입보다 더 많은 금액이 이 토지구획정리로 인해 생긴 체비지를 판 돈이었습니다.

김 그럼 체비지를 산 사람들은 주로 어떤 사람인가요?

임 잘 밝혀지지는 않았습니다. 좀 싸게 분양을 받았으면 혜택을 받았을 겁니다. 토지구획정리 사업이 독일에서도 시행되었고, 일본 관동대지진 이후 도쿄 도시 면적의 30퍼센트를 재건할 때도 시행되었고, 한국에서도 시행되었는데, 조건 중에 하나가 뭐냐 하면 체비지를 살 민간 자본이 있어야 한다는 겁니다. 그렇지 않으면 지주들은 땅만 빼앗기고 땅값도 안 오르고 공공시설도 건설 못 하고 망하게 됩니다. 그래서 건설호경기, 그러니까 신흥국가들이 막 성장할 때 항상 토지구획정리 사업으로 택지를 마련했던 겁니다.

김 그럼 우리나라의 경우에는 토지구획정리 사업을 하면서 체비지를 주로 누가 사 갔는지, 어떤 기업이 사 갔는지, 조사를 안 했습니까?

임 체비지매각대장이라고 있습니다. 지금도 있어요. 하지만 당시 체비지매각대장은 거의 다 사라졌습니다. 제가 논문 쓰면서 본 것이라고는 1977년 논문의 별첨자료로 나와 있는 화양지구와 영동1지구의 토지매각대장 일부였습니다.

김 개인입니까? 기업입니까?

임 개인이 많습니다.

김 그럼 당시 이름만 대면 다 알 만한 관하고 연결됐던 사람들인가요?

임 전혀 아닙니다.

김 그냥 돈 많은 사람?

임 주로 복덕방입니다. 복덕방이라고 해도 사람 이름이 나와 있을 리는 없고요. 매일 주인이 바뀌는데 계속 등장하는 사람들의 이름이 있습니다. 그래서 중개업자가 끼어 있다고 생각됩니다.

김 저도 요즘 종종 전화 받아요. '사장님, 강원도에 좋은 땅 나왔어요.' 그런 기획 부동산이 그때도 있었군요.

임 엄청 규모가 컸지요. 그래서 1988년 이태규 박사 논문 같은 경우에는 부동산 투기의 제1주범을 복덕방으로 잡습니다. 아침에 1억에 산 물건을 돈 조금 붙여서 오후에 누구에게 팔고 돌리고 하는 식입니다. 정작 소유주는 자기 땅이 실제로 어디인지 어떻게 생겼는지도 모르지만 자기 이름이 몇 번 거론되면서 값이 올라가는 거죠.

전부 다는 아닙니다만, 그런 사람들이 주도해서 체비지도 오고가고 했지요. 그래서 지난번에 말씀드린 것처럼 부동산 투기 잡겠다고 국세청이 나오는 순간에 체비지 매각이나 시유지 매각이 거의 중단되어 버리는 겁니다.

김 그래서 개발도 안 되고요.

임 그렇죠. 서울시 같은 경우에는 영동1지구, 그러니까 지금으로 따지면 서초구, 동작구인데, 구획 기준이 경부고속도로가 통과하는 7.4킬로미터의 길입니다. 서울 구간을 통과하는 7.4킬로미터 길이의 땅을 뺏기 위해서 만들어놓은 토지구획정리 지구가 바로 영동지구입니다. 서울이기 때문에 땅값이 지방보다는 비쌌고 국가가 이 땅을 공짜로 가져가려고 했던 거죠.

수원도 마찬가지고, 대전, 대구 등 대도시 지날 때마다 그랬습니다. 그 결과 서울에서 수원까지 경수간 고속도로를 뚫는데 토지 매수를 일주일 만에 해버립니다. 그만큼 매수할 땅이 없었던 겁니다.

김 그런데 일반적으로 경부고속도로가 뚫리면 주변에 상권이 형성될 수도 있지만 고속도로 근처에 있는 땅이 꼭 그렇게 좋은 것만은 아니잖아요.

임 당시에는 그런 개념이 너무 없었습니다. 그래서 국회의원 중에 인터체인지 바로 옆에 땅 투자하는 사람도 있었어요. 인터체인지가 무슨 철

도역처럼 발전할 줄 알았던 겁니다.(웃음)

김　얼핏 생각하면 지주 입장에서는 그런 이유로 거부할 수도 있었을 텐데요.

임　단지 고속도로 부지뿐만 아니라 주변을 같이 개발했습니다. 영동지구 전체의 도로망을 계획하는 거죠. 주변 지역을 다 도시화하는 방식이었습니다.

그린벨트 도입의 진짜 이유

김　거기서 왜 그린벨트가 등장하는 거예요?

임　체비지 때문입니다. 체비지를 팔아 재원을 만들고 도로를 만드는 거잖아요. 그런데 체비지가 잘 안 팔렸습니다. 세금도 큰 역할을 합니다. 갑자기 땅값이 올라버리니까 국세청이 개입하고, 당시 재무부장관이 부동산 양도소득세를 만들었습니다.

김　사고팔 때 세금은 거둬야지요. 양도세라는 게 없었어요?

임　네, 갑자기 10원짜리 땅이 1만 원으로 오르면 어마어마한 세금 폭탄을 맞는 거잖아요. 그래서 투자 심리가 굉장히 위축됩니다. 그런데 사실 체비지의 경우 양도소득세 면제였습니다. 양도소득세 도입 자체에 체비지를 팔려는 의도가 있었어요. 그런데 이런 사실이 알려지기까지 3~4년 걸립니다. 그런 이유가 하나 있고, 그보다 중요한 것은 영동지구

자체가 너무 컸다는 겁니다. 보통 100만 평 정도로 구획 정리를 해왔는데, 영동지구만 300만 평이 넘었습니다. 고속도로용으로 급하게 서울시에서 나온 체비지가 13만 평입니다. 정부가 13만 평의 땅을 민간한테 팔아야 하는 겁니다. 그중에 10만 평이 영동지구에서 나왔습니다. 도로도 없고 허허벌판인데 땅을 사라고 하니까 민간 입장에서는 잘 안 사게 되는 거죠. 그나마 서울은 나은 편인데도 그랬어요.

김 쪼개서 팔았습니까? 그때 체비지 산 사람들은 돈 좀 벌었겠네요.

임 계속 갖고 있었으면 벌었겠지요. 오늘날 강남구의 신사동, 압구정동, 청담동, 논현동, 역삼동, 삼성동, 대치동을 대부분 아우르는 영동2지구 같은 경우에는 건설 관련자들에게 임금 대신에 체비지를 줬습니다. 안 팔려서요. 이후에 오르긴 했지만 200평 정도의 소규모로 쪼개서 팔았기 때문에 그렇게 대단한 투자처가 되긴 힘들었죠. 비슷한 예로 서초동에 있던 법원 앞 꽃마을 기억하세요? 지금 사랑의교회 쪽인데, 그 땅을 개발하기 위한 철거 사건이 1991년 있었습니다. 당시 민간인 땅에 최초로 공권력이 투입된 거라 이슈가 되었는데, 토지주 중에 이명박 전 대통령이 있었습니다. 현대건설이 받은 체비지를 보너스로 이명박 대통령한테 줬던 거죠.

김 아무튼 경부고속도로 건설을 위해 재원이 필요하니까 토지구획정리 사업으로 체비지를 확보한 다음에 민간에 팔아서 건설 비용을 조달했는데, 안 팔리니까 세금 면제까지 해주었군요.

임 네, 그럼에도 불구하고 1967년에서 1969년까지 체비지가 안 팔렸습니다. 서울시는 이래저래 돈을 끌어올 데가 많으니까 그나마 좀 나았습니다. 그런데 대구시 같은 경우에는 굉장히 타격이 컸습니다. 서울~수원에서 연장해서 대구까지 빨리 뚫어야 하는데 대구에서 체비지 매각이 잘 안 됩니다. 1969년 12월 22일에 박정희 대통령이 대구 공군기지에서 브리핑을 받는데, 대구시장 일성이 '체비지가 안 팔립니다.'였습니다. 공사를 빨리 못했기 때문에 미리 변명을 좀 한 거죠. 서울시만 해도 시유지의 1퍼센트 정도밖에 매각이 안 된 상황이었으니, 재원 조달이 굉장히 힘들었죠.

김 그래서 어떻게 했어요?

임 그때 박정희 대통령께서 '패키지로 팔아라. 땅만 팔려고 하지 말고 전기도 깔고 상수도도 깔고 하수도도 깔아서 사람이 살 수 있게 만들어라. 팔릴 만하게 만들어라.'라고 했다고 해요. 고속도로가 지나가는 야산들을 쪼개서 도시도 아닌데 도시 땅값 받으면서 팔려고 하니까 안 팔릴 수밖에 없었거든요. 심지어 안양의 땅도 안 팔리는 상황이었습니다. 박 대통령이 도시처럼 만들어놓고 팔라고 했다는데 돈이 있어야 도시처럼 만들잖아요. 하나마나 한 말을 한 거죠. 그런데 1970년 1월 1일 딱 한 달쯤 뒤에 서울시 연두 순시 때 박 대통령이 구두로 그린벨트 정책을 도입하라고 지시합니다.

김 왜요?

임 그린벨트가 도입되면 개발이 제한되니까 그쪽으로 갈 민간 자본을 체비지 쪽으로 보내겠다는 겁니다.

김   그러면 그린벨트 설정은 환경보호가 아니라, 고속도로를 건설하기 위한 조치였군요.

임   거기서 출발한 거죠. 그린벨트뿐만 아니라 공짜로 도로를 건설하기 위한 온갖 아이디어가 나옵니다. 하천 정리 관련해서 시행규칙이 나오는데, 하천을 정리해서 땅값이 오른 사람들은 돈을 내든가 땅을 공공에 내라고 합니다. 그렇게 경부고속도로 라인에 있는 하천 쪽에 있던 땅을 빼앗습니다. 그 사람들은 정말 억울했을 거예요. 고속도로를 뚫으면 자기들 살림이 좋아지는 게 아니었거든요. 그런데 이 법이 1969년도부터 1972년도까지 딱 4년 정도만 시행됩니다. 경부고속도로 건설 직후 1972년도에 폐지됩니다. 고속도로 쪽 하천 땅을 가진 사람들은 돈, 땅을 주거나 아니면 노역을 해야 했습니다. 노동력 동원입니다.

또 경지정리법이 도입되는데 논이 꾸불꾸불하니까 펴자는 겁니다. 이건 이중의 의미가 있습니다. 박 대통령이 독일에서 봤던 반듯반듯한 농지에 영향을 받기도 했는데, 트랙터가 갈 수 있게 6미터 정도로 농로를 만들었습니다. 그러면서 마찬가지로 땅을 빼앗습니다. 이 경지정리법을 시행했던 113개 지구가 있는데 대상 지구가 경기, 충남, 충북, 경남 경북입니다.

김   전라도만 빠졌네? 경부고속도로와 관련이 있는 거네요.

임   네, 전라도는 안 했습니다. 이런 식으로 많은 아이디어를 내서, 정말 많은 사람과 자원을 동원해, 돈을 안 들이고 고속도로를 짓고자 했습니다. 공병대도 활용했습니다. 수많은 방법 중에 하나가 도시를 통과하는 지역의 체비지 매각이었고, 이와 함께 그린벨트가 나온 겁니다.

김　아니 그러면 경부고속도로 때문에 어떤 지주는 그린벨트 지정이 돼서 날벼락을 맞는 거잖아요. 개발도 못 하고 팔지도 못 하고. 날벼락 맞는 거잖아요. 지주들 반발은 없었습니까?

임　엄청 많았죠. 1970년 1월에 처음 그린벨트 도입을 지시했고, 다음 해인 1971년 8~9월에 일반인들이 이 법의 영향을 실감합니다. 거의 2년 동안 이게 뭔지 모르고 있다가 1971년 8월 어느 순간 갑자기 그린벨트를 접한 겁니다. 그런데 뭔지도 몰랐습니다. 그린벨트가 뭔지, '개발제한구역이다.'라고 하니까 '개발을 못 하는구나.'라는 정도는 알겠죠. 그런데 그 땅이 애매모호하게 발표가 돼요.

김　그러니까 그린벨트로 지정하는 기준이 있었습니까?

임　수도권 도심에서 반경 10~15킬로미터 사이, 폭 1~2킬로미터라고 발표됩니다. 물론 비슷한 구상은 옛날부터 있었습니다. 개발제한구역이라기보다는 도시를 녹지로 에워싸고, 거기에 전원도시를 하나씩 진주알처럼 배치하려는 거였습니다.

김　지난번에 서울 영토를 넓힌 이유가 전원도시 넓히겠다는 의도였다고 하셨는데 그런 맥락인가요?

임　네, 그런 개념은 항상 있었습니다. 토지 이용 면에서 대중교통이 잘 깔려 있는 방사선 도로를 중심으로 도시가 하나씩 있으면 되지 교외가 전부 도시화될 필요가 있느냐는 얘기죠. 즉 개발제한구역이라기보다는 도시 외곽의 녹지란 개념이었습니다. 그런데 이것이 개발제한구역으로 아주 강하게 들어와버린 거죠.

또 다른 주요 포인트가 있습니다. 말씀드렸듯이 돈을 한쪽으로 모으려는 의도와 관련해서는 돈이 빠져나가려는 곳을 개발제한구역으로 묶는 조치가 효과가 제일 큽니다. 그래서 부천, 소사 등 당시 발전하고 있던 곳이 그린벨트로 묶입니다. 부천은 여러모로 폭탄을 맞는데, 워낙 극비로 진행시키다 갑자기 터뜨렸기 때문에 정부기관 중에서도 미처 대응을 못한 기관이 하나 있었습니다. 대한주택공사가 이 지역에 아파트를 분양하려고 토지조성 사업을 하고 있었는데, 그 땅이 그린벨트로 묶인 겁니다. 결국 못 지었어요. 당시 태완선 건설부장관의 경우, 장관의 선산도 그린벨트로 묶여버립니다.

김 선산은 큰 상관이 없잖아요?

임 그래도 종중 땅이 여기저기 있었을 텐데 그린벨트로 묶인 거죠.

김 지금 중요한 말씀을 하셨는데, 그럼 그린벨트 지정이 안 되었더라면 그곳이 먼저 개발될 수도 있었다는 이야기가 되나요?

임 예, 맞습니다. 파란만장한 풍파를 겪은 곳이 바로 기흥입니다. 저수지 있고 풍광이 좋은 데가 많거든요. 고속도로가 뚫린다고 했을 때 복부인들이 1순위로 점찍고 지프 타고 왔다 갔다 했던 지역이었습니다. 모기업이 그곳에 리조트도 짓겠다면서 돈을 그쪽으로 많이 몰아넣었습니다. 그런데 그린벨트가 됐죠.

김 거의 핵폭탄 급이군요.

임 예, 당시 수도권에서는 여기저기서 곡소리가 좀 많이 났을 겁니다.

김 지주들이 혹시 집단 시위 같은 건 못했나요?

임 민간인들이 하긴 했죠. 그 얼마 전까지만 해도 신도시 개발하겠다고 보고서가 나온 데가 있어요. 능곡이라고. 능곡 쪽은 1966년 경인지구특정지역개발계획 등 수도권 광역개발 계획상 항구 도시, 제조업 도시로 발전시키려는 신도시 계획까지 다 짜놓은 상태에서 그린벨트 지정을 당합니다. 일반인들 입장에서는 이해가 안 되죠. 정부가 개발한다고 해서 땅도 샀는데 갑자기 그린벨트로 묶인 거니까요. 비슷한 이유로 개봉, 구로, 광명, 소사, 시흥 쪽은 굉장히 타격이 컸고 반발도 심했습니다.

김 다른 지방도 마찬가지인가요?

임 네, 마찬가지입니다. 대구까지는 그린벨트 만들어지는 게 좀 이해가 돼요. 광주는 왜 했을까, 이 부분은 이해가 좀 안 됩니다. 도시화 진행이 전혀 되지 않고 고속도로도 들어가기 전이었습니다. 아마 호남고속도로 이야기가 나왔으니까 여기에 맞춰 한꺼번에 그린벨트를 지정하지 않았나 싶습니다. 실제로 효과는 한참 뒤에야 발휘되었지만요.

그린벨트의 효과와 영향

김 그럼 한참 뒤에는 실제로 그린벨트 지정의 효과를 봤습니까?

임 그게 파악하기 좀 힘든 부분입니다. 베트남 특수가 1960년대 후반부터 계속 유지됩니다. 그럼에도 1970년대까지만 해도 여전히 체비지는 잘 안 팔려요. 영동제2지구까지도 잘 안 팔리다가 중동 붐과 오일 머니와 연결되어 잘 팔렸다고 볼 수도 있습니다. 그래도 어쨌든 소화는 다 합니다. 그후로는 안 팔려서 죽겠다는 소리는 안 나오니까 어느 정도 효과는 있었다고 볼 수 있을 겁니다.

김 이런 게 말 그대로 박정희 정권 시절이었기 때문에 가능했던 일일까요? 요즈음 그런 정책을 편다면 어떻게 될까요?

임 요즈음도 가능하지 않을까요? 4대강도 했잖아요.

김 핵심을 짚어주셨어요.(웃음) 거센 반대를 무릅쓰고 했죠.

임 이명박 대통령 통치술하고 박정희 대통령 통치술이 비슷한 면도 있지만, 굳이 따지고 본다면 박정희 대통령 시절의 통치술이 훨씬 세련됐습니다.

김 근거 하나만 들어보세요.

임 박정희 대통령은 당시 전문가를 앉혀서 방어막을 치고, 그 사람에게 권위를 줍니다. 결국 그 사람이 다 해결해야 하는 겁니다. 박정희 정권 당시에 주원 건설부장관이 고속도로 착수할 때 굉장히 큰 역할을 했습니다. 그런데 4대강 관련돼서는 찬성 인사들은 엄청나게 많았는데, 그 중에 해당 주제로 박사 논문 쓴 사람을 수장으로 앉힌 것도 아니고, 국민을 설득할 책임을 가지고 정면 돌파하는 사람이 있는 것도 아니고, 그냥 시스템으로 눌러버렸습니다.

물론 솔직히 말씀드리면 주원 건설부장관이 쓴 박사 논문을 본 적은 없어요. 미스터리입니다. 1960년대 중반까지 《서울신문》주필을 하면

首都圈 開發制限區域 圖

1971년 수도권 개발제한구역도

서 어떻게 박사 논문을 쓰셨을까 싶거든요.

김 1966년에 박사 논문이 나왔다고 하셨죠?

임 네, 그런데 《서울신문》에서 1963년부터 1966년까지 주필을 하셨거든요. 그런데 1966년에, 그것도 일본에서 박사학위를…… 대학원을 먼저 다니고 논문을 나중에 쓸 수도 있는데, 어쨌든 아직 박사 논문을 못 찾았습니다. 아무튼 1967년 5월 박정희 대통령 대선과 비슷한 시기에 고속도로와 관련된 박사 논문을 쓰고, 바로 고속도로 정책이 입안되는데, 이를 담당하는 건설부장관이 됩니다.

김 경부고속도로를 건설하려 했던 몇 가지 이유를 말씀하셨잖아요. 예를 들자면 대일본 교역의 전진기지가 부산이고 그래서 서울에서 부산까지 물류 직선 라인을 구축해야 할 필요가 있었고 또 전시 대비 군사 이동 라인을 구축할 필요도 있었고요. 그런데 정치적인 이유는 또 없었을까요?

임 그렇게 큰 이유는 없더라고요. 몇 가지 생각을 해봤는데, 구미 정도? 구미는 경부고속도로가 없었으면 공단이 되기 힘든 지역입니다. 물이 풍부하지도 않고 사람이 풍부하지도 않고 자원이 풍부하지도 않은 작은 마을에 대규모 공단이 들어가거든요. 한 가지 겉으로 드러나기 힘든 이유 하나는 전쟁입니다. 북한에서 포를 쏘아도 구미까지는 안 가니까요. 그래서 방위산업 측면에서 지금까지도 구미공단은 중요한 위치를 차지합니다.

김 구미공단은 주로 경공업 중심의 가전제품 공장들 단지 아닌가요?
방산업이 들어가 있어요?

임 예, 포탄 등을 생산하는 방위산업이 있습니다. 낙동강 라인으로 들
어가기 직전의 배수 진지이고, 전쟁 때 포탄 등의 보급기지로는 굉장히
큰 역할을 합니다. 관련해서 지리학 하시는 분들에게는 좀 유명한 이야
기이기도 한데, 비료공장이 화학공장입니다. 이 공장들은 전쟁이 나면
바로 포탄 공장이 돼요. 비료를 제조하면 황을 처리할 수 있습니다. 그
래서 전국에 비료공장이 산재해 있어요. 어디서나 포탄, 총탄을 만들기
위해서 1960년대 비료공장을 여기저기 세워놓았습니다. 물론 농업 수
요가 가장 중요했지만요. 그래서 공업단지 개발과 관련해서는 전쟁도
중요한 이슈입니다만 대부분 부차 효과로 치부하기도 합니다.

김 그럼 노선을 두고 갈등은 없었나요?

임 좀 있었습니다. 일단 첫 번째는 서울 쪽에서 있던 갈등인데, 양재동
에 재벌들 땅이 워낙 많았습니다. 제3한강교도 있었고 다른 다리도 건
설하겠다는 이야기가 발표되는 등 개발 분위기가 좀 있었거든요. 일제
시대 때부터 새서울계획 등 남서울 쪽 개발안이 있었기 때문에 재벌 토
지가 좀 많았습니다. 박흥식 같은 사람들도 그렇고. 그런데 주원 장관
이 동작동 국립묘지에서 고속도로 라인을 출발시키려다가 압력에 꺾였
습니다. 그래서 제3한강교에서 약간 이상하게 돕니다. 두 번째는, 울산
을 거쳐서 경부고속도로가 가는데 주원 장관은 그것도 직선화하고 싶
어 했습니다. 직선으로 만들면 돈이 더 적게 드는데 결국은 돌게 되죠.
그런 면에서 약간 정치적으로 노선을 결정한 면은 있을 거예요.

1977년 경부고속도로 신갈 부근에서 실시된 팬텀기 이착륙 작전

김 울산 같은 경우, 공업단지를 염두에 두었기 때문에 그랬나요?

임 예, 맞습니다. 당시 울산공업센터를 만들었거든요.

김 자, 그러면 그린벨트는 어떻게 평가하세요?

임 환경 면으로는 좋았지요. 도시가 무분별하게 확장되지는 않았으니까요. 역사적으로 가정은 정말 의미가 없습니다만, 만일 당시에 그린벨트가 지정되지 않았더라도 나중에 환경문제 때문에 설치됐을 수도 있습니다. 동경 수도권 계획에서 그린벨트를 도입했기 때문에 1960년대 초반 전문가들 대부분은 그 정책을 알고는 있었습니다. 하지만 그린벨트를 설치하려면 공업 도시가 있어야죠. 1960년대 초반 우리나라에서 개발제한구역이라는 말이 알려지기 전에 그린벨트라는 말이 제일 먼저 언급되는 도시가 울산입니다. 공업 도시 만드는데 공장 굴뚝에서 오염 물질이 많이 나오니까 그린벨트도 같이 만들어야 한다는 얘기였죠.

김　그런데 울산에 그린벨트가 있나요?

임　예, 큰 도시는 대부분 있습니다. 그런 식으로 환경문제를 이유로 그린벨트가 나온다 했을 때, 단지 도시 확장을 막으려고 하는 건 아닙니다. 맥락 자체가 좀 틀어져서 우리나라에 도입됩니다. 우리나라에선 오염도 별로 없는 상태에서 외곽으로 멀찍이 떨어져서 그린벨트가 설치됩니다.

김　당시 서울의 대기오염이 그린벨트를 지정할 정도로 심각한 것은 아니었잖아요?

임　오히려 인천, 부천 쪽이 훨씬 더 심각했습니다.

김　MB가 보금자리 주택 짓는다고 그린벨트 일부 지정 해제한 조치는 어떻게 평가하세요?

임　지자체 대부분이, 특히 대도시는 그린벨트를 조금씩 풀어서 재원 마련하는 경우가 많죠. 또 한꺼번에 풀진 않습니다. 많이 풀었다가는 너무 주목받으니까요. 그린벨트 지정을 풀면 취득세·등록세 나오고 재산세 증가하니, 세수 확대하는 가장 좋은 방법 중 하나죠.

김　1970년에 박정희 대통령이 그린벨트 지정을 지시한 이후에 많이 풀렸습니까? 야금야금?

임 그린벨트 아닌 땅이 다 팔릴 때까지는 안 풀지요. 그린벨트 풀어야한다는 이야기가 심지어 경실련에서 1980년대 이후 처음으로 나오고, 삼성이 엄청나게 조사를 했습니다. 대기업들이 대부분 그린벨트에 땅도많이 갖고 있고 이해관계가 아주 밀접했거든요. 그러다 1992년부터 본격적으로 그린벨트 해제 이야기가 등장합니다. 그린벨트 때문에 토지를 효율적으로 활용하지 못한다, 지가가 너무 상승한다는 등의 논리였죠. 이런 이야기가 1987년에 한 번 나오고 1990년에도 등장합니다. 그후 실제로 그린벨트가 조금씩 풀렸어요.

테크노크라트와 국토계획의 기능

김 제 언론계 선배 중에 이른바 빈대로 아주 유명한 형이 있는데, 그래서 술 좀 사봐라 그러면 조상 대대로 물려온 땅이 있대요. 그런데 그게 그린벨트래. 항상 그린벨트 해제만 되면 내가 한 번 쏜다고 그러는데 해제됐다는 이야기 아직까지 못 듣고 있어요.(웃음) 다시 원래 이야기로 돌아가보죠.

임 저는 이런 생각이 들어요. 주원 전 장관은 1988년까지 살아 계셨는데 도대체 무슨 생각을 하셨을까? 이승만 정권 때부터 테크노크라트는 굉장히 큰 힘을 발휘합니다. 대한국토학회 같은 조직과 네트워크가 있었고, 그분들이 공업도시 울산, 창원 등 신도시계획 및 거대 토목 사업을 이끌었습니다. 도시계획과 국토계획을 주무르는 권력이 전두환 정권 때까지 연속성이 있었습니다.

김 실제로 건설부가 힘이 셌죠. 엄청 셌죠.

임 예, 기술 관료들 입장에서 봤을 때 우리나라는 국토계획이 1972년에 만들어지면서부터 어느 정도 일관성 있게 유지되었다는 점을 아주 높이 살 수 있습니다. 그런 점에서 주원 전 장관의 공이 큽니다. 이분이 처음에 세팅을 잘해놓았기 때문에 그다음부터 경제 논리만으로 국토계획이 근시안적으로 진행되는 일은 극히 드물었습니다. 오히려 테크노크라트의 힘이 약해지면서 지방자치제가 도입되고, 1기 신도시, 2기 신도시가 추진되는 등 언제 갑자기 신도시가 생길지도 모르는 불확정성이 커집니다.

김 이른바 난개발이 발생하는 겁니까?

임 네, 그러면서 국토계획이 포기되는 상태가 됩니다. 지금 몇 차 국토계획인지 아세요? 4차입니다. 기한은 2020년까지입니다. 1970년대가 1차, 1980년대는 2차입니다. 그럼 1990년대가 3차이고 2000년대는 4차, 2010년대는 5차여야 할 것 같은데 지금도 4차거든요. 4차를 계획할 때 아예 2020년까지로 해버렸습니다. 그러면서 2006년도에 한 번 수정하고, 2011년도에 또 수정합니다. 바로 대통령 임기가 문제입니다. 대통령 바뀔 때마다 국토계획이 계속 바뀌고 있는 겁니다. 또 바뀔지 몰라요. 결국 현재 계획의 의미가 약해집니다. 그래서 테크노크라트가 굉장히 강할 때에는 국토계획의 큰 흐름 속에서 정책이 움직였다면, 지자체가 권한을 많이 가지는 지금은 역설적으로 대통령 혹은 정권의 영향을 훨썬 더 많이 받게 됩니다.

김　그 점은 알겠는데, 국토개발계획이 호남이나 충청은 소외된 측면이 있다는 지적도 있잖아요.

임　정치적인 문제라서 참 조심스럽긴 한데, 반드시 그런 것만은 아닙니다. 균형발전 이야기가 1980년대 내내 나오는데 그때에도 사람 수로 정부 투자를 나눠버리면 충청권, 호남권이 적지는 않습니다. 사람이 별로 없으니까요. 모든 통치권의 딜레마가 여기서 나옵니다. 인구 대비로 생각할 것인가 아니면 영토 대비로 판단할 것인가? 인구 대비로 판단한다면 가장 혜택을 많이 받는 곳처럼 느껴지는 지역이 제주도와 강원도일 겁니다. 사람은 별로 없고 영토는 크기 때문에 돈이 들어갈 수밖에 없습니다. 반면 지원받는 돈을 영토로 나눈다면 수도권과 영호남이 단위면적당 투하되는 돈이 많죠. 그렇게 이 둘을 동시에 고려하면 영호남의 편차가 그렇게 큰 것은 아닙니다. 하지만 민간투자를 같이 놓고 보면 이야기가 확 달라집니다.

김　사실은 공공투자가 선행되고 민간투자를 유발해야 하는 거잖아요.
임　예, 그런 면에서 굉장히 취약한 거죠.

김　그러면 노무현 정권 때 균형발전이라는 개념에서 혁신도시 만들고 공기업 지방 이전시키는 발상이 나왔는데 이건 어떻게 보세요?
임　과정 면에서만 보면 급하게 정책을 만들었다고 봅니다. 전략이 나왔으면, 최소한 3~4년 동안 민주당 정책으로 다듬어지고, 보고서도 나와야 합니다. 민간 연구소인 삼성경제연구소도 전략을 그렇게 생산합니다. 앞으로 할 사업에 대한 방향을 잡고 의제를 설정하면서 하나씩 준비하거든요. 그런데 정부의 결정은 그런 과정 없이 발표되었습니다. 준비 없이 갑자기 행정수도라고 발표하니까 좀 당황스러웠는데 사실 그것 때문에 대통령이 된 거죠.

이명박 전 대통령 또한 마찬가지입니다. 마스터플랜 없이 단발적인 프로젝트로 이슈화하는 데 능하신 분입니다.

김 대운하도 급조된 부분이 있다?

임 어마어마하게 큰 단발성 이벤트로 급조된 거죠. 개인적으로는 정말 이해가 안 됐어요. 왜냐하면 당시에 박근혜 후보와 이명박 후보 경선 때 박근혜 씨는 연안 개발을 주장했습니다. 그래서 페리 얘기 나오고 U자형 연안 개발 이야기도 나왔습니다. 반면 이명박 씨는 4대강 운하를 주장했어요. 4대강 이야기는 맨 처음 박정희 대통령 때 나와요. 앞에서 말했던 1967년도 대통령 선거 때 대국토계획을 이야기하며 4대강을 언급합니다. 4대강 10개항 이런 식으로요.

그런데 박근혜, 이명박 대통령 후보 경선 때의 우리나라 인구는 90퍼센트가 연안과 강 하구에 살았습니다. 차 타고 10~20킬로미터 정도 가면 강 하구나 바다에 집근합니다. 그래서 정치적으로 보면 일단 바다를 정책의 중심에 두어야 맞습니다. 주요 도시가 다 그쪽에 있으니까요. 4대강 운하라 하면 대상 지역에 사람이 별로 안 살아요. 그러면 득표에 어느 쪽이 더 도움이 될까요? 사람들이 많이 사는 연안을 개발하는 게 득표에 훨씬 더 도움이 될 수 있습니다. 그래서 전 박근혜 후보 쪽이 잘 잡았다고 생각했거든요. 왜냐하면 연안 개발은 1980년 이후 세계적으로 연방정부라든지 공화주의 정부에서는 새롭게 등장하는 국토 사업에 항상 들어갔기 때문입니다.

김 유권자 확보 차원에서는 연안 개발 공약이 훨씬 더 잘 먹힐 텐데, MB는 거꾸로 봤다. 왜 그랬을까요?

임 농담입니다만 '사람들이 없는 곳에서 많이 드시고 싶었다.' 이런 이야기를 할 수도 있겠네요.(웃음) 아무튼 정책 공약으로 4대강은 좋은 공약은 아니었습니다.

김 대선 때는 대운하였잖아요. 대운하 공약을 처음 들었을 때 어떤 느낌을 받으셨어요?

임 너무 황당했습니다. 무슨 말을 해야 할지 모르겠더라고요. 당시 경기가 안 좋을 때이긴 했습니다. 경기가 안 좋으면 원래 항상 국가 토목 사업이 진행됩니다.

김 그게 박정희 모델이잖아요.

임 아닙니다. 세계 공통입니다. 200년 역사가 있어요. 국민국가 만들어지고 모든 토목 사업은 대부분 경기 후퇴 시에 국가 주도로 합니다. 그래서 철도가 사철이었다가 국철로 바뀌는 경우도 있습니다. 프랑스도 경기 후퇴 때 고속철도 사업 합니다. 이명박 대통령 당선 때에도 경기 등의 문제로 중앙정부가 토목 사업을 들고 나올 때입니다. 정치권 입장에서 경기 문제 때문에 그걸 내놓아야 하는 상황이었어요. 그 유혹을 뿌리치기는 쉽지 않습니다.

김 그런데 토목으로는 일자리 창출도 안 되고, 경제적으로도 활로를 열 수 없다는 지적이 많았잖아요.

임 경기 후퇴 시의 토목 사업들의 특징은 미래 지향적이어야 합니다. 워낙 경기가 안 좋으니까 토목으로 잠시 돈을 돌리긴 하지만 경기가 좋아지면 경제에 날개를 달아줄 만한 토목 사업을 하게 되는 겁니다. 그래서 새로운 교통수단으로 뜨는 철도 같은 사업이 경기 후퇴 시에 결정됩니다. 하다못해 광케이블을 까는 것도 토목 사업 중 하나예요. 정보고속도로를 깐다는 의미가 있으니까요.

김 대운하나 4대강은 어떻습니까?

임 거꾸로였습니다. 참 이상하다 하면서, 요즈음 내가 운하 관련 동향 중 모르는 부분이 있나 해서 유럽 운하를 봤어요. 당시 유럽 운하 사업이 있긴 있었습니다. 그런데 주로 자동차 교통을 줄이기 위해서 알프스 인근에서 수운을 강화하는 사업, 즉 환경보호 차원의 사업 몇 개가 있었고, 대부분은 중단되어 있는 상황이었습니다. 그래서 참 이상하다고 생각했었죠. 연안지리학적으로 박근혜 대통령 공약은 꼼꼼하게 보려고 준비하고 있었는데, 4대강 사업을 제안한 이명박 후보가 경선에서 이길 줄은 정말 몰랐습니다.

국가 차원에서 보면 당시 토목 투자는 굉장히 안쓰러운 사업이었습니다. 노무현 정권이 IMF를 겪은 김대중 정권에 인수인계를 받았을 때, 즉 경기가 아주 안 좋았을 때 부산 신항 사업에 돈을 많이 지출했던 것도 다 이유가 있었죠. 항만과 관련해서, 앞으로 있을 대중국 교역에 대비하는, 미래 지향적인 비전이 항상 깔리는 겁니다.

경부고속도로의 성공 신화도 거기서 나오는 것입니다. 지금은 필요 없지만 경기가 좋아지면, 경부고속도로 때문에 날개를 달 테니까요.

김 그런데 대운하나 4대강은 선투자가 아니라, 허공에 뿌리는, 아니 강물에 뿌리는 식이었다는 말씀이시죠. 22조가 들어갔는데.

임 더 들어갔습니다.

김 얼마가 들어갔는데요?

임 중소 하천 정비까지 포함하면 꽤 많이 들어간 거죠. 게다가 사회적 비용까지 하면 30조 정도는 까먹은 겁니다. 여기에 시기를 놓친 다른 사업의 기회비용까지 생각하면 더 올라가죠. 엄청나게 큰 타격입니다. 솔직히 케인스주의 경제학자들 입장에서는 끔찍한 일이었습니다.

김 그런데 전혀 안 일어났어요.

임 농담 반 진담 반으로 얘기하면 많은 엘리트들이 한국 국적이 아닌 것 같습니다. 세계주의자들이라 한국이 망해도 자기 재산을 세계적으로 포트폴리오처럼 관리하는지도 몰라요. 굉장히 위험한 일입니다. 박정희 대통령만 해도 강한 국가주의자였습니다. 자본이나 권력층이 국가주의를 포기하는 순간 국민경제는 굉장히 힘들어집니다.

김 알겠습니다. 경부고속도로와 그린벨트의 상관성을 짚으면서 토목

사업의 ABC까지 공부했고 4대강 사업이 왜 헛발질인지 짚어보는 시간
도 덤으로 마련했습니다. 여기서 마무리하겠습니다. 수고하셨습니다.

임 감사합니다.

4

아파트 장사와 재벌

녹음일 2013.10.22.

1960년대 마포아파트가 지어지면서 아파트 담론이 형성되던 시기의 핵심은 '최소 주택'이었다. 다만 이 시기 아파트는 장독 놓을 데도 없고 온돌도 없어 인기가 없었다. 김현옥 시장의 허세를 연료로 기획된 시민아파트가 아파트 역사의 분기점을 만드나 했지만 와우아파트 붕괴 사고와 더불어 서민 아파트는 기억 속으로 사라진다.

1974년 대규모 단지인 반포아파트의 건설로 주공은 엄청난 노하우를 습득하게 되고 잠실 아파트는 원래 서민주택으로 기획되었다가 아파트가 슬럼화될 수도 있다는 우려 때문에 막판에 대형평수를 추가해 중산층 주거지로 전환했다.

1972년의 주촉법과 1973년의 특정지구 촉진에 관한 임시조치법의 영향으로 1970년대 중반 민간 건설사들이 하나, 둘 국내 아파트 건설 시장으로 들어오기 시작한다. 최대한 빨리, 많은 주택을 짓기 원했던 정부는 파격적인 조건들을 내걸며 민간 건설업체들을 아파트 시장으로 유인한다. 그리고 그 시절 단연 두각을 나타낸 민간 기업은 현대건설이었다. IMF 이후 아파트 마케팅의 역사를 새로 쓴 '래미안' 브랜드가 탄생하고 시장을 장악하기까지 수많은 재벌 기업들이 아파트 시장에 뛰어들었다. 선분양제도와 주택청약제도는 재벌들을 끌어들이는 강력한 유인요소가 되었고 급기야 1980년대 택지개발촉진법이 나오면서 지주들의 땅을 환수해 아파트 용지로 지급하는 상황까지 벌어지게 된다.

1970년대부터 토목, 건설 산업의 주기적 동선을 살펴보면, 중동특수를 거쳐 신도시로, 또 고속도로를 거쳐 다시 재건축으로 향하는 등 국외와 국내를 오가며 공급 물량을 유지했음을 알 수 있다. 현재 국내에서 막힌 이 흐름을 조금이라도 더 건전하게 이어갈 외부 현장을 찾지 못한다면 토목의 힘이 '대운하' 같은 엉뚱한 방향으로 쏠릴 수 있다.

1960년대 아파트 담론의 시작: 최소 주택

임 지난 시간에 토지구획정리 사업 이야기를 하면서 그린벨트까지 가는 과정을 다루었는데, 오늘은 거기서부터 출발합니다. 정부가 땅을 갑자기 많이 공급했는데 이게 잘 안 팔립니다. 안 팔리는 이유가 뭐냐고 박정희 대통령이 물으니까 허허벌판이라 안 팔린다는 답이 돌아옵니다. 그래서 1970년대 초반 박정희 대통령이 패키지로 땅을 팔라고 지시합니다.

김 패키지라뇨?

임 쉽게 말해 땅만 팔지 말고 집까지 같이 지어서 팔라는 말입니다.

김 아파트 이야기군요. 그럼 아파트 역사에 대해서 한번 여쭤볼게요. 우리나라에 아파트가 최초로 등장한 게 언제예요?

임 일제시대 때부터 계속 있긴 했지요. 5층 넘는 주택의 의미는 아니었지만 아파트라는 명칭은 계속 있었습니다. 지금 생각하면 말이 아파트지 2층짜리도 있었습니다.

김 그런데 1970~1980년대에는 최고급 주택을 아파트라고 안 하고 맨션이라고 불렀던 기억이 나요. 맨션과 아파트는 어떻게 다른가요?

임 일본에서는 아직도 맨션이 더 고급형을 의미합니다. 재미있는 말 많아요. 빌라, 가든 등등. 아파트 중에서도 삼호가든이라고 있었죠.

김　그럼 무늬만 아파트가 아니라 실제 아파트가 우리나라에 최초로 등장한 게 언제예요?

임　보통은 1964년 마포아파트로 잡았습니다. 최근에는 1950년대에도 아파트 형태가 있었다는 얘기도 있고, 종암동 등지에는 1950년대 말에서 1960년대 초반 아파트가 좀 남아 있습니다. 1960년대 초반에는 홍제동, 이태원 등에 아파트를 건설했습니다. 요즘 학계에는 아파트 전문가들이 워낙 많아져서 1년이 멀다 하고 새로운 사료들이 나옵니다.

김　제 기억에 시민아파트라는 게 있었어요. 청운동에도 있었고 연희동에도 있었는데 연탄보일러 돌리고 복도식이었죠. 제가 옛날에 자취할 때 싸다고 해서 거기 들어가서 살까 하고 복덕방 아저씨하고 가본 적이 있거든요. 그런데 못 들어가겠더라고요.

임　영화 「하얀전쟁」의 배경도 옛 시민아파트죠.

김　「숨바꼭질」이라는 영화에 나오는 아파트, 거기도 시민아파트 아닙니까? 낡을 대로 낡은. 이런 아파트들도 처음 지었을 때에는 고급이었나요?

임　아닙니다. 서민 아파트입니다. 1966~1968년에 서울시 인구가 급증하면서 불량주택촌이라고 하는 판잣집들이 늘어납니다. 당시 김현옥 서울시장이 판잣집들을 제거하고 싶어 했어요. 이분이 좀 전시성이 강한 프로젝트를 많이 했습니다. 박정희 대통령에게 '각하, 제가 없었습니다.'라는 이야기를 하고 싶어서 혁신적인 아이디어를 냅니다. 철거민들을 다른 곳으로 이주시키기보다는 그 자리에 아파트를 지어서 재정착

마포아파트(1963)

시키겠다는 거였죠. 그래서 금화아파트를 시작으로 총 400여 개의 시민아파트를 계획, 실행합니다. 전부 다 수용할 수는 없고 일부는 재정착시키고 일부는 이주시키려고 했던 겁니다. 그 이주단지가 바로 지금의 성남, 광주대단지였습니다.

김　광주대단지 사건이 있었죠. 이 이야기는 이따 하도록 하고, 그럼 그 전에도 있었는데 1960년대에 아파트가 등장한다는 얘긴 뭐예요?

임　1960년대에 아파트 담론이 만들어진다고 생각하시면 됩니다. 마포아파트 만들 당시 첨예의 관심사가 최소 주택이었습니다. 주택 공급할 때 사람이 견딜 수 있는 가장 작은 아파트가 몇 평이냐를 파악하고자 했습니다. 보통 6평 규모 아파트도 분양했습니다. 실평수로 6~7평이었고, 12평 정도 되는 집에 살면 중류층이라고 했죠. 당시 집합주택, 아파트라고 하면 우선 싸게 높이 올려서 많은 사람을 수용하는 게 목적이었습니다. 그래서 회현아파트 등 지금 남아 있는 1960년대 지었던 시민아파트들은 산허리에 있어요. 판잣집들이 있던 곳에 만들었기 때문입니다.

김 아까부터 마포아파트를 언급하시는데, 어디에 있었던 아파트예요?

임 공덕동 쪽입니다.

김 그러면 아파트 담론이 만들어지면서 최초로 지은 아파트인가요? 몇 평이었습니까?

임 12평에서 16평이었습니다.

김 그런데 1960년대에 아파트가 확산은 안 됐다면서요?

임 예, 기술력이 없어서 그랬습니다. 철근 콘크리트 구조물이기 때문에 철을 생산해야만 했습니다. 포항제철이 생기기 전이라 긴 철근들을 안정적으로 공급할 수 있는 물적 토대가 없었죠.

김 아파트가 인기가 없었던 게 아니라 기술력 때문에 공급을 못 한 거군요.

임 그런데 처음 동대문 쪽에 아파트를 지을 때 아파트 안에 남향으로 장독대를 넣었어요. 왜냐하면 당시에는 장을 산다는 걸 상상도 못 했거든요. 집에서 담가 먹는다고 생각했어요. 메주는 자기가 직접 안 만들어도 메주를 사다가 장을 담그는 시대였기 때문에 장독이 반드시 필요했죠. 또 장독은 해를 봐야 하는데 아파트 저층은 해가 잘 안 들거든요. 당시 단독주택의 대문 꼭대기에 장독을 두었는데 아파트는 그런 공간이 없으니 장 담글 때 문제가 많았죠. 또 하나, 당시에 중류층 이상의 집에는 식모방이 있어야 하는데 식모방이 들어가는 순간 아파트가 좀 비싸집니다. 평면이 좀 달라지고, 또 같은 공간에서 식모와 같이 사는 것도 적응하기가 쉽지 않습니다. 화장실도 공유해야 하니 좀 안 좋죠.

김 하기는 저 대학교 다닐 때만 해도 자취하면서 문간살이 많이 했거든요. 식모방으로 들어가는 거죠.

임 초기 아파트인 당산동 강남맨션 등에도 입구 바로 앞에 창문이 없는 먹통방이 하나 있었죠. 부엌 옆에 달려서.

김 진짜 불편했어요. 한 번 들어가면 못 나오고. 집주인이 거실에서 텔레비전 보거나 하면 방에서 꼼짝 못 하고. 옛날 생각 많이 나네요. 그런데 어쨌든 아파트 안에 장독대까지 들이려면 넓어야겠네요?

임 조그마했습니다. 게다가 장이 상당 공간을 차지하고 있었습니다. 여기에 온돌에 대한 집착도 아파트 건설에 방해가 되었습니다. 초기 아파트는 바닥 난방이 아니었기 때문에 사람들이 적응하기 힘들었죠. 바닥이 절절 끓어야 하는데. 라디에이터 스팀 난방이 한참 뒤에 나왔지만 별 인기가 없었습니다.

김 그렇죠. 온돌은 절절 끓어야죠. 장판도 약간 까맣게 타고, 특히 아랫목은 그래야 되는데. 별로 인기가 없었겠네요.

임 처음 등장하는 아파트는 군인아파트가 제일 많아요. 갑자기 전방에 군인들을 배치하려다 보니 관사를 아파트 형태로 지었고 그래서 강원도 쪽에 많았습니다. 마찬가지로 갑자기 큰 공장이 지어지면 노동자숙소가 필요하고, 주로 간부들, 과장급 이상의 주택으로 아파트가 공급됩니다.

와우아파트 붕괴와 서민 아파트의 몰락

김 1960년에 아파트 개념이 생기고 지어졌는데 다음 분기점을 형성하는 때가 언제입니까?

임 분기점이 여러 번 있긴 한데, 시민아파트 건설이 제일 컸습니다. 정부는 시민아파트를 통해 주택을 대규모로 공급하려고 합니다. 그때도 정부 돈이 없기 때문에 민간 돈을 많이 끌어왔고 또 많이 짓습니다. 와우아파트가 무너지기 전까지는 시민아파트가 대세였습니다. 아파트다 하면 시민아파트를 떠올렸습니다.

그리고 전부터 주택 관련해서 체비지(替費地)가 안 팔릴 때마다 정부가 기업에다 타진했습니다. 직장인조합 형태로 주택 짓고 직장인조합 형태로 체비지도 사라고 해서 노동조합이 집을 짓는 경우도 꽤 많았습니다. 대표적인 게 외기노조라고 외국기관노동자연합회가 있습니다. 주로 미8군 노동자들이 만든 조합인데 1960년대 후반부터 계속 아파트를 지으려고 합니다. 1972년도 즈음에 이 단체가 축소되긴 합니다. 어쨌든 처음엔 민간인들이 자발적으로 조합을 구성해 아파트를 지을 것을 기대했고, 시민아파트로 정책 방향성이 결정되면서 서울시가 전면으로 등장했습니다. 그리고 시는 돈이 별로 없으니까 건설업자들과 커넥션이 많이 생깁니다.

김 　그러면 이때 시민아파트는 공영개발입니까?

임 　공영개발인데 민간 돈을 끌어온 거지요. 시행은 공공, 시공은 민간이라는 건설 방식의 고전적인 형태입니다.

김 　아, 시행사와 시공사가 다른 역사가 이때에 시작되는 겁니까?

임 　서울시 시민아파트에서 출발하는데 와우아파트 붕괴가 큰 분기점입니다. 비슷한 시기에 중간층 아파트, 공무원 아파트 등 여러 형태로 아파트가 도입되는데 그중 시민아파트 형태, 그러니까 서민들을 위한 아파트 건설이 와우아파트 붕괴 이후 끊어집니다.

김 　그러면 와우아파트 붕괴 전까지 서민 아파트였으면 분양가가 상대적으로 쌌겠네요?

임 　쌌습니다. 한 4분의 1 정도. 그런데 문제는 말이 4분의 1이지 내장공사를 안 했어요. 골조만 놓습니다. 안 그러면 비싸서 서민들이 못 들어가니까요.

김 　도배 같은 것은 네가 해라.

임 　네, 그래서 문제가 많았죠. 특히 생활 면에서도 문제가 컸습니다. 판잣집들은 주로 길에서 애들을 키웠는데 이 아파트로 바뀌고 나서 길이 복도로 변한 거잖아요. 아파트 복도 난간에 매달리다가 떨어지는 애들이 많아요. 그러니까 고층 아파트에 살면 기존 일상하고도 잘 안 맞는 데다 산꼭대기에 지었기 때문에 물이 잘 안 나왔습니다. 그러니까 이래저래 인기가 계속 없었던 거지요.

김 그러면 물지게로 물을 날라다 먹은 거예요?

임 물차가 오면 물 받아서 들고 한참 계단을 올라갔죠.

김 말 그대로 건물만 달랑 지어놓았던 거군요. 자, 그런데 젊은 세대는 와우아파트 붕괴 사건을 잘 모르실 것 같아요.

임 예, 1970년 4월 8일 아침 9시에 붕괴됩니다. 당시 시민아파트는 문제가 많았습니다. 너무 속도전 치르듯 짓다 보니까 막판에 건설자재도 빼돌리고 하청업체도 쥐어짜고 온갖 비리의 온상이 됩니다. 게다가 비탈길에 지었습니다. 그럼 한쪽은 아파트의 지지대가 더 길고 한쪽은 짧잖아요. 균형을 못 잡고 흔들려서 넘어갈 수 있는 거죠. 와우아파트의 붕괴 이후 전 국가가 발칵 뒤집힙니다. 사람이 33명이나 깔려 죽었으니까요. 그래서 원인이 뭐냐를 추적하게 되면서 아파트라는 정책 자체를 백지화해버립니다. 당연히 김현옥 서울시장 옷 벗었고요. 서민 아파트에 대해서는 아무도 말을 못 꺼내게 됩니다. 임대아파트는 1980년대 중반에야 나옵니다.

김 아, 그렇습니까? 그런데 그 뒤에도 아파트는 계속 지었잖아요?

임   예, 설이 많습니다. 당시에는 시민아파트뿐만 아니라 중류층 아파트도 분명히 있었습니다. 여의도 같은 경우에는 시범아파트가 와우아파트 붕괴되기 전에 공사에 착수합니다. 그때 중류층 아파트라고 하면 평당 분양가가 4만 5000원 정도 했어요. 시민아파트를 1만 5000원 정도에 공급했거든요. 그런데 여의도 시범아파트는 평당 15만원에 분양했습니다. 시범아파트에 최초의 엘리베이터가 등장했고, 여러 면에서 아파트 역사를 새로 쓴 겁니다.

김   저도 좀 알아요. 방송 출연할 때 알고 지낸 방송 관계자들이 여의도에 많이 살았는데 시범아파트는 재건축이 거의 불가능하다고 그러더라고요. 왜 그러냐니까 너무 잘 지어가지고. 벽에 못도 안 들어간대요. 감리를 독일에서 불러서 했다면서요.

임   예, 그럼에도 불구하고 물은 새더라고요.(웃음)

김   그러면 한국 최초의 중류층 아파트는 시범아파트, 한국 최초의 서민 아파트는 시민아파트인 금화아파트라고 보면 되겠군요.

임   예, 중상층 아파트로 여의도 시범아파트가 최초로 등장합니다. 물론 특수 목적 아파트는 있었습니다. 한남동 한강아파트, 외인아파트 등 특수 계층을 위해서 아파트를 지었습니다. 군인, 공무원, 외국인 대상으로요. 그러다가 일반인을 대상으로 분양한 게 여의도 시범아파트와 시민아파트였습니다.

김   그럼 여의도 시범아파트도 공영개발 방식으로 지었습니까? 그것도 시공사와 시행사가 나뉘어 있었나요?

임 공영개발이었습니다. 그때 시공했던 기업이 현대건설, 삼부토건, 대림건설입니다.

김 그러면 중산층 이상을 대상으로 하면서 아파트 건축의 주체도 공공이 아니라 민간으로 넘어갔습니까?

임 그러고 싶었는데 기술력이 없어서 잘 안 됩니다. 돈도 없었어요. 당시 시행 경험이 있었던 데는 주공하고 서울시밖에 없었던 겁니다. 그래서 주택공사가 많은 기술 노하우를 가지고 있었고, 특히 1974년에 반포 아파트 지으면서 습득한 노하우는 어마어마합니다. 민간사업자는 한두 동 짓는 아파트면 모를까 단지별로 대규모로 절대 지을 수 없었습니다.

여기에 땅 문제가 있습니다. 정부가 패키지로 팔라고 했는데 결국 주공에게 총대를 맡깁니다. 왜냐하면 체비지를 주공이 삽니다. 주공이 아파트를 분양해버리면 일반인들 입장에서 바로 땅을 사는 게 아니라 주공의 아파트를 사는 것이기 때문에 근린생활시설이 갖춰진 상태에서 분양을 받는 거죠. 이게 패키지형 공급입니다. 그런데 주공이 혼자 다 할 수가 없어서 정부가 민간 건설업을 활성화하려고 노력합니다. 그것이 1972년에 만들어진 '주택건설촉진법', 줄여서 '주촉법'이 나오게 된 배경입니다. 주촉법에 따르면 공공자금이 들어가면 민간 업체도 똑같이 공공 업체로 간주하게 됩니다. 쉽게 말해 당시에 주택금고였던 주택은행 돈이 들어가면 주공이나 민간 건설업체나 똑같은 법적 혜택을 받는다는 겁니다.

김 그렇습니까? 그런데 시영아파트도 있잖아요. 가락동 시영아파트, 이런 데는 뭔가요?

임 잠실이나 가락동에는 중앙정부 차원에서 시영아파트를 짓습니다. 서울시에서는 계속 반대했습니다. 여기에 작은 에피소드가 있습니다. 당시 도시설계 하신 주종원 교수님에게 직접 들은 얘기인데, 1974년 반포아파트 지어놓고 입주 후에 부녀자 배구 대회를 했어요. 손정목 씨 회고록에도 이 배구 대회 이야기가 나옵니다. 각 동별로 시합을 했는데 작은 평수와 큰 평수 아파트 주민들 간의 위화감이 배구 경기 하면서 너무 커진 겁니다. 당시에 서울시 간부들하고 계획 설계 전문가들이 배구 경기 관람을 하다가 욕설을 들은 거지요. 계급적 발언도 나왔고요. 주종원 교수님 왈, 서울시 쪽에서 지금 잠실에 짓는 거에 작은 평수만 짓지 말고 큰 평수도 넣어라 이렇게 요청을 했다고 합니다. 그러면서 잠실은 원래 시영아파트로 서민들 주택 위주로 계획했다가 부잣집 동네로 전환을 하게 됩니다. 그래서 신천 쪽에는 평수가 굉장히 큰 아파트가 등장하고 잠실에는 서민 아파트가 등장하죠. 그때 서민 아파트가 등장할 때에도 손정목 씨나 서울시 관계자들은 서민 아파트에 대한 두려움 때문에 계속 막습니다. 슬럼화를 두려워한 거죠.

김 그러니까 이른바 시민아파트 개념이 백지화됐다고 하지만 그래도 살아 있었던 거잖아요.

임 정권 유지를 위해서 어쩔 수 없이 계속 두었는데 계속 반대한 거지요. 시민아파트 정책 자체는 1970년대 초반 폐기했지만, 주택난 때문에 분위기가 워낙 험악했기 때문에 서민들을 위한 아파트를 지을 수밖에 없는 상황이 된 거죠. 그래서 잠시, 아주 잠시 일시적으로 등장했다가 이내 사라집니다.

김　아, 그렇습니까? 이 와중에 광주대단지 사건이 발생하잖아요.

임　지금 경기도 성남시 모란 쪽인데 서울시에서 철거된 사람들을 여기에 수용합니다. 처음에는 아주 간단한 이유였어요. 서울시에 있던 사람들을 싸게 수용하고 싶었던 겁니다. 그래서 원로 도시학자 강병기 교수는 '빈민들을 쓰레기처럼 버렸다.'라고 욕까지 합니다. 《동아일보》 사설에 그 시론을 썼는데 《동아일보》 주간이 도저히 못 싣겠다고 했다고 회고록에서 주장합니다. 정부가 사람들을 갖다 버린 거 아니냐는 논조로 썼다가 폐기했다고 하는데, 사실 그 말이 맞죠. 사람들을 성남에 그냥 갖다 버린 겁니다. 기반시설도 없는 황무지인데 딱지는 딱지대로 불법 유통되고 한 달 사이에 사람들이 엄청나게 늘어납니다. 여기에 맞춰 복덕방 늘고 투기꾼 늘고 아무튼 난장판이었습니다. 그러다가 폭동이 일어났습니다. 당시 주민들의 요구사항은 간단했어요. 서울시가 약속을 지켜라. 집을 짓게 해주고, 시설도 깔아달라. 그 사람들은 대부분 도심에서 노점 하던 일용직이었는데 성남에 박아놓으니까 서울까지 올 수가 없거든요. 그런 식으로 일도 못 하고, 비 오고 날씨 안 좋아지고 하니까 정신이 없었던 거지요. 그러면서 폭동이 일어납니다.

　그래서 바로 성남시가 만들어집니다. 당시 서울시장이 가서 사죄한 다음 성남시가 설치돼요. 더 재미있는 건 뭐냐 하면, 서울과 성남을 연결하는 도로를 만들기 위해 잠실대교를 짓는데 이 돈을 마련하기 위해 잠실단지를 개발하게 됩니다. 잠실지구, 종합운동장 개발이 광주대단지

사건과 연결돼 있습니다.

김 잠실과 연결해서 하나의 상권을 만들어주고 먹고살 수 있게 해주 겠다는 이유로 다리 놨다는 겁니까?

임 더 정확하게 말하면, 성남시만을 위한 다리를 놓으면 수지 타산이 안 맞으니까 겸사겸사 잠실지구 개발을 한 거지요.

김 그렇죠. 그러니까 잠실은 성남의 덕을 본 케이스라고 봐야겠네요.

임 예, 잠실 개발을 했는데 잠실도 마찬가지로 토지구획정리 사업의 결과물이거든요. 체비지 팔아서 다리를 만든 겁니다.

현대건설의 전성기

김 자, 그러면 민간 건설사가 주택시장에 본격적으로 등장하는 타이밍 이 언제입니까?

임 1975년으로 잡습니다. 1973년도부터 간을 보다가 1975년도부터 본격적으로 아파트를 짓습니다. 1973년부터 간을 본다는 얘기는 뭐냐, 1972년 12월에 '특정지구 촉진에 관한 임시조치법'이라는 어마어마한 법이 나옵니다. 국세, 지방세 전액을 3년 동안 면제하고 양도소득세는 물론이고 8개 세금 모두 안 받겠다는 법입니다. 그러면서 민영주택 건 설자금을 국고 보조해서 전부 주고요. 도로나 설비도 따라갑니다. 쉽게 말하면 우리 건설사가 아파트 지으려고 하니까 전기 놓아달라 하면 한

전이 가서 공짜로 전기 놓아주는 식이죠. 아무튼 어마어마한 특혜가
주어집니다.

김 그때 건설사 하나 차렸어야 하는 건데……

임 많이 차렸지요. 그래서 1973년부터 혜택이 너무 커지니 민영 아파
트가 등장하기 시작합니다.

김 회사 하나 등록하고 사람 끌어모으면 그냥 앉아서 돈 버는 시절이
었네요?

임 문제는 있었습니다. 땅을 사야 하고 자재 공급이 원활했던 상황이
아니었습니다. 아무튼 힘이 있어서 땅하고 자재, 즉 시멘트와 철근만 끌
어올 수 있었으면 집 장사 해서 돈 많이 벌었던 때죠.

김 그러면 정부가 실로 파격적인 조치를 내놓은 이유는 당시에도 주택
난이 심했기 때문입니까?

임 체비지가 안 팔려서입니다.

김 체비지가 뭐 이렇게 자주 나와.(웃음)

임 정부가 땅을 팔아야 하는데 땅이 안 팔리니까요. 땅만 사주면 집
지을 때 세금 안 받겠다는 겁니다.

그것도 성이 안 차서 1975년, 1977년 계속해서 정책이 나옵니다. 돈
있고 힘도 있는 대형 건설업체들이 민간 주도로 주택시장을 끌고 가길
바랐습니다. 왜냐하면 정부는 중화학공업에 매진할 때이기 때문에 민

1970년대 후반 주공아파트(한강아파트, 1979)

간 자본을 끌어오려고 노력을 많이 합니다.

김　주공은 주로 서민용 아파트를 지었습니까?

임　그때 등장한 게 국민주택 규모라는 기준입니다. 25평 이하의 주택
이죠. 주공이 국민주택 규모를, 민간이 대형 주택을 담당해서 지었는데
그래도 주공에서 살 수 있는 사람들도 상위 50퍼센트 이상에 해당하는
이들입니다.

김　제 기억으로는 옛날 최고의 아파트는 현대아파트였거든요. 현대건
설이 지었던.

임　1973년 어마어마한 특혜건설이 나오고 나서 몇 개의 아파트 업체
들이 생깁니다. 그중 하나인 현대건설이 자체 브랜드로 서빙고에 현대아
파트를 짓고 1975년도 즈음 되면 압구정에 아파트를 짓기 시작합니다.

김　그 유명한 압구정동 현대아파트. 제가 대학 다닐 때 노래에도 나왔
었죠. 근데 현대건설이 건설사에서 최고의 브랜드로 등장하게 된 이유

가 뭡니까?

임　예전부터 현대는 미군이 발주한 공사를 많이 했습니다. 베트남전쟁이 결정적인 계기였습니다. 거기서 아파트도 지어보고 도로도 지어봤는데, 한국에서는 주로 항만하고 댐 건설을 합니다. 1967년에 소양댐을 짓습니다. 또 1966년도에 외인아파트를 짓는 등 종합건설사로서는 꽤 일찍 토목 사업을 시작했습니다. 대림건설이나 삼부토건 등과 함께요.

김　그러니까 주택 쪽이라기보다는 토목 쪽이었군요

임　토목 쪽이었다가 현대아파트를 짓는데, 사원 주택이 많아요. 직장인들의 조합주택으로 시작하는데 마침 우리한테 벽돌 같은 자재도 있으니까 그냥 우리가 짓는다는 식이었습니다.

김　그러면 1970년대 중반인데 우리나라에 포크레인이 거의 없었던 겁니까?

임　장비 자체가 보기 힘들었지요. 지게로 다 올렸잖아요. 기억 나실지 모르겠는데, 비계(飛階)가 있었어요. 아파트 공사장 보면 나무 판으로 비탈길 만들어놓고 공사장 인부가 벽돌 지고 계속 오르락내리락 하잖아요. 그 풍경들이 눈에 선합니다.

김　제가 노가다 엄청 뛴 사람인데, 그걸 곰방이라고 불러요. 도구랑 기술이 좀 나아지면 도르래로 자재 올리고 그랬죠

임　기계 하나 있다는 건 중요한 이점입니다. 토목공사는 기계가 없으면 불가능하니까요. 현대는 아주 옛날부터 자동차에 관심이 많았습니다.

1950년대부터 자동차 적산회사 불하를 받았으니까요. 그래서 기계에 대해서는 타 건설회사보다 현대건설이 확실히 앞섰습니다. 기계의 소중함을 안 겁니다. 그러니까 대규모 삽질보다 포크레인 하나가 낫다는 식의 기계 의존적인 건설을 지향했죠.

김 　그러니까 다른 건설회사는 말 그대로 등짐 지고 올라갈 때 현대건설은 기계를 사용했으니까 당연히 생산성은 좋았을 테고 공기도 더 빨리 단축했을 테고 결국 시장에서 승자가 될 수밖에 없었던 거네요.

임 　예, 건설 쪽에서는 압도적으로 상위 기업으로 치고 올라왔습니다. 그럼에도 불구하고 삼부토건이 건설업 등록 1호였는데 다른 메이저 토목회사의 비중도 컸습니다.

김 　아 그렇습니까? 삼부토건 진짜 오랜만에 들어보네요. 그런데 소비자 입장에서 현대아파트라는 브랜드를 선호했던 이유가 있을 거 아닙니까?

임 　당시 현대는 굉장히 유명했습니다. 처음 이름이 퍼진 계기가 한강인도교 복구입니다. 전쟁 때 무너진 한강대교를 복구했고 그다음부터는 소양강 댐 신화가 정말 컸죠.

김 　아 현대건설이라는 브랜드에 대한 믿음 때문이었습니까? 아파트 품질이 상대적으로 더 좋다기보다는?

임 　소양강 댐은 학교 교과서에 나와 홍보가 됐기 때문에 현대가 많이 알려졌습니다.

래미안 신화의 탄생

김 그때 어마어마하게 홍보를 했지요. 그런데 현대아파트의 시절이 가고 삼성아파트 시절이 오잖아요.

임 그 중간 단계가 엄청 많은데요.

김 아파트 브랜드 이야기를 따로 빼서 이야기할 수도 있겠군요. 이 권력 교체는 어떤 이유 때문에 발생하는 겁니까?

임 이제 래미안 이야기가 나옵니다. 삼성이 1977년까지 아파트를 못 지었어요. 왜냐하면 건설업 면허가 없었거든요. 그래서 중동특수가 1973년부터 터지고 1981년도에 정점을 찍는데 삼성 자기들 말로 강 건너 불구경 하듯 중동특수를 바라봤다고 이야기를 해요.

김 손가락 빨고 있었던 거군요?

임 삼성은 건설업이 없었으니까요. 그러다가 부랴부랴 1977년에 홍천에 있는 통일건설이라고 아주 작은 건설회사를 삽니다. 건설업 면허를 산 겁니다. 그다음에 1978년 신원개발이라고 해외에서 유명한 건설회사를 또 사고, 다른 중소 건설회사들을 흡수해서 1970년대 후반에 막차를 탑니다. 한참 반포아파트부터 시작해서 현대건설이 치고 올라왔을 때 계속 보고 있다가, 건설업 관련해서 다른 기업들이 많은 돈을 버니까 자기들도 참여를 해보려고 투자를 했는데 잘 안 됩니다. 이유는 당시에 자체 브랜드로 지을 수 있는 데가 그렇게 많지는 않았습니다. 대부분 수주, 시행은 다른 곳에서 하고 시공에만 참여하는 하청 위주 사업이었습니다. 라이프주택 등 중소 규모의 아파트 브랜드가 있었지만 메이저로는 크지 못합니다. 그러다가 1980년대부터 붐이 일어나고 삼성은 건설 호황을 틈타서 수주를 받아 비집고 들어가기 시작합니다. 예를 들면 분당아파트 같은 경우에는 현대하고 삼성하고 한양하고 같이 지어라 이런 식이죠. 수주를 따서 운영을 하다가 1987년도의 합동 재개발 붐을 타고 기회를 잡습니다. 당시 조합주택이 붐이 되면서 재건축 시장이 열린 겁니다. 당시 1987년경의 재건축은 좀 독특합니다. 바로 아파트 재건축을 허가한 것입니다.

김　있던 아파트를 내려버리고 다시 아파트를 올려버리는.

임　삼성은 그 시장에 집중합니다. 재건축에 집중하면서 마케팅을 엄청나게 했고, 조직을 굴리면서 지역 조직을 하나씩 하나씩 잡습니다. 예전 아파트 업체들이 했던 것과는 차원이 달랐습니다. 왜냐하면 예전 아파트 업체들은 자기들은 건설회사라고 생각하지 집 장수라고 생각을 안 합니다.

김　아 그랬습니까? 나름의 자부심인가요?

임　그래서 처음에 메이저 건설회사는 오피스텔 안 지었어요. 오피스텔은 뜨내기들 상대로 하는 장사라 자기들 브랜드 망친다고 생각했습니다. 오피스텔은 그래서 나산이라든지 중소 신흥 건설 회사에서 짓게 됩니다. 아무튼 건설회사는 이런 격을 따졌는데 삼성이 재건축 시장에 치고 들어간 겁니다. 마케팅에 공을 많이 들이고 수주도 하고 조금씩 올라가는데, 그럼에도 불구하고 삼성아파트 자체는 매력적이지 않았습니다. 그러다 1997년 즈음 대박을 치게 되는 거지요. 최초의 아파트라고 인지되던 마포아파트 재건축을 삼성이 땁니다.

김　지금은 사실 충정로에서 마포까지 이어지는 삼성아파트 벨트가 있거든요. 그게 마포아파트 재건축에서 시작된 겁니까?

임　그때는 삼성아파트였는데, 1997년에 열심히 해서 더 많이 짓고 1999년 즈음에 래미안이라는 브랜드 마케팅의 신화를 만듭니다. 대부분 맨땅에 아파트를 짓기보다는 재건축을 따서 끌어왔습니다. 재건축은 조합의 승인을 받으면 되거든요.

김　간단히 이야기하면, 전에는 정부의 체비지를 사서 지었으니까 건설사 입장에서는 파트너가 정부였던 거지요. 허허벌판 체비지를 사서 세금 혜택부터 온갖 특혜를 누리면서 아파트를 지었는데 삼성은 길이 달랐네요. 재건축 시장에서 정부가 아니라 민간 주택조합을 상대로 해서 시공권을 따냈군요? 또 하나 궁금한 게 있습니다. 언제부터 아파트 이름에 건설사 상호가 붙은 거예요?

임　주공이 제일 먼저 시작하죠. 주공은 처음부터 상호가 되었습니다. 현대아파트도 있고 삼성아파트고 있고 상호가 예전부터 있긴 있었어요. 삼호나 라이프 등도 있었구요. 그러나 삼성이 아파트를 짓기 시작한 시기부터 자체 브랜드와 재건축이 밀접하게 연결됩니다.

김　이게 또 재건축하고 연결되는 겁니까?

임　네, 마케팅 차원에서 대기업의 로고를 주택조합이 갖다 쓴 겁니다.

왜냐하면 비록 시공만 했지만 시공사가 아파트를 관리도 했기 때문입니다. 즉 품질관리, 이미지 등을 봐주었다는 겁니다. 주택에 '애프터서비스 몇 년 보증'이란 문구를 대기업이 붙여준 거지요.

김 그러면 초기 단계에서는 하자 보수 기간 등이 정해져 있지 않았습니까?

임 예전부터 있긴 있었습니다. 특별수선충당금, 이 제도는 주공아파트의 산물입니다. 그것도 반포아파트 때부터 만들어진 겁니다.

김 그 전에는 그냥 지어놓고 물이 새든 벽이 무너지든 알아서 하라고 했나요?

임 여기서 주공에서 민간 업체로 넘어가는 교량 역할을 하는 제도가 나옵니다. 공동주택의 관리사무소 그리고 입주자대표회의 등이 막 제도화됩니다. 반포아파트 건설 이후에요.

김 그러면 전에는 관리사무소나 입주자대표회의나 그 무섭다는 부녀회 같은 게 없었나요?

임 있긴 있었어도 제도화되지는 않았던 거죠

김 그러면 관리사무소가 등장한 배경을 좀 더 자세히 설명해주세요.

임 반포아파트를 만들어놓았더니 당시 이용자의 백태가 나옵니다. 그때 기술적 노하우뿐만 아니라 사회적 노하우도 습득을 하게 되죠. 첫 번째로 김장철에 주공이 한 번 기겁을 해요. 욕조가 있는 아파트들에서 욕조는 김장 배추 절이는 통이에요. 김장을 하고 나니 열무 청하고 고춧가루 같은 것들이 하수구를 막아버립니다. 반포아파트에서 처음 맞이한 김장철에 하수구가 막히는 일이 너무너무 심각해서 기술자들을 아예 상주시킵니다. 파이프공이 상주를 하면서 계속 뚫어주고 있는 거지요. 너무 심각하니까요. 지금도 아파트 수압 조절 잘 못하면 수도꼭지에서 물이 새잖아요. 사람들이 공동주택을 관리하는 방법을 모르는 겁니다. 물이 갑자기 확 나오기도 하고 안 나오기도 하고 하수구는 막히고, 거기다 이불 계속 터니까 먼지는 계속 날리고, 쓰레기도 엄청나게 나오고, 아무튼 공동생활에 대한 노하우가 없기 때문에 이를 처리하는 별도의 관리사무소를 주공이 만들어줍니다.

김 　반포아파트에? 그게 시초입니까?

임 　예, 부녀회도 만들고, 당시에는 새마을부녀회이기 때문에 좀 다르긴 합니다. 아무튼 부녀회 만들고 그러면서 아파트 내에 준자치, 준관리 조직들을 하나씩 하나씩 만듭니다. 애초에 민간이 아파트에 못 들어갔던 이유 중에 하나가 그 비용이 너무 컸기 때문입니다. 민간 시공사들이 자기네들은 관리를 안 하고 팔기만 했으면 제일 좋겠다면서 정부에 무지하게 많이 건의합니다.

김 　민간 건설업자 입장에서는 당연히 그런 이야기 하겠죠. 여기서 한 끝발 올리고 다른 데로 확 튀는 게 나을 테니까요.

임 　그래서 아파트 관리만 전문적으로 하는 관리회사 시장을 형성하려고 정부가 법제화를 계속 시도합니다. 그럼에도 불구하고 계속 안 됐어요. 할 수 있는 사람들도 별로 없었습니다. 시공사 입장에서는 부녀회나 입주자대표회의 등을 상대하는 것이 거대한 비용으로 느껴져서 재건축 사업을 잘 안 하려고 했던 겁니다.

그런데 삼성이 브랜드화를 하면서 관리도 하고 그에 맞춰 집값도 올리는 선순환 구조, 쉽게 말해서 자본의 선순환 구조를 주택 거주자들이랑 조합 형태로 만들어간 겁니다. 여러 용어가 난무했습니다. 지분형 건설이라고도 했구요. 아파트 건설 시공사가 주민 주택조합한테 당신네들 공사 해주면 우리한테 얼마 주겠냐는 식이 아니라 지분으로 참여하겠다, 즉 돈 안 받고 지분으로 주택 몇 채 가져가겠다는 제안을 하는 겁니다. 이런 지분으로 이익을 공유하는 거죠. 그래서 시공사 물량이 확보되고 삼성이 파는 삼성아파트가 되는 것입니다. 어떻게 보면 주택 마케팅과 관련해서 삼성이 거의 혁명적인 일을 한 겁니다.

접근하는 마인드도 달랐어요. 왜냐하면 옛날에 있던 건설회사들은 토목하고 주택하고 비율이 한 6 대 4 정도 되었어요. 도로, 댐, 항만 만드는 토목이 훨씬 더 많이 남기 때문이었습니다. 건설은 전기보다 돈이 안 남을 때도 많았거든요. 그런데 삼성이 주택 쪽에 집중 투자하고 치밀하게 마케팅을 하면서 들어갔던 거죠. '래미안'이라는 브랜드까지 나온 이유가, 후발주자로서 마케팅에 올인할 수밖에 없던 상황 때문이었습니다. 토목은 민간이 발주하는 경우가 거의 없잖아요. 그러니까 삼성이 주택시장에 과도하게 들어가 IMF 이후에 위기가 옵니다. 1997년 이후에 IMF 사태는 토목에 큰 영향을 미치지 않았습니다. 건설회사들은 여전히 탄탄했습니다. 주택에 과도하게 투자해 들어간 삼성만 위험해졌습니다. 그래서 '래미안'이란 브랜드를 만들어서 마케팅을 업그레

이드하려는 노력을 훨씬 더 많이 합니다. 래미안이란 브랜드는 IMF의
산물이에요.

재벌을 끌어들여라

김 자 그러면 우리가 알고 있는 재벌 치고 아파트 건설 시장에 안 뛰어
든 재벌이 거의 없잖아요. 그렇죠? 이 재벌이 아파트 건설 시장에 너나
할 것 없이 뛰어든 결정적인 계기는 뭐였습니까?
임 말씀드렸듯이 1972~1973년에 주어진 엄청난 세금 혜택입니다. 여
기에 1975년에 훨씬 더 강력한 조치인 아파트지구가 나옵니다.

김 반포지구 이런 겁니까?
임 예, 반포, 잠원, 풍납, 서빙고 쪽에 만들어지는데 이는 체비지와도
연결됩니다. 차근차근 보죠. 지자체 입장에서는 체비지를 빨리 팔아야
공사를 하기 때문에 잘 팔리는 땅부터 팔아요. 그러다 보니까 목 좋은
곳들에 팔린 체비지들이 여기저기 흩어져 있게 됩니다. 또 옛 지주들의
땅도 있기 때문에 더 심각합니다. 그래서 집단 체비지라는 제도가 등장
합니다. 체비지를 한쪽으로 몰아서 큰 덩어리로 팔라는 겁니다. 왜냐하
면 아파트를 지어야 하니까요.
　　덩어리로 팔면 결국 고스란히 기업으로 갑니다. 즉 일반 민간인이
아니라 건설업체들에게 팔겠다는 신호입니다. 그래도 시는 집단 체비지
를 잘 못 팔아요. 빨리 팔아야 하는데 큰 땅은 덩치가 크니까 잘 안 팔

립니다. 민간한테 쪼개서 푼돈으로 계속 돈을 벌어야 하는 지자체 입장에서는 집단 체비지를 계속 고집하기 힘듭니다. 그런데 1975년에 집단 체비지보다 더 강력한 아파트지구가 토지구획정리사업지구에 설정됩니다. 이 지구로 결정이 되면 무조건 아파트를 지어야 합니다. 그러면 땅 200평을 산 민간인은 아파트를 못 지으니까, 기업에 되팔아야만 하는 상황이 되죠.

김   결국은 내가 체비지 200평을 사놓았는데 안 되니까 건설사에 팔아야 하는 거로군요. 개인 지주 같은 경우에는.

임   정부가 정말 나쁜 짓 했죠. 왜냐하면 자본이 정말 필요할 때 민간 개인이 체비지라도 사주면 정말 감지덕지였는데, 땅 사니까 이제 와서 너는 집 짓지 말고 아파트 업체에 팔라는 겁니다.

김   아니, 정부가 속된 말로 안면몰수한 거잖아요.

임   1975년에 그 법이 만들어지면서 1976년에 본격 시행되고 1977년엔 훨씬 더 강력해집니다. 1977년 아파트 지구의 체비지를 사면 6개월 안에 아파트 개발 계획을 세워야 했어요. 계획을 못 세우면 땅을 회수하겠다고 했습니다. 또 계획을 세웠다고 해도 1년 안에 시공에 들어가야 합니다.

김   자금 조달이 어려운 중소업체들은 애당초 불가능한 일이네요.

임   1977년에 이렇게 아파트지구를 선포한 후에 정부는 지정업체 마흔여섯 개의 명부를 만들고 이들에게만 땅을 특혜로 공급하겠다고 선언

합니다.

김 아예 대놓고 결탁을 했군요.

임 예, 나중에 쉰다섯 개로 늘리기는 하는데 지정업체, 등록업체의 사
다리를 만듭니다. 우선 등록업체가 되어야 하고 실적을 인정받아 지정
업체가 될 수 있습니다. 그래서 쉰 개 정도의 건설회사만 따로 관리하겠
다는 겁니다. 1977년도부터는 이와 연계해서 지정업체에 사채를 발행
할 수 있는 특혜를 줍니다. 그리고 바로 선분양제도가 등장합니다.

김 1970년대 후반에 건설사에 자금줄을 마련해주기 위해서.

임 주택청약제도는 다음에 본격적으로 중산층 만들기와 같이 다루긴
할 텐데, 1970년대 후반에 생겼다고 보시면 됩니다.

김 지금까지 아파트 역사를 보면 정부의 땅 장사와 재벌의 집 장사가
서로 이익이 맞아떨어진 결과다. 이렇게 종합 정리를 해도 되겠군요.

임 재벌 돈이 주택으로 들어오게 하기 위해서 정부가 제도를 하나하
나 바꿔가는 과정이었다고 생각하시면 됩니다.

김 재벌 돈이 이쪽으로 들어오게 하려는 이유는 정부가 땅 팔아먹기
위해서고요.

임 처음에는 그랬고, 나중에는 공공주택에 들어갈 돈이 없었기 때문
에 민간 자본 주도로 사업을 시행하려고 했던 거죠.

김 그런데 재벌을 끌어오지 않더라도 주공이라는 공공기관이 있었잖아요. 주공만으로는 자금이나 기술이 부족했습니까?

임 예, 부족했습니다. 질적인 부족은 아니고 양적인 부족이었습니다.

김 주공만 가지고는 도저히 감당이 안 돼서 불가피하게 민간 건설사를 끌어들였고, 그러다 보니까 온갖 특혜란 특혜는 다 줘야 했군요.

임 그럼에도 불구하고 1970년대까지는 토지구획정리 사업의 시대입니다. 지주들도 이득을 보는 시대였어요. 이제 1977년 이후에 건설업체들이 적극적으로 뛰어들면서 땅이 조금씩 부족해지고, 쪼개진 땅 가지고 성이 안 차다 보니까 택지에 대한 갈증이 심해집니다. 왜냐하면 특혜란 특혜는 다 받았기 때문에 짓기만 하면 되는데, 짓기만 하면 다 팔리고 이득이기 때문에 계속 짓고 싶은 거죠. 그런데 지을 수 있는 땅이 부족해집니다. 땅이 없거나 땅값이 이미 많이 올랐습니다. 그래서 나온 게 택지개발촉진법, 줄여서 택촉법인데 1980년에 나옵니다. 이 법은 더 이상 지주들이랑 개발이익을 나눠 먹지 않겠다는 선언입니다. 수용을 어마어마하게 강화해버렸습니다.

김 이른바 정부의 강제력을 동원해서 일방적으로 수용한 거죠? 택지지구이니까.

임 정부가 땅을 수용하고, 이 땅을 메이저 건설업체들에게 팔고, 건설업체는 금융 지원 받아서 거기에 집을 지은 거죠.

김 지주 입장에서 보면 수용가는 얼마였어요?

임 감정가지요.

김 이때부터 지주의 통곡 소리가 나오는 겁니까?

임 역사적으로 좀 슬픈 동네가 개포동 쪽입니다. 그쪽은 오일쇼크 전까지는 영동 토지구획정리 사업이 확장하면서 개발계획이 세워졌습니다. 그런데 오일쇼크 이후 돈이 부족하니까 체비지 쪽으로 돈을 모아야 했고 이곳이 그린벨트로 묶여버립니다. 그러다가 경기가 좀 풀릴 만하니까 다시 그린벨트가 축소되면서 개발 붐이 와요.

김 그린벨트가 완전히 고무줄이었구먼.

임 그랬다가 갑자기 택지난 때문에 개포지구 개발을 할 때 땅값이 너무 많이 올라버리니까 택촉법으로 묶여서 수용당합니다.

김 그럼 당시 개포에 땅 가지고 있던 분들은 손해 엄청 보았겠군요.

임 지주가 워낙 많이 바뀌었기 때문에 누가 막차를 탔는지는 알기 어렵긴 합니다.

김 그래서 땅을 수용해서 다시 아파트를 지을 땅을 확보하고 다시 건설사에 팔고. 건설사는 싸게 사서 아파트 지어서 돈을 벌고.

임 상계동, 목동도 택촉법으로 개발됩니다. 물론 목동은 조금 다릅니다. 목동은 합동 재개발의 시초라고 해서 조합주의를 통해 지주의 이익을 조금 보존해줍니다. 혹시 환지(換地)라는 말 들어보셨어요? 환지는 예전 땅을 새 땅으로 바꿔주는 겁니다. 그러니까 지주 입장에서 100평을

50평으로 환지를 한다고 치면, 어느 땅으로 환지받는지는 첨예한 문제가 됩니다. 반면 수용은 정부가 다 사는 겁니다. 지주 입장에서는 무조건 다 팔아야 하는 거죠. 그래서 지금도 개발 방식의 큰 축은 이 두 가지입니다. 지주의 이익을 좀 나눠주면서 개발할 거냐. 아니면 공공이 이익을 몽땅 가져가느냐.

김 환지의 경우는 잘만 하면 오히려 더 좋을 수도 있는 거잖아요. 지주 입장에서는. 그렇죠?

임 공공이 돈이 많으면 수용하고 싶어 하고, 돈이 없으면 환지 방식으로 하는 거죠. 공공이 돈이 많은데도 불구하고 워낙 지주가 투쟁을 심하게 해서 환지 방식으로 가는 곳도 많습니다. 요즘 인천 등 수도권에서 그렇죠. 아무튼 사회의 역학구조에 따라 왔다 갔다 한다고 보면 됩니다. 뉴타운도 크게 다르지 않았습니다.

해외 건설의 축소와 신도시 건설의 상관성

김 이 시기를 거치고 나서 아까 말씀하신 1987년 이후 재건축이 나옵니까?

임 주택 경기와 관련해서는 중간에 생각을 조금 더 해야 해요. 왜냐하면 1982년부터 해외 건설이 갑자기 내리막길을 걷고, 1987년 즈음 되면 거의 5분의 1로 줄거든요.

김 중동특수 등이 거의 사라져버린 거니까.

임 정부는 건설업 자체를 살려야 되기 때문에 장비나 인력들이 문제가 됩니다. 건설업이 확장되면서 회사들이 장비를 많이 늘렸어요. 이걸 어디다 쓰느냐 하는 문제가 생깁니다. 1987년부터 돌파구를 계속 찾다가 결정타가 나왔는데 바로 신도시입니다. 1987년에 200만 호를 갑자기 짓겠다고 하면서 어마어마한 메이저 회사들이 중동에서 다시 옵니다. 건설업이 재조정되는 겁니다.

김 노태우 정부 때 신도시 건설이 이뤄지기 시작하잖아요. 그런데 집값 대란이 나고 서민들이 주택난 때문에 너무 힘들어하니까 대규모로 주택을 공급한다는 측면 말고도 중동 특수 때문에 비싼 장비들을 사들였던 건설사들의 향후 사업을 보장해주는 측면도 있었다는 거군요? 장비를 고철덩어리로 만들 순 없으니까요.

임 네, 1980년대 중반부터 그 이야기가 나오다가 1983~1984년 계속 재조정을 합니다. 해외 건설업체 재조정을 해서 1987년 즈음 되면 국내에 정말 집을 많이 짓기 시작해요. 1989년에 신도시 끝나고 나면 뭐가 나오는지 아세요?

김 뭔데요?

임 신도시 끝나고 잠시 토목으로 다시 갑니다. 그래서 외곽순환도로 건설, 국도 확장, 고속도로 확장, 영동고속도로 4차선 확장 등등 토목공사가 갑자기 늘어납니다. 거의 모든 SOC에서 1991년에 갑자기 붐이 일었다가 이것이 다시 주택으로 넘어가 재건축 시장이 뜹니다. 1992년도부터 재건축 붐이 일었다고 생각하시면 됩니다. 김영삼 정권이랑 연결되니까요.

김 본격적으로 재건축 시장이 열린 해가 1992년도고 노태우 정부 시절엔 신도시를 건설했고요.

임 신도시 건설은 말이 많았죠. 당시에 200만 호를 갑자기 지으려고 하니까, 건설자재, 인부 등 문제가 많았습니다.

김 그때 바다 모래를 썼다는 등 논란이 많았고 난리도 아니었잖아요.

임 바다 모래 의혹은 거의 사실입니다. 자재 문제, 인건비 문제도 말썽이었고요. 건설협회에서 정부에 건의문을 냅니다. 분양 시스템이었기 때문에 분양을 할 때 기본이 되는 공사 원가가 있었습니다. 그런데 인건비가 너무 많이 올라 그 가격에 도저히 분양을 못 하겠다고 계속 정부를 압박한 거죠.

김 제가 노가다 많이 뛰었다고 그랬잖아요. 제가 알기로는 노가다 일당이 그때가 가장 높았어요. 지금도 그때보단 못할 거예요.

임 시멘트, 철근 등 건설자재를 블랙홀처럼 다 빨아들였고, 건설 인부들도 다 끌어모았습니다. 이러다 보니 우리나라 실질임금 상승에 굉장히 큰 기여를 하게 됩니다. 한쪽에선 1987년 노동자 투쟁으로 임금이 오르고 다른 한 쪽에서는 건설업으로 인해 올라갑니다. 그래서 인플레이션에 어마어마한 영향을 미쳤어요.

김 이른바 삽질이 경기를 부양한다는 원리의 마지막 사례라고 보면 됩니까?

임 특수한 경우였습니다. 신도시가 급하게 추진되었거든요. 전세난이 워낙 심하니까요. 1989년도 1월 2월에 신도시 밑그림 작업 해서 1989년 12월에 공사 들어갑니다. 1년 안에 신도시가 계획부터 공사까지 실행된 겁니다.

김 세상에, 세상에.

임 무지하게 빨리 지으려고 했습니다. 공급도 굉장히 빨리 하려고 했고요. 너무 빨리 하려다 보니까 민간 쪽을 끌어들였던 거죠. 메이저 건설업체 위주로 끌어들입니다. 그때 타격을 받은 곳이 소규모 건설업체입니다. 다시 말하면 다가구주택, 다세대주택 이런 작은 집들을 짓던 곳들은 시멘트 오르고 철근 오르고 인부 인건비 올라서 폭탄을 맞습니다.

김 그렇겠네요.

임 예, 그런데 인천을 축으로 해서 전세난 여파로 건설 경기가 활황이었고, 다세대·다가구 주택을 많이 짓습니다. 서울 수도권의 서남권, 부천부터 반월까지 건축 붐이 일어납니다. 한양대 강병기 교수의 경우, 수도권 서부 쪽에서 주택 공급이 늘어가는 추세가 확인이 됐고 이대로 가면 목표로 하는 공급량을 다 채울 수 있었다고 합니다.

김 신도시 건설까지는 굳이 필요가 없었다는 이야기네요.

임 선심성 정책이기도 했고, 강한 임팩트를 줘서 안심시킬 필요가 있었습니다. 더 이상 전셋값이 안 오를 것이라는 심리적인 분위기를 조성하기 위해서요. 결국 작은 집장수들에게 갈 돈을 메이저 건설 쪽으로 넘겨주는 역할을 했습니다.

김　그냥 추이대로 놔두었으면 다세대나 빌라 지어서 괜찮았을 텐데. 그 돈이 다 재벌계 건설사로 가버렸다는 거군요.

임　건축대장이라든지 신규 건설 허가 관련 정부 통계를 연구해보면 당시 확실히 회복세에 있었습니다. 1986년부터 임금이 올라가고 수요가 늘어나면서 주택 공급량이 늘어나는 상황이긴 했는데, 당시에 그게 전혀 안 잡혔어요. 왜냐하면 다가구주택은 한 집에 몇 호가 있는지 파악하기조차 힘들었습니다.

김　단적인 예로 제가 옛날에 빌라 맨 꼭대기에 살았는데 만기되어서 이사를 가려고 서류를 봤더니 제가 산 방이 무허가였더라고요. 건축대장에는 없어요. 허가 안 받고 한 층 더 올린 거죠. 큰일 날 뻔 했어요. 얼른 보증금 받아서 다른 데로 이사 갔죠.

임　지금도 그런 집이 많습니다. 옥탑방 중에서 제대로 허가 받은 데가 없어요. 어쨌든 정확히 파악을 하지는 못했지만 건설 경기가 올라가고 있다는 분위기는 있었죠.

김　단순화하는 측면이 있지만 완전히 재벌 건설사를 위한 정책이었다고 봐도 되겠네요.

임　결과적으로 그런 꼴이 됐죠. 민간이 어떻게 움직일지는 예측이 불가능한데 메이저를 활용하면 몇 호 나오겠다 바로 계산이 되고 공사도 굉장히 빨리 되기 때문에 정부 입장에서는 장점이 많았습니다.

김 그런데 아까 우리가 땅 공급 이야기를 했잖아요. 신도시는 땅이 어떻게 확보된 겁니까?

임 택지개발촉진법 덕입니다.

김 또 그겁니까? 다 수용한 겁니까?

임 예, 그래서 분당은 굉장히 말이 많았죠. 중동도 말이 많았구요. 상계 주민들도 어마어마하게 반대했습니다. 〈상계동 올림픽〉이라는 철거 영화가 있잖아요. 상계동도 수용했습니다. 1980년대는 무시무시한 택촉법의 시대입니다.

김 세입자 지주 할 것 없이 푼돈 받아 쫓겨나고, 그래서 지어진 게 신도시다.

임 네, 역설적으로 1978년부터 주택 경기가 별로 안 좋았다고 이야기하는데 보통 1980년까지는 하향세로 잡습니다. 전두환 정권 시절입니다. 이때는 물가안정이 최우선 과제였습니다. 결국 부동산 가격이 안 올랐다는 이야기이고, 시공사와 건설업자 입장에서는 침체기라고 합니다. 그런데 1987년도에 경기가 폭발하게 되는데 그 역할을 과연 택촉법이 했을까 하는 점은 학술적으로 조금 더 따져봐야 하긴 합니다.

아파트는 정말로 효율적 주거 양식인가

김 지금까지 아파트 역사를 쭉 훑어주셨는데 요컨대 정부의 땅 정책에 따라서 주택 건설이 엄청난 영향을 받을 수밖에 없다는 얘기군요.

임 예, 그래서 다른 나라와 비교했을 때 한국 정부가 주택시장에 직접 개입하지 않았다, 많은 돈을 쓰지 않았다는 이야기를 많이 합니다.

김 지금 이야기를 들어보니까, 말도 안 되는 이야기네.

임 제도적으로는 어마어마하게 힘을 발휘한 겁니다. 그린벨트와 비슷한데, 제도는 이익을 낳거든요. 이익을 낳기 때문에 민간의 이익을 제도로 보장해줬다는 점을 강조해야 합니다. 정부는 제도 면에서 굉장히 적극적으로 개입했습니다.

김 정부가 제도적으로 대형 건설사들 아스팔트 깔아주었군요. 쌩쌩 내달리게.

임 예, 맞습니다. 아파트를 짓기 위해서죠. 그러면서 주공이 한시름 놓았죠.

김 자, 여기서 아주 어리석은 질문 하나 할게요. 꼭 아파트를 지어대야 했던 겁니까?

임 요즘 아주 냉정하게 옛날 자료를 보고 평가를 해보면, 주택 밀도상으로는 별 차이가 없습니다. 아파트나 다세대주택이나 면적 단위로 비슷한 가구 수를 수용합니다.

김 우리는 일반적으로 워낙 땅이 좁고 수도권 집중이 너무 심하니 아파트 올릴 수밖에 없었다고 알고 있잖아요.

임 용적률 등을 보면 그런데 사람들이 사는 비율로 보면 별 차이가 없습니다. 아파트가 대형 평수가 많기 때문에 면적 대비 거주자 비율은 아파트나 단독주택이나 크게 차이가 나지 않습니다.

거기다가 공사비로 쳐도 처음 아파트를 도입하던 시절 아파트가 더 비쌌습니다. 값싸고 빠르게 많이 지어야 한다는 서민 아파트의 모토에서 출발했지만, 실제로 지은 아파트들을 살펴보면 값은 별로 안 쌌습니다. 반면 많이 그리고 빨리는 지었습니다.

김 왜 갑자기 원전이 생각나지요? 논리가 비슷한 것 같은데.

임 토지 경제성 면에서 본다면 실익은 없었는데 빠르게, 정말 빠르게 지었습니다. 50만 호씩 계속 올라갔으니까. 빠르게 짓는 데 성공했고, 정부 돈으로 다 할 수 없어서 민간 자본을 끌어왔고, 실제로 건설업체 돈도 많이 들어갔습니다. 물론 따지고 보면 건설업체 돈이 아니라 회사채였죠. 회사채인데, 아무튼 민간이 돈을 빌려서 썼고 이른바 분양을 통해 빠르게 이익을 회수한 거죠.

김 우리나라의 재벌 체제가 건설사, 그러니까 계열 건설사, 현대 같은 경우에는 현대건설이 재벌 집단의 모태라고 봐야 하지 않습니까?

임 건설 때문에 재벌이 된 경우는 극히 드물어요. 재벌들을 건설로 끌어들이려고 했던 거죠.

김　오히려 그때는 재벌 체제가 이미 구축되었다고 봐야 하는 겁니까?

임　재벌은 중화학공업이라든지 다른 특혜로 돈을 벌었습니다. 굳이 말한다면 중소업체들이 재벌로 올라갈 수 있는 길을 잠시 열어주었다가 닫아버린 거라고 할 수 있습니다. IMF 이후에요.

마지막으로 마흔여섯 개 지정업체를 쭉 불러보겠습니다. 추억에 젖을 수 있어요.

삼익주택, 한양주택, 삼호주택, 라이프주택, 한보주택, 우성주택, 롯데건설, 대림산업, 동아건설, 미강건설, 현대건설, 상환기업, 신성공업, 극동건설, 우진건설, 진흥기업, 청하기업, 동산토건, 남광토건, 정우개발, 금호건설, 공영토건, 범양건영, 삼부토건, 경향건설, 한일산업, 대한종합건설, 태평양건설, 한라건설, 대우개발, 옥포기업, 남양건업, 한신공영, 선창산업, 화성산업, 신생기업, 정진건설, 삼익건설, 보성산업, 금강, 한국특수제강, 대성건설, 진양종합건설, 원건설, 임광토건, 경남기업.

한 번씩은 들어본 기업들이 많아요.

김　저는 정말 다 기억나요. 진짜 다 기억나요.

임　잘나가던 회사들이죠. 1980년대에 사세를 확장했습니다. 그래서 100대 재벌 중에서 건설회사만 가진 기업 4~5개가 계속 꼽히기도 했습니다.

토목·건설 산업의 미래는?

김 그럼 마지막으로 여쭤볼게요. 지금까지 우리는 과거를 훑었는데, 이제 이후를 이야기해야겠습니다. 정부의 땅 정책에 따라서 정부의 주택 정책 제도가 바뀌었고 그것이 결국 시장에서 주택 공급에 영향을 미쳤어요. 그러면 이후에는 어떻게 될까요?

임 중간에 한 30년을 더 설명을 해드려야 할 수 있는 이야기인데…….
지금도 땅에 투입될 민간 자본 총량은 적지 않습니다. 이때부터 부동산 컨설팅이 돼버리면서 강의가 아니라 술 마시며 하는 이야기가 돼서 말을 잘 안 하는데…….

김 그럼 녹음 끝나고 저한테만 해주실래요?(웃음) 우리나라도 일본이나 미국과 같이 주택시장이 한꺼번에 확 꺼져버릴 가능성도 있다고 하잖아요. 박근혜 정부도 그렇고, 이명박 정부 때부터 잊을 만하면 한 번씩 부동산 대책을 내놓잖아요. 어떻게든 대폭락을 막으려고 하는 거라는 진단이 많아서 여쭤보는 거예요.

임 조금 큰 틀에서, 토목 공급자 쪽에서 사이클을 보시면 됩니다. 일단 신도시를 건설하고 나서 외곽 순환고속도로 쪽으로 갑니다. 이후 재건축으로 갔습니다. 그래서 1990년대 후반은 재건축 붐이 일었습니다. 재건축으로 갔다가 이어 2기 신도시로 갑니다. 그러면서 이제 지방에서 아파트 단지와 신시가지를 만듭니다. 광주, 전주 등 중소도시에 신시가지 만들어 시청을 옮기는데 그런 곳들은 허허벌판이었던 신택지들입니다. 그런데 그 사업 끝나고 나면 할 게 없어요.

김 그다음에 뉴타운이 등장한 거 아닌가요? 다시 재건축이죠.

임 보통 이익이 안 나서 재건축이 안 되던 곳을 정부가 특혜를 줘서, 촉매제를 주어 재건축을 촉진시킨 게 뉴타운입니다. 그럼에도 불구하고 몇 군데 말고는 잘 안 되었습니다. 이런 상황이라 토목이 어디든 가야 되거든요. 개성공단도 일으키고 금강산도 일으키고 저기 시베리아 철도도……. 여러 건설업의 탈출구들이 등장하게 됩니다. 첫번째 진단입니다. 우리나라 산업구조에서 토목 쪽에 들어가 있는 고정자본이나 설비가 너무 많습니다. 그런데 더 이상 지어올릴 게 없는 한계점에 온 겁니다.

김 포기할 수가 없는 거군요.

임 국내에서는 더 이상 지을 게 없기 때문에 해외 건설 말고는 답이 없습니다. 장비나 인력 등을 갖고 어디로 나갈까 고민하고 있다고 생각하시면 됩니다.

김 중동은 아닌 것 같고.

임 중동도 많이 나가 있긴 해요.

김 위로 가면 얼마나 좋을까. 저는 북한이나 시베리아 쪽으로 가면 박수 치겠어요.

임 그렇죠. 철도 연결 사업 등을 통해 이런 쪽으로 갈 수 있습니다. 잘 되었으면 좋겠는데 주변 정세라든지 여러 이유로 막혀버리면 내부로 화살표가 향하게 됩니다. 노무현 정부 때도 금강산 개발 하면서 도로, 육로 관광, 철도 관광을 추진하려고 했다가 막히니까 다시 안으로 들어왔죠. 그러면서 4대 강이라든지 내부 토목공사가 실시됩니다.

김　그래서 애먼 거 하는 거지요.

임　계속 왔다 갔다 생각을 하시면 돼요. 그 흐름들이 어떻게 나타날까. 분명히 나라 밖으로 나가야 되는데.

김　사이클상 이번에는 밖으로 나가야 한다는 얘기죠?

임　나가야 되는데, 못 나가면 안에서 희한한 짓들을 해야 되는 거지요.

김　안에서 더 할 게 있어요?

임　글쎄요. 무슨 엄한 짓을 할지는 저도 상상력이 부족해서 가늠이 안 됩니다.

김　아무튼 그것은 토목이지 주택은 아니라는 이야기네요?

임　주택과 토목은 한 몸입니다.

김　아무튼 위로 좀 갔으면 좋겠어요. 북한으로도 좀 가고, 만주로도 좀 가고, 시베리아로도 좀 가고. 횡단철도 이야기 나오고, 가스관 이야기도 나오고 하니까 더 그런 생각이 드네요. 건설사들이 남북관계 개선의 선봉 역할을 할 수도 있잖아요, 여건상으로는.

임　선봉 역할을 하고 있지요. 처음 백두산 관광 시작하려고 했을 때 돈을 누가 제공했냐면 토지개발공사예요.

김   아, 그런가요?

임   동서독 통일 되고 나서 몇 개의 판례가 나오는데 원래 동독 땅 주인이 땅을 다시 회수했거든요. 대법원 판결로. 쉽게 말하면 이북 실향민이 북한 땅문서를 가지고 있으면 통일이 되고 나면 북한 땅을 다시 찾을 가능성이 높습니다.

김   그러니까 독일 통일에서 연방 재정이 어마어마하게 들어간 이유가 바로 그거라는 얘기잖아요. 과거의 토지수용을 다 인정해버렸기 때문에. 그렇죠?•

임   예, 그 이야기 나올 때 물밑에서 북한의 땅문서 거래 시장이 잠시 형성됐어요. 독일 사례를 보고요. 독일에서 그런 판례가 나오고 나서 우리나라도 통일되면 그렇게 되는 거 아니냐 하면서 이북 도민들이 땅문서를 한 번 더 확인히는 기회가 되었습니다. 통일은 땅 개발과 밀접하지요.

김   누군가 우리나라 토목이 살 수 있는 길은 통일밖에 없다고 하더라고요.

임   예, 아주 거대한 특수가 생겨납니다. 그런데 기다리기는 힘들 것 같아요.

• 통일독일의 경우 토지, 임야, 주택, 대지, 공장 등 각종 부동산을 대상으로 동독과 나치 시대에 국유화 또는 몰수된 재산을 원칙적으로 원소유자나 그 상속인에게 현물 반환하고 예외적으로 현금으로 보상한다는 '선반환, 후보상' 원칙이 수립되면서 엄청난 소유권 분쟁이 발생했다. 서독 거주 원소유주가 대부분인 110만여 명이 237만 건의 각종 재산권 심사 청구서를 제출하고 소유권 반환을 요구했다.

김 통일이 빨리 될까요?

임 알 수 없죠. 그런데 마스터플랜은 짜놓은 걸로 알고 있습니다. 정부를 비롯해 힘있는 기관들이 통일 대비 시나리오들을 준비하고 있을 겁니다.

김 사회간접자본을 어떻게 하겠다는 계획이 다 짜여 있나요?

임 시나리오는 계속 짜고 있는 걸로 알고 있습니다.

김 어떤 건설사가 어디에 들어간다, 이런 식으로 다 짜여 있습니까?

임 그것까지는 모릅니다. 그렇게 되면 진짜 음모론입니다. 제가 이야기할 때면 간혹 음모론으로 해석하시는 분들도 많은데요. 하지만 원인결과가 아니라 효과들의 연쇄로 설명할 수 있습니다. 그래서 통일 관련해서도 무슨 효과가 튀어나올지 모르는 겁니다. 확실한 변수 중 하나는 중국입니다.

김 오늘 아파트 역사를 쭉 살펴보았는데 정부가 대놓고 건설사를 이렇게 밀어주는 경우는 처음 봤어요.

임 예, 나폴레옹 이후로 처음이었던 것 같습니다.

김 오늘 여기까지 하겠습니다. 고맙습니다.

임 네, 감사합니다.

5

아파트 분양과 중산층

녹음일 2013.10.29.

와우아파트 붕괴 이후 시영 아파트들이 사라지면서 어쩌다 보니 서민 주택까지 담당하게 되었지만 주택공사의 관심은 여전히 '소비자'들이었다. 그래서 '주택유효수요추정연구'라는 역사적인 보고서를 발표하기도 했다. 이 보고서에 따르면 당시 아파트 선호도는 6%가 안 되었지만 소득수준과 학력수준이 올라갈수록 높아졌다. 특히 여자 대졸자에 이르면 이 수치는 25%까지 치솟는다. 결국 중산층 이상의 선호도가 높은 주택 형태가 지배적인 주택 형태로 자리매김하게 된다.

또 하나 여기서 큰 역할을 한 것은 분양제도라는 이상하고도 섬세한 제도의 작동 메커니즘이다. 싸게 분양해야 하면서 건설사들에게 이익을 남겨야 하고 또 선호도 높은 주택 유형이 아니면서 미리 돈까지 내게 만들어야 하는 이 어려운 방정식을 풀기 위해 정부는 0순위제부터 채권입찰방식까지 다양한 시장통제정책을 활용한다. 결국 막차 폭탄을 끌어안는 사람들을 빼고 모두가 행복한 상황이 설계대로 펼쳐진다.

1980년대에는 정당성이 취약한 군부 정권이 들어서면서 물가 안정을 최우선 과제로 다루기 시작했다. 군부정권과 민간 재벌 건설사들이 밀당을 시작하고, 결국 건설사들의 분양 사보타주에 엄청난 주택난을 맞게 되었다. 이는 노태우 정권 때 신도시 개발로 폭발하게 되고 그후 아파트에 대한 대중적 욕망은 1990년대의 재건축 로또 붐을 지나 IMF 이후 분양가상한제 폐지와 원가연동제 등으로 가속화된다. 이렇듯 주택시장은 정부가 계획부터 시공, 분양까지를 모두 통제하면서 정책을 끌고 왔기 때문에 선거에 미치는 영향이나 정치적 효과가 매우 크다.

또 주택시장의 역사에서 특이한 것은 건설사와 금융권이 여태까지 이익을 나누기보다 먹고 튀기를 원했다는 사실이다. 하지만 앞으로는 관리나 유지로 먹고 사는 건설 자본이 등장하고, 주택 정책에 있어서도 임대주택 제도(점점 중산층까지로 대상이 확대되는)가 발달하게 될 것이다.

주택 로또의 두 축: 선분양제도와 분양가상한제

김 　자, 이제 다섯 번째 시간인데요, 오늘 주제는 무엇입니까?

임 　오늘은 주택 분양하고 중산층의 관계를 이야기하겠습니다.

김 　주택 분양과 중산층. 그러니까 주택 분양을 받으면 중산층이 될 수 있었다는 이야기입니까? 그러니까 이른바 주택 로또?

임 　크게 보면 그렇습니다.

김 　요즈음은 오히려 하우스푸어가 많아져서 문제인데요. 이건 좀 예전 이야기 같아요. 1순위니 0순위니 해서 분양권을 받으면 프리미엄이 붙고 수익 엄청나게 남기고 했던 때.

임 　네, 맞습니다. 요즈음은 중산층 이야기 하기 힘들죠.

김 　중산층 이야기 하긴 해요. 붕괴되고 있다고.(웃음)

임 　분양 이야기를 할 때 우리나라에만 있는 유일한 제도라는 이야기를 많이들 하셨는데 역사적으로 보면 다른 나라에서도 비슷한 제도가 있었습니다. 우리나라 분양 제도의 독특함이라고 하면 선분양제도에 싼 분양가, 분양가상한제가 결합되어 있다는 점입니다. 사실 시가보다 싼 분양가상한제는 가격 통제이기 때문에 사회주의 국가에서나 하는 것이지 자본주의 국가에서는 거의 찾아볼 수 없습니다.

김 　따져보면 신제품은 원래 비싸야 하는 거잖아요. 그런데 아파트는 정반대였지요. 정부의 인위적인 가격 통제로 봐야 할 텐데 정치적 배경이 궁금합니다.

임　지난 시간에 이야기했던 아파트 정책과 맞물려 있습니다. 가격 통제가 아주 강하게 적용되었던 것은 1977~1978년부터거든요. 그 시기를 다시 짚어보면, 1973년에 갑자기 민간 아파트 건설을 유도하기 위해 정부가 이런 저런 혜택을 많이 줬고, 그래서 본격적으로 재벌들이 아파트 건설에 참여하는 시점이 1975~1976년입니다. 그때 갑자기 분양가상한제와 선분양제가 패키지 형태로 만들어졌다고 생각하시면 됩니다.

김　그때부터 본격적으로 주택 구매 수요층이 형성되었기 때문인가요? 공급이 달리면서 아파트 가격이 올라가니까 통제를 안 할 수가 없었다는 이야기가 되나요?

임　예, 그런데 따져봐야 할 것이, 정말로 갑자기 사람들이 돈이 많아졌는가 하는 문제입니다. 돈 많은 사람들이 많아진 것과 사람들이 돈이 많아진 것은 별개입니다.

　　주공은 원래 서민용 주택을 짓는 주체가 아니었습니다. 제도상 공영주택은 제1종, 제2종으로 나뉘어져 1종을 주공이 지었고 2종을 서울시가 지었습니다. 요즘으로 따지면 SH공사가 지은 주택, 즉 시영주택입니다. 이 구분에서 1종은 중산층을, 2종 공영주택(시영주택)은 저소득층을 대상으로 했습니다.

　　초기에 그렇게 설계되었지만, 지난번에 말했던 와우아파트 붕괴 이후 시영주택 정책이 폐기되다시피 하고, 주공이 제일 작은 주택을 짓게 됩니다. 그러다 보니까 주공이 서민 주택을 담당한다는 이미지가 굳어져버립니다. 이게 1970년대 초반 상황입니다. 그럼에도 불구하고 주공은 유효수요를 쫓는 방식으로 움직여요. 구호 목적으로, 사회정책의 일환으로 주택을 짓는 게 아니라, 구입할 사람이 있는 주택을 짓습니다.

1975년에 아주 재미있는 보고서가 나옵니다. 「주택 유효수요 추정 연구」라는 역사적인 보고서입니다. 쉽게 말하면 주공이 집 살 사람들이 도대체 누구일까를 검토한 보고서입니다.

결론은 아파트로 나옵니다. 당시 아파트 선호도는 6퍼센트가 안 되었고, 국민의 94퍼센트가 아파트를 싫어했습니다. 그런데 대졸자만 놓고 보면, 소득수준이 위로 올라가기만 하면 아파트 선호도가 11퍼센트 넘게 나옵니다. 더 재미있는 점은 여자 대졸자를 중심으로 조사하면 25퍼센트가 넘어버렸습니다.

김 이해가 되죠. 단독주택에서 살 때와 아파트에서 살 때 가사의 범위와 강도와 양이 달라지잖아요.

임 예, 맞습니다. 그래서 재미있는 통계가 뒤에 나오는데 대졸자 남성과 대졸자 여성이 결혼한 경우 대부분 아파트를 선호합니다.

김 1970년대만 하더라도 대졸 남성과 대졸 여성이 결혼을 했다 하면 소득수준이 상당히 안정된 중산층으로 봐야 하는 거 아닙니까?

임 그래서 주공은 이래저래 한번 유효수요를 따져보니까 아파트가 제일 많이 남겠다는 결론을 내린 거죠.

김 그러면 그 전에는 주공이 아파트 말고 단독주택도 지었습니까?

임 네, 지었습니다. 화곡동에 단지형으로 개발했습니다. 단독주택하고 연립주택 그리고 영국식 플랫이라고, 면벽으로 되어 있는 연립주택이라고 보시면 되는데, 이런 다양한 주택을 지으며 실험을 많이 했습니다. 그러다가 1975년 이후 아파트만 짓습니다. 주공이 원래 서민 주택을 짓는 기관은 아니었습니다. 그래서 서민 주택이라는 말도 잘 쓰지 않고, 소형 평수라는 말이 1975년도 이후부터 등장합니다.

김 이게 발전해서 국민주택 개념으로 가는 건가요?

임 예, 국민주택 개념은 옛날부터 있었는데 단독까지도 포함했습니다. 원래 명칭은 '국민주택 규모 이하'입니다. 좀 복잡하긴 한데 이전부터 국민주택 규모 이하로 지을 때 혜택을 주었어요.

김 전용면적 25.7평이죠? 저도 지금 국민주택에서 사는데. 어쨌든 1975년에 그 보고서가 주택시장에 큰 전환점을 형성했고 향후 주공의 방향계가 되었군요.

임 예, 거기다가 주택은행, 서울시 등 정부 각계에서 1975년을 분기점으로 정책을 바꿉니다. 물론 1972년도 경제개발계획 실행할 때부터 앞으로 주택 공급은 민간에 맡긴다고 과감하게 선언했고, 공공주택 정책을 융자 중심으로 바꾸겠다고 나름 패러다임 전환을 합니다.

김 돈 없는 사람도 살 수 있게 했나요?

임 오히려 그 반대죠. 공공주택 건설이라고 하면 국가가 지어서 사회적으로 제공하는 공공서비스라는 개념인데 그게 없어졌습니다. 가령 지난번에 언급한 잠실 시영아파트 같은 개념이 여전히 대중들한테 살아 있었는데요. 그걸 대출, 융자 중심으로 바꾸면서 '소형 평형 주택 의무비율', 몇 퍼센트 이상은 작게 지으라는 식의 규제 정도가 나와요. 공공이 적극적으로 나서서 임대주택이나 사회주택을 짓는다는 안은 폐기해버립니다.

김 중요한 분기점이네요. 그러면 주공이 그렇게 방침을 전환할 때 민간 건설사들은 어떻게 움직였습니까?

임 이미 말씀드렸던 것처럼 민간 건설사들에게 주는 혜택은 계속 늘어납니다. 쉽게 말하면 아파트, 주택정책 자체가 사회정책에서 이제 산업정책으로 바뀌고, 건설사들이 산업적으로 이윤을 남길 만한 시장, 관련 제도들을 만들어주는 쪽으로 나아갑니다. 신호를 보내는 거죠, 민간 기업한테 들어오라고.

김 약간 과장에서 이야기하면 1975년을 기점으로 주택시장이 본격적으로 정착되었다고 봐도 되는 거군요.

임 지금과 같은 시스템이 그때 갖춰진다고 생각하시면 됩니다.

분양제도의 이상하고도 섬세한 작동방식: 0순위제부터 채권입찰제까지

김 그러면 공공서비스 개념에서 시장 개념으로 넘어가고 수요와 공급의 법칙 등이 작동되기 시작하면서 아파트 가격이 상승했습니까?

임 상승하지요. 유효수요로만 따지니까 상승을 합니다. 상승을 하는 데 여기에 분양의 비밀이 있습니다. 분양은 외국 사람들한테 이야기해서 이해시키기 참 힘들어요. 우리도 상식적으로 접근을 해보면 납득이 안 되는 부분이 좀 많죠. 국가 돈이 거의 안 들어가는 시스템이거든요.

우선 청약저축이란 이야기가 나왔습니다. 그래서 미리 집을 살 사람들은 돈을 주택은행에 내야 됩니다. 6회든 12회든 납입을 해야 어떻게든 분양 신청 자격이 주어졌으니까요. 시장의 구매자에게 진입장벽이 생기는 겁니다. 통장 하나 개설해야 집 살 수 있다는 이야기가 됩니다. 둘째로 자기 돈을 내고 집을 짓고 사는 건데 미리 돈을 낸단 말이에요.

김 저는 지금도 이해를 못 하겠어요. 아니, 물건도 안 보고 삽니까?

임 미리 돈을 냄에도 불구하고 자기들이 원하는 주택 형태를 분양 받은 게 아닙니다. 당시에 국민의 90퍼센트 이상이 아파트를 원하지 않았는데 공급 형태는 아파트밖에 없었어요. 미리 돈을 내고 자기가 원하지도 않는 형태의 주택을 사는 거죠. 그것도 뺑뺑이 돌려서 층수를 골랐거든요. 좀 황당하죠. 그런데 이런 이상한 절차에 따르는 대신 아파트를 싸게 사는 겁니다.

만일 소비자들이 싸게 사길 포기하고 더 선호도가 높은 주택 유형, 가령 단독을 선택해버리면 시장이 완전히 망가져버리게 되어 있었죠. 또 건설사 입장에서도 분양 제도를 통해 집을 팔면 평상시 다른 데 짓는 경우보다 싸게 팔아야 되기 때문에 이익이 안 납니다.

김 아, 듣고 보니 진짜 이상하네, 왜 이런 시스템을 설계한 거죠?

임 강력한 시장 통제를 하지 않으면 굴러가지 않는 제도였던 겁니다. 그래서 분양에는 항상 리스크가 포함됩니다. 첫째로 사람들이 정부가 구상한 분양 시장으로 들어가지 않으면 망가집니다. 둘째로 값이 싸게 유지되지 않으면 안 됩니다. 청약저축이라는 제도 자체가 무의미해지니까요. 셋째로 건설사가 분양 제도로 들어오지 않고 다른 경로로 집을 짓겠다는 욕망이 생겨버리면, 즉 주상복합이라든지 새로운 주택 유형을 개발하면 망가집니다. 지금 분양 시스템이 붕괴되는 것은 이 세 가지가 다 맞아떨어졌기 때문입니다.

김 잠깐 정리하고 넘어가지요. 1975년도 주공의 역사적 보고서를 언급하셨는데, 대다수 국민들은 아파트를 선호하지 않았다고 했잖아요. 그러면 정상적인 시장 논리에 따르면 아파트 대신 단독주택 등으로 수요가 몰릴 테고, 건설사도 그쪽으로 갔어야 하지 않습니까?

임 그게 정상적인 시장입니다. 그런데도 불구하고 아파트를 지었고, 더 충격적인 사실은 주택은행에서 돈을 빌려줄 때 신규 아파트, 그러니까 새로 짓는 아파트만을 대상으로 대출했다는 거죠. 주택 대출 중 새로 짓는 아파트에 대한 융자가 반이 넘었습니다.

김 그러면 소비자 입장에서는 외면할 수도 있잖아요. '나 청약저축 안 하고 아파트 안 들어가!' 이렇게.

임 그러니까 이 모든 단점을 상쇄할 만큼 가격이 낮아야 되는 겁니다. 거기다가 대출까지 해주었죠. 그럼에도 불구하고 건설사들은 이윤을 남겨야 됩니다.

김 이율배반이군요.

임 그래서 아주 섬세한 제도가 나온 겁니다.

김 그러면, 왜 정부는 그토록 강력하게 주택 소비를 아파트 쪽으로 끌어당기려고 했던 거지요?

임 일단은 대규모 민간 자본들이 들어가야 목표했던 양을 확보할 수 있다고 믿었고 산업 자체를 부흥시키려 했던 측면도 작용했습니다. 여기에 마지막으로 가장 중요한 이유는, '빠르게', 가시적으로 빠르게 많이 짓기 위해서였죠. 단독주택 외에도 다세대·다가구 등도 굉장히 선호도가 높은 주택일 수가 있었습니다. 잠실, 양재 등지에선 실제 그랬습니다. 호화 연립주택들이 많았죠. 그것들을 폐기하고 많이 짓는 방향으로 갔던 것이지요.

김 자, 그러면 다시 돌아가, 아주 싸게 공급해야 하는데 어차피 공급의 주체는 민간 건설사들이고, 이들의 이익을 보장해주어야 한다는 이율배반은 어떻게 풀었습니까?

임 한 번에 못 풀지요. 그래서 '국민주택 공급에 관한 규칙'이라고 해서 유명한 법이 1978년에 나왔는데 무수히 많은 시행착오를 겪습니다. 10년 동안 20회 정도 바뀌거든요.

김 교육 제도보다 더 심하다.(웃음)

임 훨씬 더 많이 바뀌었습니다. 저도 잘 못 외우겠어요. 이게 몇 차 때 바뀌었는지. 1년에 두세 번씩 바뀌버리니까요. 그중에 제일 유명한 게

'0순위제도'입니다.

분양에서 핵심은 싸게 사는 건데 추첨을 해서 계속 떨어지면 기다리다가 탈출하는 사람들이 나옵니다. 그래서 재미있게도 한 1년 정도 0순위제도라는 걸 만들어 시행합니다. 여섯 번 이상 떨어진 사람들한테는 1순위가 아니라 0순위로 해서 프리미엄을 준 거예요. 계속 떨어지는 사람들의 경우에는 탈퇴할 가능성이 정말 높거든요. 그걸 잡기 위해서 '조금만 기다려봐!'라는 인내 요청 사인을 정부가 계속 보내는 거죠.

김　이야, 교묘하다!

임　그런데 거기서 파급효과가 발생합니다. 통장이 불법 전매가 되면서 프리미엄이 어마어마하게 붙어버렸거든요.

김　옛날에 주택청약저축 통장 거래 많이 했지요.

임　전매 제한한다, 감시한다 해도 될 일이 아니었기 때문에 힘들었습니다. 또 결정적인 변화 중에 하나가 1983년에 순위 제도를 포기하고 채권 제도로 바꾼 것입니다. 채권입찰제라고 들어보셨는지 모르겠네요. 지금도 하고 있더군요. 제1종 채권, 제2종 채권, 국민주택기금이 있었습니다. 이와 유사한 융자 관련 시스템은 1974년에 만들어집니다. 제1종 채권은 부동산 등록, 인허가 등을 할 때 국가가 걷어가는 돈입니다.

김　의무적으로 채권을 사야 했지요. 옛날에는 전화 놓을 때에도 채권 사야 했어요.

임　제가 그 돈을 못 받았더라고요.(웃음) 아무튼 당시에 1종 채권은 조건이 5년 상환이었거든요. 이자는 다른 저축의 반 정도밖에 안 되었구요. 정부가 제1종 채권으로 모은 돈이 생각보다 굉장히 많습니다. 강제로 걷었고 부동산 거래가 많으면 많을수록 돈이 많이 쌓이기 때문입니다. 부동산 거래가 많다는 건 사실 투기가 많다는 얘기거든요. 투기가 많을 때면 채권으로 돈이 많이 쌓이고, 돈이 많이 쌓이면 주택금융으로 들어가는 종잣돈이 많아지고…… 이렇게 굴러가는 제도를 고안했던 겁니다.

제2종 채권은 1983년 도입된 채권입찰제와 연결됩니다. 1순위가 되면 분양 제도에 우선 참가할 자격을 주는 점은 똑같은데, 뺑뺑이를 돌리는 게 아니라 채권을 제일 많이 사겠다는 사람한테 집을 파는 겁니다. 이 제도가 가장 활발하게 운영된 것이 1990년대 초반인데, 아무튼 1983년에 가동됩니다. 20년 만기입니다. 그러니까 거의 받을 생각을 하지 말라는 겁니다.

채권을 도입한 이유 중 하나는 분양가와 시가가 너무 차이가 많이 나니까, 분양이 로또로 인식될 만큼 가격 왜곡이 심하니까 개발이익을 정부가 흡수하겠다는 것이었습니다. 실제로 1억 5000만 원짜리 집을 1억에 파는 셈이었는데, 이걸 이제부터는 자유경쟁을 통해 분배하는 겁니다. 채권 가격을 몇 퍼센트, 이렇게 정해주는 게 아니라 더 비싸게 사려는 사람들한테 집을 파는 거죠. 경쟁입찰을 한 겁니다.

김 정부가 어떻게 이익을 나눠 가졌는지는 알겠어요. 그런데 민간 건설사의 이문은 어떻게 보장하는 거죠? 뭘 주었습니까?

임 특혜를 주었죠. 땅을 싸게 공급했습니다. 땅을 싸게 공급한 방식은 지난번에 이야기했던 택지개발 방식인데, 택촉법을 통해 땅을 수용한 덕에 대규모 땅을 쉽게 공급할 수 있었습니다. 만약 정부가 택지를 공급하지 않으면, 그렇게 많은 아파트를 지을 만한 택지를 민간이 알아서 사야 되는데 이는 불가능했겠죠.

김　그러지 않았으면 그렇게 싸게 분양할 수가 없는 거죠?

임　싸게 분양하는 건 둘째 치고 그만한 땅 자체를 구하기가 힘듭니다. 작은 땅을 여럿 살 수 있었겠지만, 아파트 지을 만한 큰 땅을 사기는 불가능했던 겁니다. 그래서 민간은 건설로 비싸게 팔아 많이 남기고 싶지만, 정부는 분양가 상한선을 정해서 얼마 이상의 이윤은 보장을 못 해줍니다. 하지만 그런 상황에서 보장받는 몫은 다 파는 겁니다. 순식간에 다 팔리고 돈도 미리 땡겨 받는 것이죠. 그래서 선분양제도와 결합하는 것이 굉장히 중요했던 겁니다.

김　아, 비용을 최소화해주는 거군요.

임　땅도 싸게 주고, 거기다가 회사채 발행하게 해서 땅값 융통해주지요. 건설사는 입주자들한테 먼저 분양해서 건설비를 받구요.

주택 로또의 진실: 막차 폭탄

김　그러니까 약간 극단적으로 이야기하면, 선분양제도는 자기 돈이 아니라 아파트 분양받은 사람들의 돈을 긁어 모아 그걸로 정부가 공급하는 아주 싼 택지를 사들이고 건설 장비 사서 아파트 짓는 거군요.

임 이윤은 적게 남기는 대신에 자기 돈이 거의 안 들어가는 시스템, 바로 이것이 선분양제도와 분양가상한제의 절묘한 결합입니다.

김 그럼 정부는 채권 시장에서 돈놀이해서 돈 벌고, 건설사는 앞서 말한 식으로 돈 벌고 분양받은 사람들은 시세 차익으로 돈 벌고⋯⋯. 다 좋은 거라고 봐야 되는 겁니까?

임 집을 시가로 마지막에 사주는 사람이 있는 한 좋은 거지요.

김 항상 끝물 타는 사람들이 문제죠.

임 예, 막차 폭탄, 마지막에 앉은 사람이 가장 큰 문제였습니다.

김 지금의 하우스푸어도 따지고 보면 그렇게 정리할 수 있는 거잖아요. 그런데 정말로 이른바 주택 로또가 사회경제적인 지위에 있어서 중산층으로 편입되는 데에 결정적인 역할을 했다고 봐야 하는 겁니까?

임 예, 굉장히 큰 역할을 했지요. 1970년대 후반에 집을 못 사신 분들은 같은 소득수준이었다고 하더라도 나중에 자산 격차가 거의 다섯 배 이상 차이가 나거든요. 당시 주택 로또에 당첨이 됐느냐 안 됐느냐 아니면 집을 구입했느냐 안 했느냐는 큰 갈림길이었습니다.

김 이른바 복불복 게임의 첫 판이 결국은 끝판을 결정해버리는 구조가 되어버린 거네요.

임 입지도 중요하죠. 강남으로 갔느냐 강북으로 갔느냐.

김   제가 저번에 말씀드렸잖아요. 청담동과 인천 연수구 중에 연수구로 가셨다는 분이 계셨다는 거죠.

임   엄청난 차이죠.

김   결국은 정부가 대중의 욕망을 자극한 거 아닙니까? 여기서 약간 샛길로 빠져서, 그때가 바로 유신 독재가 절정일 때 아닙니까? 현실 정치에 대한 불만을 그런 욕망을 부추겨 달래려고 했다고 해석해도 됩니까?

임   예, 간접적으로는 그렇습니다. 그런데 순위제 만들어지고 주택 분양이 정착되는 시기는 1978년 이후거든요. 따지고 보면 박정희 대통령과는 별 상관이 없는 시스템이었어요.

김   오히려 전두환이 혜택은 다 본 거군요.

임   시작은 박정희 대통령이 했는데 혜택은 전두환 대통령이 받지요. 물론 뒤집힌 것도 있습니다. 물가와 관련해서는 박성희 내통령이 쌓아놓은 문제점들을 전두환 대통령이 해결한 것도 많습니다.

김   주택 분양 시장은 요즘 개념으로는 로또라고 하지만, 아무리 그래도 무일푼인 사람들은 들어갈 수 없었잖아요.

임   그렇죠. 불가능하죠.

김   그렇다면 주택 로또 때문에 중산층이 탄생했다고 이야기하지만, 주택시장의 로또를 통해서 중산층으로 편입되었던 사람들은 중산층이 될 여지가 있는 사람들이었다고 볼 수 있겠군요.

임 예, 맞습니다. 거기다가 우리나라에만 있는 전세 제도가 결합되면서 분양 제도가 훨씬 더 폭발력 있었던 겁니다.

김 아, 좀 자세히 설명해주세요.

임 주택 분양가가 시가보다 싸요. 전세비보다 조금 더 비쌉니다. 그래서 전세를 사는 사람들은 일단 분양을 받을 수 있는 여지가 있었습니다. 전세 사는 사람들 자체가 월세 사는 사람들보다는 훨씬 더 잘 살았습니다. 쉽게 말하면 집안에서 돈을 끌어올 수 있는 사람들이 전세 계층으로 쉽게 들어갔습니다. 목돈이 있어야 되니까요. 지방에서 땅을 팔든 소를 팔든 뭘 하든 간에 아무튼 목돈을 만들어 서울로 올라올 수 있는 사람들이었죠.

김 그때는 전세 자금 대출이 없었죠?

임 전혀 없었죠. 그래서 계가 큰 역할을 했습니다. 서울 사람들이 대부분 곗돈 돌려서 전세 자금을 마련했어요.

김 맞아요. 계주가 곗돈 가지고 튀는 사고도 많았죠.

임 곗돈으로 전세 자금을 만들고 지방에서 땅 팔고 소 팔고 해서 종잣돈 만들었죠. 뭐 이러면서 출현한 계층이 있습니다. 지방에서 그나마 땅이 조금 있었던, 하지만 서울에 집을 살 만큼은 안 됐던 사람들, 그런 사람들이 주로 전세 계층으로 들어가는데 이 사람들이 서울시민의 30~40퍼센트 정도 됩니다.

김 어, 그렇게 많았어요?

임 예, 그 사람들이 순간적으로 주택 분양 시장의 구매자가 되어버린 겁니다. 그러면서 흥미로운 지점이 생깁니다. 일단 집을 1만 채만 지어도 경쟁률이 거의 뭐 30 대 1, 40 대 1 이랬거든요. 그러면 30만 가구 40만 가구가 분양 로또를 기다리고 있는 겁니다. 그래서 분양 제도가 잘 작동하면서 거의 대부분의 사람들이 아파트만 분양받아도 중산층이 된다는 신념, 어떻게 보면 환상을 갖게 됩니다.

김 그러면서 사람들이 체제 내화 되어버리는 면도 있고, 중산층이 될 수 있다는 기대로 다른 불만들을 억눌렀다고 봐야겠죠?

임 일단 아파트를 기다리고 있기 때문에 체제, 틀 자체를 깨기 싫어하게 된 면이 있었겠죠. 그래서 유신 말에도 확실히 효과는 있었겠지만, 정말 중요한 효과는 전두환 대통령 시기에 발휘됩니다.

김 전두환 시절에는 그걸 어떻게 활용했습니까?

임 아주 잘 이용했습니다. 전두환 대통령 시절의 문제는 경기가 그리 좋지 않았다는 겁니다. 물가가 안정된 시기인데, 이는 주택 건설업자의 관점에서 보면 경기가 안 좋았다는 얘기입니다.

군부 정권과 재벌 건설사들의 밀당

김 그런데 우리는 보통 전두환 시기라고 하면 1986~1988년 3저 호황

얘기를 하잖아요. 그때가 대한민국 경제성장의 피크였고 사실 성장 신화는 거기서 끝났다, 이렇게 이야기하는 사람들도 있고요.

임　예, 그건 1983년 이후입니다. 1982년까지는 경기가 굉장히 안 좋았어요. 유신 때 만들어놓았던 강한 분양가 통제 기제가 슬슬 깨져나가기 시작합니다. 1983년 이후 다시 조이기는 하지만 아무튼 깨질 조짐이 있었죠. 당시에 분양가 정책에서 제일 놀라웠던 점은 정부 돈 하나도 안 들이고 민간이 짓는 큰 아파트들까지 다 가격 통제를 했다는 점이었는데요. 건설업체 쪽에서 슬슬 정부 돈도 안 들어가고 정부한테 융자도 안 받고 우리가 득보는 것도 없는데, 왜 자꾸 가격을 통제하느냐는 불만이 나오기 시작하지요.

김　특혜는 다 받아놓고, 진짜!

임　그래서 전두환 정권은 1981~1982년에는 통제를 살짝 풀다가 1982년 12월 말 그러니까 1983년도부터 확 죕니다.

김　그래요? 무슨 계기가 있었습니까?

임　당시 개포 주공아파트 분양을 했었거든요. 이때 어마어마한 청약 붐이 일어날 조짐이 보입니다. 군중들이 몰려온 거죠.

김　과열 양상을 빚었군요.

임　그래서 정권이 겁 먹고 바로 통제해버립니다. 유신 때 못지않게 확실하게 했습니다. 그래서 다시 침체 국면으로 들어갑니다. 1986년까지 그랬어요. 그럼에도 불구하고 정권 입장에서 보면 물가 안정이 최우선이었습니다. 그러니까 박정희 정권의 말로를 본 거지요. 물가가 뛰었을 때의 불안정이 얼마나 위험한지를 잘 알았습니다.

김 쿠데타로 집권한 전두환 입장에서는 민생 안정을 통해서 결여된 정통성을 조금이라도 보완해야 하니까 틀어막아야 했겠네요.

임 그래서 1983년도부터 채권입찰제가 나온 겁니다. 개발이익을 로또 맞은 사람들이 다 가져가는 건 곤란하니 정부가 흡수하겠다는 겁니다. 그랬더니 이제 건설사들이 분양 시장에 안 들어오기 시작하지요.

김 이른바 사보타주에 들어간 겁니까?

임 예, 요리조리 피해 다니기 시작합니다. 1987년도 말 수도권에서 40만 평 이상의 땅을 민간 건설업자들이 가지고 있었습니다. 규제가 들어가니까 분양은 안 하면서도 땅은 계속 산 거죠. 야금야금 수도권 외곽 땅도 사고 해서 땅을 엄청 불려놓습니다.

김 슬슬 피해 다니면서 분양을 안 해서 엄청난 주택난이 일어나고, 노태우 정부 때 신도시 건설로 가는 겁니까?

임 예, 건설사들이 지방을 돌거나 슬쩍슬쩍 눈치를 보았습니다.

김 건설사들이 그 무서운 전두환의 철권통치에도 저항했네요?

임 예, 맞습니다. 현대건설조차도 이 분위기에 편승했죠.

김 전두환이 가만 놔뒀어요?

임   서로 밀당을 한 거죠. 유신 때는 중상류층의 폭발 전략 그러니까 자기들이 중류층이라고 느끼게 만드는 이데올로기를 확산시키는 데 집중했는데 전두환 정권 같은 경우는 그걸 포기하고 물가안정이란 패러다임으로 바꾸었어요. 하지만 민간이 지어도 정부 통제를 받는 분양 시장은 똑같습니다. 선분양제도, 분양가상한제, 전세 제도 등 계속 그 틀로 가는 거죠.

김   분양가상한제 하면 저는 노무현 정부 때가 생각나요. 분양가상한제 도입한다 만다 해서 난리가 났거든요. 기억하시죠? 반시장적인 정책이니 뭐니 말들이 많았단 말이에요. 그런데 원조는 박정희네요?(웃음)

임   그런 사례 많습니다. 그린벨트도 그렇구요. 개발을 그렇게 제한하는 조치가 자유시장경제에서는 보기 어렵지요.

김   몇 가지 질문을 드리고 싶은데, 주택은 30 대 1 혹은 40 대 1의 청약 경쟁률을 빚었다고 했죠. 하지만 그 와중에서도 미분양 사태가 있었잖아요. 그 유명한 압구정동 현대아파트 분양 비리 사건이 있었단 말이에요. 분양 비리 사건이 미분양 때문에 벌어졌다고 알고 있거든요. 아닙니까?

임   아닙니다. 1978년도에 그 비리가 나오는데 당시에는 경기가 한창 올라가고 있었습니다.

김   분양이 다 안 돼서 알음알음으로 정계, 언론계에 있는 사람들한테 특혜 식으로 줬다고 들었는데요.

압구정동 현대아파트 특혜 기사(《동아일보》 1978년 8월 12일자)

임　그게 아주 전형적인 거짓말입니다. 1977년부터 확실히 시장이 풀립니다. 더 거슬러 올라가면 1972년부터고요. 1972년에 경기가 반짝했다가 1973년에 내려갔다가 하면서 경기가 왔다 갔다 합니다. 오일쇼크가 있었으니까요. 1977년 즈음 되면 중동 건설에서 돈이 들어오는 게 확연히 보입니다. 그러다가 1976~1977년부터는 경기가 엄청 올라갑니다. 당시 유명했던 아파트 세 개만 말씀드릴게요. 여의도 목화아파트, 분양 경쟁률 45 대 1이었습니다. 여의도 화랑아파트, 이것도 삼익주택이 지었는데, 70 대 1이었습니다. 그래서 건설부가 갑자기 놀라서 누가 샀는지 조사를 합니다. 그랬더니 반 이상이 투기꾼이었던 겁니다. 그리고 바로 뒤에 삼호주택이 도곡동 개나리아파트를 짓는데 448가구 분양하는데 2만 7000명이 몰려들었습니다. 1977년 말에서 1978년 초쯤 되면 아주 확연하게 부동산 투기가 과열로 치닫고 있었습니다.

김 그럼 당시엔 아예 미분양이 없었던 거예요? 압구정동 현대아파트도 미분양 아니었고? 그럼 권력자들에게 잘 보이려고 특혜 분양한 거라고 봐야 하는 거죠?

임 물론 그 전에는 미분양이었죠. 1977년 이전에 지었던 아파트는 미분양이 간혹 있습니다. 하지만 당시 현대아파트, 고위층 특혜 분양 얘기 나왔을 때는 한참 호황이었습니다. 1978년도 1월에 아파트 평당 가격이 평균 48만 원이었는데 7월이 되면 70만 원으로 올라갑니다. 압구정 분양 특혜는 8월에 있었습니다.

김 아까 아파트 분양을 통해서 로또 심리를 자극하고 체제 안정에 활용했다고 하지만, 투기꾼들 문제도 빼놓을 수 없지 않습니까. 투기꾼들이 활개를 치면서 이로 인해 위화감과 박탈감도 생기고, 실수요자들이 분양을 받았다고 하더라도 말 그대로 복불복이니까 안 된 사람들은 내가 뭘 잘못했느냐고 불만이 쌓일 수도 있잖아요. 이 점은 어떻게 해석해야 하는 거예요?

임 그래서 200만 호를 지으려고 했던 거죠. 아, 500만 호죠. 200만 호는 박정희 대통령 때고. 전두환 대통령 때는 500만 호였습니다. 전두환 대통령이 정권을 잡을 시기 전국 총주택량이 500만 호가 조금 넘습니

1977년 압구정동 아파트 전경

다. 그런데 15년 동안 500만 호 짓겠다고 발표합니다.

김 한 가구 구성원이 4인이라고 하면 2000만 명인데, 황당하네요.

임 그걸 분양가로 뿌리겠다는 겁니다. 그러면 기다릴 만하지요.

김 실제로는 몇 호나 지었어요? 전두환 때?

임 200만 호 정도 짓습니다.

김 우와, 그렇게 많이? 그럼 더 이해가 안 가네요. 왜 노태우 정권 때 그 엄청난 주택 대란이 벌어졌던 거예요?

임 다세대·다가구 주택이 많았고, 산 사람들이 다주택자였기 때문에 그렇습니다. 다음에 얘기할 다세대·다가구 주택의 비효율이 이때부터 시작되는데, 실제로 분양으로 뿌린 물량은 그다지 많지 않습니다.

김 사실 주택시장 실수요자 입장에서는 다세대·다가구 주택에 살다가 돈 좀 모아서 아파트 전세로 들어갔다가 아파트 분양 받고 소형 평수로 시작을 했다가 대형, 중대형으로 갈아타는 사이클이 있었잖아요. 그렇죠? 정점에는 입지가 좋은 중대형 아파트가 있었고요.

　그러면 노태우 정부 때 신도시도 건설하고 아파트를 엄청나게 공급했잖아요. 그럼에도 불구하고 아파트에 대한 환상, 열풍은 꺼지지를 않았잖아요.

임 예, 오히려 1990년대 후반에 더 강화된 거 같습니다. 그때까지만 해도 아파트에 대한 신화가 크지는 않았어요. 워낙 싸게 나왔으니까 분양을 받으면 싸게 집을 사고 자산 계층으로 올라간다는 신화는 있었지만, 이를 아파트 주택 자체에 대한 선호로 환원하기는 좀 힘듭니다.

아파트 신화의 강화와 재건축 로또의 시작

김 사실은 김대중 정부 때에도 전세 대란이 벌어진 적이 있었거든요. 저도 그때 직격탄을 맞았기 때문에 기억이 생생한데요. 아파트를 통해서 자산을 불려서 부를 쌓으려는 욕망이 IMF로 인해 체험한 사회경제적 불안감으로 인해 다시 싹텄다고 봐도 될까요?

임 예, 맞습니다. 재건축이 바로 거기에 해당합니다. 1993년 이후부터 등장하는데 정확히 말하면 이렇습니다. 1987년에 임금이 올라가면서 아파트를 사고 싶은, 더 정확히 말하면 주택을 사고 싶은 욕망이 숙련노동자에게서 생겨나기 시작합니다.

임금도 올라가고, 거기에 주택금융을 통해 받을 수 있는 대출금의 규모가 커지니까 집을 장만하고 싶어집니다. 내 돈은 조금 들어가고 월급은 20년 이상 받는 장기근속이 보장되어 있으니까, 이제 주택 대출을 활용할 생각이 커지는 거죠.

김   그때만 해도 정년이 보장되는 평생고용 체제였으니까, 계획을 짤 수 있었지요.

임   여기에 맞춰 은행이 돈을 빌려주기 시작하는 겁니다. 빚잔치가 시작되는 거예요. 1973년부터 만들어진 주택금융의 성격을 봐야 합니다. 주택금융은 유럽에서는 돈을 돌에게 주느냐 사람에게 주느냐로 크게 나눕니다. 무슨 말이냐면 건설업자에게 지원하느냐, 집을 사겠다는 사람에게 지원하느냐 두 가지로 나뉜다는 거죠. 건설업자에게 혜택을 많이 주면 많이 지을 것이고 그러면 집값 떨어져서 많은 사람들이 쉽게 살 수 있을 거라는 기대가 있습니다. 반면 구매자를 지원해주면 집은 집대로 짓고 원가대로 계산을 해서 팔지만 대신 사는 사람들을 직접 지원하니까 주거비가 낮아진다는 이야기입니다. 건설업 중심이냐 구매자 중심이냐의 우선순위 결정에 있어서, 1987년 즈음이 되면 우리는 건설업자 지원에서 구매자 중심으로 이동하기 시작합니다. 집 사는 사람들이 돈을 쉽게 빌릴 수 있게 되는 거죠. 은행의 대출 문턱이 낮아지는 겁니다.

김 그런데 더 나아가서 살고 있는 집을 허물고 아파트로 올리면 가격이 더 올라간다는 생각에 이른 거죠?

임 네, 정말 중요한 부분입니다. 재건축으로 인해 정규직으로 포함되지 않은 도시 서민들도 아주 조그마한 집이라도 있으면 아파트를 가질 수 있게 되기 때문에 오히려 대출보다 더 파급력이 컸습니다. 50대 자영업자들에게 몰표를 받았다고 MB를 자영업자 대통령이라고 하잖아요. 집 있는 도시 서민층에겐 이데올로기 면에서 이게 훨씬 더 효과가 큽니다. 그걸 파고든 기업이 삼성이었고요.

김 그럼 실제로 그런 효과가 있었다고 보세요?

임 1990년대 이후 노후 주거지 중 재개발·재건축이 진행된 양을 보았을 때, 1~5퍼센트 정도는 혜택을 봤습니다.

김 그것밖에 안 됩니까? 그러면 나머지는요?

임 자산 팽창 효과는 못 보고 개발 이데올로기에 영향만 받은 거죠.

김 복권을 처음 샀을 때처럼 풍부한 상상력을 발휘하다 추첨일에 깨지는 거랑 비슷한 겁니까?

임 박정희 대통령 때부터 전두환 대통령 때까지 더 많이는 노태우 대통령 때까지 분양 정책의 최대 수혜자는 당시 사무직 노동자였습니다. 샐러리맨, 근속이 보장되는 임금 노동자들은 혜택을 확실히 봤습니다.

김 그런데 재건축으로 가면서 아파트 가격이 엄청나게 오르기 시작하지 않습니까? 정부가 싸게 택지를 공급하던 흐름이 끊어졌기 때문이라고 해석을 해도 됩니까?

임 IMF 이전과 이후를 구별해야 합니다. IMF 이전에는 분양가상한제가 강하게 작용했습니다. 그러나 IMF 이후 김대중 정권 들어가면서 확 풀려버립니다. 그 전에는 조합 주택이라고 해서 분양 통제를 받지 않은 사각지대들이 나타나기 시작합니다. 재건축이라기보다는 조합 형태로 바꿔버리면 분양가 통제를 안 받았어요. 그 우회로를 뚫은 게 주요 건설업체들이에요. 가령 건설업체가 회사 조합주택을 짓기 위해 회사를 구하러 다니기 시작합니다.(웃음) '우리 이번에 아파트 지으려고 하는데, 분양 피해서 좀 비싸게 팔아야 하는데, 회사 이름 좀 빌려주라. 아파트 줄게.' 하고 노크하고 다녔던 거죠. 조합주택을 필두로 1983년 이후 전두환 대통령 시절의 분양가 통제를 벗어나기 위해 갖은 편법들이 동원되기 시작합니다. 그 흐름들이 이어진 겁니다. 1987년부터는 전반적으로 호황이었기 때문에 계속 짓기만 하면 되었어요. 계속 임금이 올라가는 상황이었기 때문에 수요가 무궁무진했지요.

IMF 이후에는 분양가상한제가 다 폐지되기 때문에 그다음부터 그 유명한 원가연동제가 나옵니다. 그러니까 원가가 비싸면 비싸게 분양해도 된다는 허락을 받는 겁니다. 도심 안의 주택들을 재건축할 때 땅값이 비싸고 원가가 무지하게 비싸기 때문에 비싸게 팔 수밖에 없다고 하면 되는 거죠. 그때부터 재건축 로또라는 말이 확산됩니다.

김 비싸게 파니까. 재건축 조합에 참여한 원주민 같은 경우는 재산 가치가 한순간에 확 뛰어버리겠군요.

임   결국 IMF 이후에 재건축 로또가 만들어졌다고 생각하시면 됩니다. 그 전까지는 그렇게 파격적으로 혜택을 받지 않았는데 그 뒤로는 굉장히 큰 혜택을 받았습니다.

김   아파트 평당 분양가 1000만 원 돌파한 게 김대중 정부 때로 기억합니다. 어마어마한 뉴스였죠. 신문이 대서특필을 하고. 와, 어떻게 아파트 분양가가 1000만 원을 돌파할 수 있느냐고.

임   이전에는 분양가상한제를 무력화하기 위해서 전경련과 건설협회 같은 단체들이 건설 물량 추이를 제시하며 공급량이 얼마나 부족한지를 부각시키고 시위를 합니다. 좀 이상하긴 해요. 자기들이 안 짓고 공급량이 없다는 이유로 제도를 바꿔야 한다고 주장하는 거니까요. 시위 많이 하고 공급량도 엄청 줄입니다. 정말 많이 줄여서 1988년인가는 1년 동안 서울에서 분양하는 가구가 하나도 없었어요. 신규 분양이 아예 없었습니다. 그러니까 제도 자체를 아예 사보타주해버린 거죠.

김   역시, 자본의 힘은 무서워요.

임   그 난리를 피우니까 위기가 조성되고, 거기에 맞춰 신도시 계획이 등장합니다. 1980년대 후반, 1989~1993년 즈음에 대부분의 시공업체들, 건설업체들이 돈을 엄청나게 벌었죠.

김   또 하나 궁금한 게, 지금 아파트의 원가예요. 원가가 얼마인지 정확히 모르잖아요. 분양가하고 비교해보았을 때 분양가 대비 원가가 몇 퍼센트인지 아무도 모르죠? 임 박사는 좀 아세요?

임　내부 자료는 좀 봤습니다.(웃음)

김　좀 얘기를 해주세요.

임　많이 남습니다.

김　마진율이 몇 퍼센트 정도 됩니까?

임　경우에 따라 다를 겁니다. 시기별로도 다르고요. 지금은 아파트 잘 안 지으려고 하잖아요. 재건축일 때 다르고 공공택지 받을 때 다르고 다 다릅니다. 땅값이 엄청나게 차이가 나고, 아파트 같은 경우에는 조합이 먹는 돈이 많고, 사회적인 중재나 갈등에 쓰는 돈이 굉장히 많습니다. 한 예로 재건축이 한창 붐일 때 건설회사들끼리 수주 전쟁을 치른 적이 있어요. 조합에 가서 떡 돌리고 뭐 돌리고 하면서 전쟁을 치르고 썼던 돈이 한 부지당 평균 6~10억은 됐을 겁니다. 회계에 잡히지 않는 돈이죠. 조합이 빌려간 돈도 아니고 그냥 뿌린 돈이 그 정도 될 거예요. 이런 돈이 너무 많아지고 조합 운영이 불투명하면 이윤이 적게 남는 거죠. 그런데 정부한테 싸게 산 깨끗한 땅에 짓는다고 하면, 분양 걱정만 없다면 어마어마하게 많이 남는 거죠. 경우에 따라선 마진 50퍼센트가 넘을 때도 있을 겁니다.

사회 주택 정책은 어떻게 망가졌나

김　또 궁금한 게 있어요. 아파트나 주택 전문가들이 공공은 서민 아파트, 임대아파트 중심으로 짓고, 민간 건설사들은 중대형 아파트 짓는 식으로 분화되어야 한다고 주장하는 경우가 많죠. 동의하세요?

임　시장주의라는 관점에서 보면 맞는 말이죠.

김　여기서 우리가 이야기한 것은 말 그대로 민간 주택이잖아요. 그러면 LH나 SH가 지었던 아파트 있잖아요, 과거에 시영아파트 등으로 존재했다가 요즈음 임대아파트라고 하는데, 이런 쪽 흐름은 어떻게 됩니까? 아예 움직임이 없었습니까?

임　조금씩은 계속 나와요. 1987년이 제일 재미있는 해인데, UN이 정한 '세계 무주택자의 해'입니다.(웃음) 1987년 6월 이후 국정원 등의 권력기관들, 당시 안기부에서 어마어마한 규모로 사회 불만 세력들을 모니터링 합니다. 국정원 3대 직업이 있어요. 택시 기사, 파출부, 마지막은 기억이 잘 안나네요. 여기서 정기적으로 모니터링을 합니다. 극비였던 이 자료들이 남아 있고 비밀이 해제된다면 나중에 이 내용들이 모두 풀릴지도 모르겠네요.

　아무튼 택시 기사 인터뷰 등을 통해 동향을 굉장히 잘 잡고 있습니다. 돈 있는 사람들, 돈 없는 사람들 모두 동향을 파악하는 겁니다. 1987년에 재미있는 사건이 있었는데, 성남에 있는 모 파출부와 모 파출부가 이야기를 하다가 '강남에 사는 누구 엄마는 건드리지 마라, 혁명이 나면 내가 죽인다.'라는 말을 했다는 게 보고 라인으로 올라갔답니다.

　아무튼 그 정도로 위기감이 팽배했습니다. 1987년 노동운동이 거세지고 6월항쟁이 일어나면서 사회 밑에서는 혁명의 분위기가 굉장히 강했던 거죠. '한 번 엎었고, 또 한 번 엎을 수 있다'라는 자신감이 있었어요. 여기에 1987년도면 건설업자들은 주택 공급 안 하고 사보타주할 때니까, 분양 주택은 찔끔찔끔 나오고 청약저축을 통한 분양 대기자들은 엄청 늘어나는데, 그 사람들이 다 전세로 삽니다. 지금과 거의 비슷하죠. 시가로 사면 바보니까요. '집을 왜 시가로 사?' 하면서 전세로 머물고, 또 조금만 더 돈을 모아서 더 좋은 집을 사겠다는 대기층도 있고……. 이렇게 전세 수요가 어마하게 팽창하면서 전세금이 정말 말 그대로 폭발합니다.

그때 아까 말한 국정원 보고가 올라간 거죠. 그래서 부랴부랴 저소득층 대상 임대주택 정책이 나옵니다. 그게 바로 노태우 정권 때 나왔던 영구임대주택입니다.

김　아, 그게 그렇게 해서 나왔군요.

임　예, 그런데 얼마 안 갔어요. 곧 무마되고 아무 일도 안 일어났습니다. 1987년 정부는 주택문제에서까지 스트라이크가 일어나면 어떻게 할까, 손 쓸 방안이 없다는 두려움을 느꼈습니다. 하지만 이 문제가 사그라들었습니다. 그래서 아주 개탄하시는 분들이 많아요. 그때 제대로 잡았으면 사회주택 정책이 잘 만들어졌을 텐데 못했다고요. 당시 힘 빼기를 한 주요 단체가 경실련이라고 욕하시는 분들도 있고요. 노동운동, 사회운동에서 신사회운동, 시민운동 이야기를 등장시키며 풍선에서 바람을 뺐다는 겁니다.

김　계급적, 계층적 불만의 출구를 다른 쪽으로 틀어버렸다?

임　경실련이 최대의 적이라고 말하는 분들도 있었습니다.

UN 무주택자의 해 로고 (1987)

김　경실련 관계자들 들으면 욕해요.

임　물론 경실련이 주택정책, 도시 정책 분야에서도 노력했지만 시대적으로, 정세적으로 봤을 때 그때 더 밀고 나갔으면 주택의 공공성도 확보할 수 있었는데, 결국 망쳤다는 것은 맞는 말입니다.

김　정리하면, 결국은 주택문제가 심화될수록 사회경제적 불만과 문제점들이 더욱더 쌓이고 정권은 대단히 긴장해서 선제적으로 대비하려고 했다는 거죠.

임　주택시장은 정부가 계획부터 시공, 분양까지 모두 통제합니다. 누구에게 팔지 언제 팔지를 다 정부가 결정했기 때문에, 모든 책임이 정부한테 돌아가는 겁니다. 아예 민간이 맡으면 시장이 그러니까 어쩔 수 없다는 말로 빠져나갔을 겁니다. 그런데 주택 분양 제도를 꽉 잡고 있으면 정부 책임이 되니까 정부가 더 불안해하면서 정책을 끌고 갈 수밖에 없습니다.

김　그것이 결국은 노무현 정부 때 폭발했나요?

임　김대중 정부 때 폭발했죠. 노무현 정부는 설거지를 합니다.

주택 소유 여부와 정치적 선호도의 관계

김   그러면 폭등 국면에서 사회적 불만과 침체 국면에서의 사회적 불만
은 성격이 다릅니까?

임   예, 조금 다릅니다. 폭등할 때에는 돈이 별로 없는 계층에서의 폭발
이 제일 심합니다. 특히 최저층이 아니라, 집을 살 수 있었는데 집값이
오르고, 살 수 있었는데 또 오르고 해서 계속 상실감이 쌓이는 중산층
의 박탈감이 심각합니다. 그런데 하락 국면에서는 최저 소득층이 타격
을 제일 많이 받습니다. 은퇴를 했거나 아니면 가진 건 집 하나밖에 없
는 사람들이 가장 큰 피해를 받습니다.

김   이를 테면 오피스텔 하나 가지고 월세 받아 생활하는 노인 분들. 집
값 하락하면 생활이 안 되니까.

임   어떻게 보면 박근혜 정권 지지자들, 이명박 정권 지지자들이 굉장
히 큰 타격을 받고 있습니다.

김   타격을 받음에도 불구하고 그들을 찍잖아요.

임   예, 그런 뜻에서 정치는 정말 모르겠습니다.

김   저는 오히려 단순하게 생각해요. 어떤 향수가 있는 거잖아요. MB
나 박근혜 같은 사람이 대통령이 되어야 다시 경기를 띄울 거라는 막연
한 기대. 물론 이거 하나만 가지고는 해석이 안 되겠지만.

임   저는 어르신들 머릿속은 정말 모르겠어요.(웃음)

김 아무튼 그분들은 주택 경기가 활성화되기를 원하는 거잖아요. 가격이 올라가기를 원하고. 그렇게 본다면 주택이 선거 표심에 미치는 영향이 정말 큰 거 같아요.

임 크죠. 한때는 아파트 선거라고, 기억나시죠? 뉴타운 하겠다고 정몽준 후보가 오세훈 서울시장에게 약속 받은 것처럼 분위기를 띄우며 활용했잖아요. 그때도 주택문제가 굉장히 큰 영향을 발휘했죠.

김 주택 로또를 맞아 이른바 중산층으로 편입됐던 사람들은, 아까 '체제 내화'라는 표현을 썼지만, 정치와 정권에 대한 불만이 상대적으로 희석되면서 보수화된다고 정리하면 되는 겁니까?

임 많이 보수화됐죠. 일단은 빚으로 집을 샀던 계층을 확대한 것이 제일 주효했습니다. 자기 집 가격이 떨어지면 빚을 갚고 나면 깡통 주택 되니까, 계속 가격을 유지해야 됩니다. 한두 푼도 아니고 억대인데 이를 20년 동안 갚으려고 생각을 해보세요. 굉장히 긴 시간 동안 사회가 안정돼야만 가능한 일입니다.

김 그럼 MB가 대통령에 당선됐던 주된 동력 가운데 하나도 뉴타운 정책이라고 정리해도 되는 겁니까? 왜냐하면 2007년 대선 때 한나라당 경선에서부터 MB 바람이 불었는데, MB 바람의 진원지는, 선거 전문가들이 분석하기로는 수도권의 40대 화이트칼라였거든요. 주택시장에서 가장 주력이 되는, 가장 강력한 대기 그룹 아니었습니까?

임 그런 면이 있긴 있습니다. 노무현 정부도 부분적으로 기여했죠. 분양가상한제를 다시 만들었으니까.

김 그런데 박원순 서울시장이 취임하고 뉴타운 출구 전략을 폈고 주민들 몇 퍼센트 이상이 동의하면 뉴타운을 시장이 해제하는 식으로 정책을 펴지 않았습니까? 사실 뉴타운 싫다는 주민들도 많았잖아요.

임 돈이 더 들어가니까 그렇죠. 석관동이나 이문동에 붙은 벽보 보니까, 한 20평짜리 낡은 단독주택에서 살고 있는데 아파트로 재개발하면 최소 30평형대이고, 그래서 개발되면 추가로 2~3억을 더 내거나 나가야 한다고 되어 있더라고요. 결국 쫓겨나는 겁니다. 자산을 뺏기는 경우라서 뉴타운에 저항하는 겁니다.

김 그렇게 본다면 주택 이슈가 선거에서 약발이 안 먹힐 수도 있는 거잖아요.

임 결국 어떻게 개발하는가가 중요합니다. 도시 개발 과정에서 건설사들은 기본적으로 건설하고 퇴장하는 게 목적입니다. 시공하고 분양해서 가능하면 빨리 만들어 팔고 현장에서 멀어지고 싶어합니다. 다른 데가서 또 만들어서 팔고 또 멀어지고요. 은행도 비슷해요. 은행도 집주인과 이익을 공유하는 지분형이 이번에 등장하기는 했지만, 예전까지는 돈은 빌려주더라도 집을 같이 사자고 하지 않았습니다. 정말 이상한 일이거든요. 그동안 집값이 그렇게 계속 오르는데, 그것도 무진장 오르는데 돈을 그렇게 밝히는 금융권에서는 반반씩 부담해 사자라는 이야기를 절대 안 했습니다. 정말 희한하죠. 다들 먹고 튀길 원했던 겁니다. 돈이 땅에 묶이는 게 싫어서 끊임없이 굴리고 싶었던 겁니다.

그런데 이게 불가능해지거든요. 그러면 슬슬 관리나 유지로 먹고사는 건설 자본이 생깁니다. 그래서 집을 안 짓더라도 포트폴리오가 구성

됩니다. 시공은 경기에 따라서 요동을 칩니다. 그래도 임대료는 꾸준히 들어오기 때문에 장기 포트폴리오 차원에서 건설사들이 임대회사를 하나씩하나씩 만들어갈 겁니다.

김 우리나라 건설사도요?

임 그렇게 갈 가능성이 굉장히 큽니다. 집도 짓고 임대도 하지요. 이 시장에 제일 먼저 들어가는 게 공공입니다. 이미 SH공사는 시작했고, LH공사도 그렇게 전환할 겁니다. 주택시장의 새로운 블루오션이 되겠죠.

김 예를 들면, SH공사가 한다는 영구 임대주택 말씀하시는 건가요? 임대주택의 경우는 말 그대로 사회적 약자인 서민들을 위한 집인데, 장기 전세주택이니 뭐니 하면서 중대형으로 가는 겁니까?

임 맞습니다. 중산층까지 포괄하는 임대주택 제도가 주택정책의 중추가 되는 것이 신호탄입니다. 앞으로 이와 관련된 뉴스가 나오면 그 단계로 넘어갔다고 생각하시면 됩니다.

김 그러면 또 서민은 배제되는 거잖아요.

임 주택정책에서 서민이 배제되지 않은 적이 없어요.

김 아니, 그래도 LH나 SH는 서민을 위해서 운영해야 되는 거 아닙니까? 너무 순진한 이야기입니까?

임 서민 주택은 돈이 많이 들기 때문에 중대형 임대주택을 지어 돈줄을 좀 마련해야 한다는 이야기가 나오겠죠. 실제로 분양 시장에서 10년

전 주공이 했던 말입니다. '서민 주택 지으라고 하려면 중대형 짓게 해달라' '지방에 아파트 지으라고 하려면 돈 되는 수도권에서도 개발권 달라' 등등.

김 그래서 중대형 주택 100가구 임대할 때, 서민 주택은 열 가구밖에 안 하고.

임 그다음에는 정책이 문제인 거죠. 건설 자본 입장에서도 이제 먹튀가 불가능한 상황이 오면서 운영하고 관리하면서 수익을 뽑는 구조로 빨리 전환하려 합니다. 시프트라고 하는 장기전세 제도하고 공공 임대 주택의 절충형, 쉽게 말하면 보증부 월세 등 다양한 형태로 월세에 대한 국민의 저항감을 없애기 위해서 애를 쓰게 됩니다.

김 얘기 나온 김에 하는 말인데 전세가 우리나라의 독특한 현상이었다면서요? 월세 비율이 갈수록 늘어나고 있는데 이건 더 이상 거스를 수 없는 추세라고 진단하세요? 그러면 목돈 없는 사람은 어떻게 살아요?

임 예, 저도 전세 사는데 걱정입니다.(웃음) 전세금은 계속 오를 겁니다. 아까도 말씀드렸듯이 건설 자본 입장에서는 임대료 시장을 여는 순간 어마어마한 블루오션이 열리거든요. 엄청난 돈이 도는 거대 시장입니다.

김 건설 자본이 임대 사업에 뛰어들면 임대 물량이 늘어나서 임대료가 좀 싸지지 않을까요?

임 아주 재미있는 질문인데 거기에서 정책이 하나 더 들어갑니다. 아,

이건 정말 돈 받고 말씀드려야 하는데.(웃음) 임대료 보조 제도의 대상이 최저 소득층에서 조금씩 상위로 올라갈 겁니다. 이제 주택정책에서 정부가 지원하는 쪽이 건설사도 아니고 구매자도 아니고 세입자가 되는 거죠. 그러면 집값도 오르고 집값 오르니까 건설도 많이 할 거라는 이야기가 외국에서는 1980년대부터 등장했고, 결국 그렇게 됐습니다. 실제로. 세입자한테 지원을 많이 할수록 주택 공급량이 늡니다.

김 아, 그렇죠. 그러면 세입자 지원이라는 게 예를 들어서 제가 월세 100만 원짜리 들어가는데 한 20만 원을 정부가 대주는 겁니까? 직접 지원입니까?

임 예, 유럽 쪽에 있는 그런 제도들을 하나씩 내놓으면서 집값을 유지하는 거죠. 외국의 경우에, 자본주의 역사에서 금융자본과 산업자본의 갈등이 있었습니다. 산업자본은 임금을 낮추고 싶어합니다. 임금을 낮추려면 노동력 재생산 비용을 낮춰야 하는데 노동력 재생산 비용 중에서 주거 비용의 몫이 큽니다. 집값을 낮추면 임금을 낮출 수가 있습니다. 집값이 올라가면 임금이 올라가구요. 그 결과 산업자본과 금융자본이 싸우게 되고 결국 타협적인 사회주택 제도가 탄생합니다. 사회주택은 사회주의자가 만든 게 아니라 산업자본가가 정권을 잡을 때 만든 제도입니다. 유럽 사회성책을 대부분 사회당이 만들었다고 생각하시면 안 됩니다. 이건 우파의 정책 중에 산업자본 정책이었습니다. 그런데 우리나라는 이게 묘하게 결합되었습니다. 예를 들어 삼성 같은 경우에는 금융도 하고 산업도 하면서, 같은 자본 집단이 포트폴리오를 관리하고 있습니다. 서로 꼬리를 물고 있는 뱀 형태이기 때문에 정부가 주택을 건드리기가 힘들었죠. 역사적으로는 두 자본 간의 타협점이 만들어지면서 산업자본이 우세했다가 금융자본으로 헤게모니가 넘어가서 갑자기 집값이 올라가고, 반대로 산업자본으로 넘어가면 집값이 내려가고 하면서 주기적으로 변해왔습니다.

김 그러면 집값을 기준으로 하면 산업자본 편을 들어야 하는 겁니까?

임 싸게 착취당하시려면요.(웃음) 그래서 주택 바우처 제도가 아주 절묘한 수였습니다. 집값을 떨어뜨리지 않으면서도 사람들이 월세를 계속 낼 수 있게 하는 제도가 주택보조금, 즉 바우처 제도입니다.

김 우리나라는 월세 세액공제 외에는 없잖아요. 그런데 앞으로는 세액공제 수준을 넘어서 직접 지원, 보조를 해주는 방향으로 갈 것이다?*

임 예, 보조비가 들어가야 주택시장이 만들이지고, 산업사본까지 연결됩니다. 그게 잘 안 될 경우 주기적으로 주택문제 때문에 경제 위기가 옵니다.

김 건설 자본 입장에서는 말 그대로 싸구려 임대주택이 아니라 중산층을 겨냥한 임대주택 건설로 가려고 하지 않겠습니까? 그런데 정부 입장에서는 임대료 보조를 소득 하위 몇 퍼센트까지, 이런 식으로 해야 하지 않겠습니까? 그러면 아귀가 안 맞지 않습니까?

임 1만 원짜리 물건을 1만 개를 만들었어요. 1만 개를 다 팔아야 하는

---

* 이 대담 1년 후인 2014년 10월부터 시범적으로 바우처제도가 시행 중이다.

데 살 수 있는 사람들이 1만 명이 아니라 5000명밖에 안 되는 겁니다. 보통 그러면 가격이 떨어집니다. 그런데 계속 1만 원에 팔고 싶은 거예요. 정부가 구매자들에게 5000원을 보조하면 1만 원짜리 시장이 계속 유지됩니다. 그러니까 집값 하락을 방지하는 제도가 주택바우처 제도입니다. 그래서 우리나라 주택 건설업을 유지하고 싶으면 바우처 제도를 도입할 수밖에 없습니다. 이 바우처 제도가 도입되는 순간, 건설업자들이 임대업에 투자할 겁니다.

김 자, 그럼 실용적으로, 저 같은 사람은 어떻게 해야 합니까?

임 같이 고민을 해야지요.(웃음) 저도 고민을 해야 합니다.

김 정리해서 마지막 질문을 드리겠습니다. 우리나라 정부는 중산층을 육성하는 주된 매개로 아파트를 활용했다는 얘기잖아요. 이런 사례가 다른 나라에도 있습니까?

임 예, 있습니다. 스페인이 그렇습니다. 프랑코 시절이니까, 사실 독재 국가에서 가능한 일입니다. 왜냐하면 분양가를 강하게 통제하고, 시장에 들어오는 세력들을 다 통제하려면 힘이 있어야 하는데 그 힘을 유지시켜준 집단이 바로 독재를 지지하는 중산층이었습니다.

김 그러니까 임금이 오르고 복지가 향상되면서 중산층이 나타나는 게 아니라 인위적으로 중산층의 규모를 키워버리는 경우가 외국에도 있었군요.

임 예, 독재 정권이 지지기반을 확대할 때, 집을 통해 자산 계층을 만들면서 자기편으로 끌어들이는 게 가장 손쉬운 방법입니다.

김   알겠습니다. 이렇게 정리하지요. 오늘, 고마웠습니다.

임   예, 감사합니다.

6

서울 시민 절반의 보금자리
다세대·다가구 주택

녹음일 2013.11.05.

셋방 문화는 해방 이후부터 계속 있어왔으나 1970년대 중반 현저히 늘어났다. 그러다 1970년대 후반 전기요금 누진제 때문에 여러 세대가 사는 주택의 전기세 문제가 심각한 사회 문제로 대두되어, 1979년 8월 한전에 대규모 민원을 넣는 집단행동이 발생한다. 1984년 신군부 정권은 다세대 주택의 경우 누진세를 적용하지 않도록 보장하기에 이른다. 이를 시작으로 화장실, 부엌을 추가로 넣을 수 있도록 하고, 지하 셋방을 양성화했다. 이 밖에도 임대소득세 면제, 취등록세 감면, 국민주택기금 대출 등 다양한 세금 감면 정책을 통해 다세대·다가구 주택을 장려했다. 다세대·다가구 주택이 이렇게 양산된 것은 당시 건설사들이 아파트 공급을 사보타주했기 때문이다.

결국 연간 60만 명 정도의 도시 유입 인구 중 상당수를 다세대·다가구 주택이 흡수하게 되었고 또 현재까지도 서울 인구의 절반인 500만 명 정도를 수용하고 있다. 미분양 사태와 건축 붐을 매 해 오가며 경기가 널뛰자 정부는 용적율, 건폐율, 일조권 규제, 주차장 규정 등의 카드로 경기를 조절했다. 아파트는 한꺼번에 많이 짓기 때문에 공급이 경직되어 있지만 다세대·다가구 주택은 알아서 신축적으로 움직이기 때문에 이를 활용하려고 한 것이다.

하지만 다세대·다가구 주택은 처음부터 정책적으로 설계된 주택 제도가 아니었기 때문에 부실공사의 문제뿐 아니라 양도세, 재산세, 취등록세 문제, 우편물 소동, 알박기까지 더 많은 문제들을 양산했다.

한편 서울이 대도시화 메트로폴리스화하면서 노동시장도 여기 맞춰 분화되었다. 도시 서비스업 종사자들이 많아졌고 그에 따라 주택 수요가 굉장히 많아지고 다양해졌다. 노동 문제와 주택 문제를 연동해서 풀지 못한다면 계속해서 우리 사회의 골칫거리로 남을 것이다.

잊고 싶거나 관심 없거나

김 오늘은 다세대·다가구 주택 이야기도 해야죠? 그런데 다세대주택과 다가구주택은 어떻게 구분되는 겁니까?

임 외관은 다 비슷비슷합니다. 가장 큰 차이점은 다가구주택은 원래 단독주택이고요. 다세대주택은 공동주택입니다. 다세대주택은 공동주택이라 여러 명이 소유하고 등기할 수 있습니다. 집주인이 여러 명일 수 있는 겁니다. 반면 다가구주택은 원칙적으로 주인이 한 명입니다.

김 단독주택 주인이 셋방 놓는 거라고 보면 되지요? 그런데 왜 그렇게 구분했을까요?

임 정부가 처음부터 그렇게 구분하려고 했던 건 아닙니다. 정말 우연히, 주택이 계속 증가하다 보니 그런 식으로 구분이 된 거죠.

김 자 그러면 또 한 번 역사적 과정을 살펴봐야겠지요? 원래 단독주택은 한 세대만 사는 거였잖아요. 그런데 방이 늘어나고 세입자가 들어오는 현상이 보통 언제부터 시작되죠?

임 해방 이후부터 셋방 문화는 계속 있었죠. 그런데 예전엔 그냥 셋방에 화장실이나 부엌이 따로 있지는 않았습니다. 이후 점점 셋방들이 진화해서 출입구가 따로 생기고, 화장실, 부엌도 딸리게 됩니다.

김 문간방살이 하다가 아예 출입문도 따로 부엌도 따로 있는 방을 쓰게 되잖아요. 이게 나타난 시점은 언제쯤인가요?

임 1980년대부터 부대시설이 갖춰지기 시작했는데, 1970년대면 다가구주택 형태로 변화하기 시작합니다. 더 정확히 말하면 1975년 이후입니다.

김 제가 누님하고 자취를 하면서 처음 문간방살이를 시작했는데 달랑 방만 있었어요. 마루 같은 데는 주인집과 공유하고요. 시골에 살다가 처음 올라왔는데 집주인 아줌마, 아저씨가 매일 싸워서 적응이 안 됐어요. 소리가 다 들렸거든요. '와, 어떻게 저렇게 하루도 안 빼먹고 싸우냐', 이런 생각을 했는데 알고 봤더니 경상도, 그것도 억양이 센 경북 쪽 분들이셔서 그렇더라고요. 평소 대화인데 충청도 촌놈이 듣기에는 영락없이 싸우는 소리예요. 아무튼 저 같은 경우도 이렇게 문간방살이로 시작했다가 가족이 다 올라오면서 방 두 개에 부엌 딸린 집으로 이사를 갔어요.

임 예, 건축허가는 현관이 하나 있는 집으로 받고 다 짓고 나서 벽을 뚫어 추가로 출입구를 옆면으로 내는 집들이 1970년대 중반부터 조금씩 많아지기 시작했어요.

김 이른바 불법 개조입니까?

임 예, 그래서 오늘 다세대·다가구 주택 이야기에서 가장 큰 문제는 통계를 믿을 수 없다는 겁니다.(웃음) 실상을 아무도 모릅니다.

김 통계가 안 잡히죠. 제가 산증인이라니까요. 한번은 빌라 맨 꼭대기 층에 살았는데 도둑이 세 번을 들었어요. 그래서 아래층에 사는 집주인에게 내려가서 '여기서는 도저히 못 살겠다. 방 좀 빼달라!' 그랬는데 나중에 보니까 건축물대장이 없는 방이었어요.

임   아직도 많습니다. 옛날이나 요즈음이나 구마다 건물 올라가는 상황이 다 달라요. 구청 공무원을 어떻게 설득했느냐에 따라서 허용 층수가 많이 달라지기 때문에 법적으로 이해 안 되는 건물들이 많습니다.

김   건축물대장과 실제와는 상당히 다를 수 있다는 거죠?

임   편법들이 가지각색입니다. 경우가 다 다른데, 연구도 거의 안 되어 있습니다. 아파트는 그나마 관심 있는 사람들이 많은데, 다가구주택의 경우에는 경험하신 분들은 징그러워서 연구 안 하시고, 안 살아보신 분들은 상상이 안 되어 연구를 못 하셔서 연구물이 거의 없습니다.

김   저도 징그러워요.

임   연구 자체도 잘 안 되어 있고, 통계도 못 믿고, 법도 참조하기 힘들어서 다가구·다세대 주택은 서울시민 반 정도가 사는데도 실태를 알기 힘듭니다. 다들 관심이 별로 없죠. 잊고 싶거나 관심이 없거나 둘 중에 하나입니다.

김   절반? 다세대·다가구 주택이 그렇게 많아요? 그런데 그것도 추정치인 거죠?

임   요즈음은 그래도 좀 낫습니다. 많이 투명해지기도 했고 노무현 정부 때 통계가 많이 개선되었습니다.

다세대·다가구 주택의 양성화

김　생활 형편 어려운 분들이 다 거기 사시는데. 관심 좀 가져야죠. 아무튼 다가구와 다세대가 법적으로 구분되고 제도화되는 시점이 언제예요? 무슨 계기가 있었나요?

임　1984년부터입니다. 그 5~6년 전부터 다가구주택이 늘어나기 시작합니다. 옛날 같으면 한 집에 주인이 있고 셋방 하나에 전세 사는 사람 한두 명, 이런 식으로 두 가구가 살았거든요. 많아 봐야 세네 가구 살았죠. 당시엔 다가구라는 말도 없었습니다. 그런데 여러 가구가 한꺼번에 모여 살다 보니까 제일 먼저 사회문제가 된 것이 전기요금 누진제였습니다. 그 시절을 다루는 드라마 보시면 가끔 세입자가 다리미 쓰면 주인이 찾아와서 전기요금 많이 나온다고 뭐라 하는 장면이 나와요.

김　기억납니다.

임　다리미질을 두고 벌어지는 갈등은 정말 첨예했습니다.(웃음) 전기요금이 누진돼서 비싸지니까 집주인들이 전기요금 폭탄을 맞는 겁니다. 집주인들이 세입자가 전기를 얼마 쓰는지 따로 계량을 하는 것도 아니고, 대충 3만 원 나왔으니까 너희가 2만 원 내라, 1만 원 내라 이러던 시절이었습니다.

김　아니면 머릿수로 나누거나.

임　누진제 때문에 집주인과 마찬가지로 세입자도 전기요금을 엄청 많이 내야 합니다. 그래서 1979년에 거의 집단행동까지 갑니다. 한전에다 민원도 많이 넣습니다. 그런데 한전은 서울시나 중앙정부와는 또 다른 조직이었기 때문에 한쪽 귀로 듣고 한쪽 귀로 흘립니다. 콧방귀도 안 뀌었습니다. 완전 무시해버린 거지요.

김 밀양에서만 그런 줄 알았더니 옛날부터 콧방귀나 뀌었군요.(웃음)

임 그래서 1979년 8월에 대규모 민원이 발생하고 정부 고위층도 관심을 갖기 시작합니다. 1980년으로 넘어가면서 해결의 조짐이 보이기 시작합니다. 유신 때는 꿈쩍도 안 하다가 정부 바뀌고 나서부터 조금씩 개선하려고 나왔던 거죠.

김 그때 전두환 씨가 국민에게 잘 보여야 하는 시점이었죠?

임 예, 그리고 한전의 조직 특성도 한몫했습니다. 보통 당시 공기업 인력은 다 군인들이었어요. 한전도 퇴직 군인이 지휘하는 공기업이었기 때문에 말을 안 듣다가 정권이 바뀌고 나서 살짝 분위기를 타면서 전기요금이 변경됩니다. 하지만 이 경우에도 두꺼비집을 여러 개 놓지는 않고 여러 가구가 사는 걸 증명하면 도장 받고 해서 편의를 봐주는 식이었습니다. 잠시 편법으로 바꾸었던 겁니다.

그러다가 1984년 즈음 되면 도저히 감당이 안 되는 상황이 옵니다. 그래서 일일이 다 처리할 수가 없으니까 법을 만들어버립니다. 그때 다가구주택 규제 완화를 해주면서 셋방에도 화장실하고 부엌 같은 편의시설들을 넣을 수 있게 했는데, 이 편의시설 중 하나가 두꺼비집이 되는 겁니다. 가구별로 계량기가 달립니다.

여기에 추가로 중요한 변화가 나타납니다. 당시 보통 지하층은 연면적으로 안 쳤거든요. 그런데 지하에 사람이 살면서 문제가 되었습니다. 그때 말 그대로 반지하, 2분의 1 지하가 만들어집니다. 전까지는 지하실로 인정받으려면 3분의 2가 땅에 잠겨 있어야 했습니다. 그래서 지하실을 그렇게 지어놓고 세를 주기 시작했습니다. 만일 지하실이 연면적에 포함되면 재산세가 엄청나게 많이 나오니까 세금이 문제가 되거든요. 그래서 반만 잠겨도 지하실로 인정을 해서 집주인들에게는 실질적인 세제 혜택을 준 거죠. 3분의 2 묻혀 있는 것보다는 2분의 1 묻혀 있는 집이 채광이 훨씬 좋으니까. 말하자면 지하 셋방을 양성화시킨 겁니다.

김 옛날 반지하 방하고 요즈음 반지하 방이 많이 다르거든요. 옛날만 하더라도 햇볕이 거의 안 드는 진짜 지하실이었어요. 그런데 요즈음은 창이 지상으로 나와 있는 반지하 방이 일반적이잖아요. 그 이유 때문이었군요.

임 요즘도 이문동이나 석관동 쪽 골목길 가보시면 지하로 3분의 2가 묻히고 창이 조그맣게 난 옛날 지하 방에 사는 사람들이 많습니다. 그 후에 지은 다세대주택의 경우에는 정말 딱 절반만 창이 나 있습니다. 돌아다니면서 보면 이 건물을 언제 지었는지 대충 알 수 있습니다.

1984년에 지하 1층, 1층, 2층, 다세대주택 시리즈가 나오니까요. 연건평 100평 이하에 2분의 1 지하까지 허용했기 때문에 3개 층이 나오는 겁니다. 50평, 50평, 그리고 밑에 지하에 한 층이 들어갑니다.

김 집주인이 1층에 사는 거죠? 그럼 이른바 빌라는 언제, 왜 만들어진 겁니까? 단독주택을 반지하, 1층, 2층으로 나눈 게 아니라, 보통 3~5층에 한 층당 두 세대 거주하는 방식으로 지은 건물요. 어쩌다가 이름이 빌라가 됐는지 모르겠는데 보통 빌라라고 부르지 않나요? 이건 단독주택하고 다르잖아요.

임　그냥 다세대·다가구 주택이라고 하면 안 되나요?(웃음) 방금 말씀하신 5층짜리 집들은 1990년대 중반에 나왔습니다. 1993~1994년부터 만들어집니다.

김　정부가 그렇게 기준을 완화해준 이유가 꼭 민원 때문이었습니까?

임　최저 주거 기준도 있어요. 당시에 건강 문제가 워낙 심각해졌으니까요.

김　옛말에 옥탑 방에는 살아도 반지하 방에는 살지 말라고 했어요. 뭐, 옛말도 아니지.

임　지하와 옥탑방은 누구나 다 인정할 만큼 보편적인 주택 유형이 돼서, 워낙 많은 사람들이 사니까 인정해준 거지요.

김　그러니까 빌라나 다세대·다가구나 주택의 형태를 가리키는 게 아니군요. 소유권 등기가 분할이 되느냐 안 되느냐 이 차이 아닙니까. 제가 무식했군요.

임　겉보기에는 똑같은데 다를 수 있는 겁니다. 그런데 중요한 게 지난번에 나왔던 시기 구분을 좀 생각하셔야 됩니다. 이 시기는 전두환 대통령이 아파트 분양 관련해서 건설업자들을 닦달하기 시작할 때이자, 집을 안 짓기 시작할 때입니다. 그럼 이 부족한 주택문제를 무엇이 해결하는가, 바로 다세대·다가구 주택입니다.

다세대·다가구들이 밀집해 있는 2009년 종로구 창신동

김　제도 완화를 했던 이유가 다세대·다가구 주택을 많이 짓도록 하기
위해서, 이른바 대형 건설사들의 사보타주 때문에 주택 공급량이 줄어
드니까 이를 벌충하기 위해서군요.

임　그러면서 세제 지원이 엄청나게 많아집니다. 임대소득세 면제, 취등
록세 감면, 게다가 국민주택기금에서 돈도 빌려주면서 단독주택을 다
세대·다가구 주택으로 바꾸는 것을 장려합니다. 그러면서 기존 불법
건축물들까지도 다 눈감아줬습니다. 그냥 양성화해버린 겁니다.

김　그 정도로 정부가 급했나요?

임　수도권으로 사람들이 몰려오는 일 자체가 한 번도 멈춘 적이 없어
요. 그래서 1970년에 주민등록법 만들어지면서 주민등록 통계가 인구
통계의 핵심이 되는데, 주민등록 인구 통계는 전입, 전출과 관련해서는

완벽한 데이터를 자랑합니다. 왜냐하면 전입신고 따로 전출신고 따로 했기 때문이죠. 어디로 와서 어디로 가는지 확실히 잡히는 게 주민등록 통계였습니다. 이 통계에 따르면 수도권으로 매월 5만 명 이상씩 계속 들어왔습니다.

김   한 달에요? 1년에 60만 명?

임   10년이면 600만 명입니다.

김   1년에 60만 명이 유입되는데, 건설사들은 아파트 안 짓고 사보타주하고 있고. 설령 아파트가 있다고 하더라도 입주할 형편이 되는 것도 아니고. 그들을 수용하려면 상대적으로 염가인 다세대·다가구 주택 공급을 늘릴 수밖에 없었겠네요.

임   경기가 호황이다 싶으면 더 심각해지는 겁니다. 서울로 더 많이 올라왔으니까요. 구로공단 노동자 수가 해마다 달라지는데 그래프로 그려보면 1983~1984년이 피크입니다. 그만큼 많은 사람들이 서울로 들어왔는데 집이 없어서 한 집에 한두 가구씩 끼여서 세 살기도 힘든 상황이 되어버린 거죠.

김   그럼 이제 이야기를 노동자 입장에 맞춰서 풀어가지요. 시골에서 농사를 짓다가 도저히 먹고살기 힘들어서 직장을 찾아서 올라왔어요. 일반적으로 가족 전체가 오는 경우는 별로 없어요. 저도 시골에 살아봐서 알지만 신체 건강한 청년이나 처녀가 먼저 올라오지 않습니까? 홀몸이잖아요. 홀몸인 이들은 도시에서 보통 어떻게 수용되었습니까?

임 1970년대와 1980년대가 조금 다르긴 한데, 1970년대에는 구로공단 같은 곳으로 여성 노동력이 먼저 들어갑니다. 이런 여성 노동력의 유입은 단순한 정책 결과이기도 하지만 외국 컨설팅의 결과이기도 해요.

김 무슨 말씀이에요?

임 한국이 잘살려면 여자들의 노동력을 활용해야 한다는 보고서가 국제기구에서 1960년대 후반부터 계속 나옵니다.

김 근거가 뭐였어요?

임 노동력 자체가 워낙 부족했으니까요.

김 아, 노동력이 없어서.

임 첫 시간에 말씀드린 것 같은데, 우리나라는 계속 노동력 부족 상태였습니다. 남자들은 군대 가고 베트남전쟁 가고 중동 가고 뭐 이러니 노동력이 많이 부족한데 결국 여자 노동력으로 메울 수밖에 없다는 이야기가 계속 나왔죠. 이들은 서울 쪽 경공업 공장으로 많이 왔는데 그때는 주로 공장 옆 기숙사에서 수용했습니다. 또 서비스업으로 유입되는 경우도 상당했거든요. 식당 위쪽에 만든 아주 작은 공간에서 숙식 해결하는 경우가 많았죠. 그래서 일자리 광고를 보면 숙식 제공이란 말이 같이 쓰여 있었어요.

1970년대에 그런 식으로 살다가 1980년대가 되면서 본격적으로 다가구주택으로 들어가기 시작합니다. 1984년 다가구주택을 인정하기 이전인 1980년대 초반부터 이미 많은 사람들이 다세대·다가구 주택으로

《동아일보》1986년 5월10일자에 실린 다세대주택 분양 광고

들어가 직장을 구하러 다닌 거지요.

김　아, 그렇게 되는 거군요. 그런데 다세대·다가구 주택의 경우는 보통 2년 계약을 하잖아요.

임　당시엔 그런 거 없었습니다. 초단기 계약도 많았습니다.

김　나가라고 하면 나가야 하는 시절이었습니까?

임　세입자가 돈 안 내고 사라지는 경우도 많았죠. 당시에 워낙 인구 유동이 심했으니까.

누가 다세대·다가구 주택을 분양받았을까?

김　그러다가 어떻게 바뀝니까?

임　다세대·다가구 주택이 늘어나지만 정부도 다세대와 다가구 주택을 딱히 구별하기가 쉽지 않았습니다. 원칙대로 하면 집주인이 한 명인지가 기준이지만, 정말 중요한 지점은 분양을 할 수 있느냐입니다. 다세대주택은 공동주택으로 소유주가 여러 명인 경우도 있기 때문에, 1985년 9월부터 다세대주택 분양 시장이 열립니다. 이건 정말 중요한 부분입니다. 집을 짓기 전에 쪼개 팔 수 있다는 이야기니까요.

김 아파트는 일간지에 분양 공고를 내지만, 이 경우 분양은 주로 《벼룩시장》을 이용했나요?

임 다세대주택의 분양 광고가 봇물처럼 신문 등에 나오기 시작합니다. 자료 이미지는 1986년 광고이지만 1985년도에도 광고를 굉장히 많이 했습니다. 광고 문구를 보면, "실입주금 450~550만 원. 저렴한 분양가." 그다음에 "정부가 권장하는 단독형 다세대주택. 신규 분양." 이렇게 되어 있습니다. 정부가 엄청나게 밀었던 거예요.

김 분양가가 450~550만 원이었어요?

임 비싼 편이죠.

김 하긴 1986년이면 좋은 직장의 대졸 초봉이 30만 원 안팎이었으니.

임 말씀드린 금액은 실입주금이니까 실제로는 더 비쌌겠죠.

김 대출금은 빠진 거네요.

임 이렇게 해서 정부는 다세대주택 공급량이 많아지길 바랐습니다. 문제는 항상 그렇게 규제를 풀어버리면 공급 과잉, 부실 시공 같은 새로운 문제들이 파생한다는 점입니다.

우선 집단 민원이 많아졌습니다. 동네에 말 그대로 단독주택, 마당 딸려 있는 집에 사람들이 살았는데, 옆집이 갑자기 높아지고 사람들도 많아지고 소음도 심해지는 등 주거환경이 열악해집니다. 그래서 상도동 같은 지역에서 데모도 많이 합니다. '다세대 절대 안 된다!' 저항을 했죠. 그보다 결정적인 사태가 발생했는데, 바로 집이 안 팔리는 겁니다. 다세대주택이 너무 많아진 거죠. 1986년 즈음 되면 다세대주택의 공급 과잉으로 미분양 사태가 일어납니다. 어느 정도로 심각했냐면 1986년 상반기에만 2만 1000여 가구가 풀렸는데, 30퍼센트밖에 분양이 안 됩니다. 얼마나 많이 지었는지, 관악구 같은 경우에는 10퍼센트 정도밖에 분양이 안 되었습니다.

김   아까 매달 5만 명 정도가 유입되었다고 했잖아요. 1년이면 60만 명인데 이를 훨씬 초과하는 물량이었다? 이런 이야기입니까?

임   아닙니다. 그 사람들에게는 너무 비쌌습니다.

김   그러면 도시로 유입된 사람들이 다세대·다가구 주택을 분양받지는 못하고, 일부는 전월세를 살았을 테고, 나머지는 어디로 흡수되었습니까?

임   집을 공유하는 다양한 방식이 있었습니다. 쉽게 말하면 형, 친구 집에 눌러앉는 경우도 있었죠. 또 당시는 하숙의 시대입니다. 대부분의 사람들이 한두 달 버틸 수 있는 공간들로 들어갔습니다.

김   친구 하숙집 가서 며칠 묵고 밥 얻어먹고 안면몰수하고, 집 주인 속은 부글부글 끓는데 말을 못하는 경우 진짜 많았죠.

임　양심상 밥은 안 먹고 나오는 경우도 많았지요.

김　저는 먹었어요. 심지어 냉장고 뒤져서 야식까지 챙겨 먹었어요.

임　야식은 먹기 편했죠. 눈에 안 보이니까.(웃음) 아무튼 당시에는 하숙이 수요도 많았고 공급도 많았습니다. 다세대주택도 솔직히 말씀드리면 싸게 나올 수 있었음에도 불구하고 과잉 건설되면서 자재 값이 뛰고, 분양가도 높아진 경우가 많습니다. 그래서 1987년이 되면 신규 물량이 다시 줄어들어요. 굉장히 적게 짓게 됩니다.

김　그러면 다세대·다가구 주택 공급은 진폭이 컸다고 봐야겠네요.

임　예, 1년 주기로 오락가락했습니다. 그래서 조사를 해보면 같은 달에 '다세대 건설 붐'이라는 기사와 '지금 부동산 경기 하락'이라는 기사가 거의 동시에 나옵니다. 팔렸다 안 팔렸다 하는 겁니다. 왜냐하면 정부가 이를 제어할 수 있는 수단이 건축허가밖에 없거든요. 그런데 단독인지 다가구인지는 파악이 잘 안 돼요. 단독주택으로 건축허가를 받아서 이 사람이 혼자 살려고 이층을 짓는지 아니면 여럿이 살려고 이층을 짓는지 모르는 겁니다. 어차피 제도상 똑같고, 나중에 다 편법으로 바꾸기 때문입니다. 실제로는 단독으로 짓고 다가구로 불법 개축한 집들이 시장에 나와버리니까 정부는 항상 나중에 뒤치다꺼리를 할 수밖에 없는 상황인 겁니다.

김　다세대·다가구 주택에 사는 분들 중에 이른바 아파트로 가기 위한 대기 수요자들도 많지 않았나요? 지난번에도 얘기하셨지만 저도 기억이 나요. 열네 가구 정도가 바글바글 모여 사는 집에서 저희 집 바로 밑 지하에 사는 부부가 아파트 분양권에 당첨되었는데 잔치를 하고 난리가 났어요. 그렇다면 아파트 경기에 종속된 측면도 있지 않았을까요?

임 많이 연동됩니다. 1987~1988년에 다시 주택 건축 붐이 일어나거든요. 이때는 워낙 아파트 공급량이 미미했기 때문에 수요가 갈 데가 없습니다. 단독주택을 사기는 힘들고, 단독주택 전세 물량도 적어지고, 단독은 다세대·다가구 주택으로 많이 바뀌어서 괜찮은 집들이 많이 줄어든 거죠. 그래서 아예 다가구주택을 사버리는 사람이 꽤 많아집니다. 다세대주택 분양도 마찬가지이구요. 그리고 또 하나의 수요층은 단독주택에 전세 살던 사람들입니다. 보통은 전세를 끼고 집을 사는데 전세를 끼고 사면 자기가 살 데가 없으니까 동네 건축업자들에게 이야기해서 도면 하나 받아가지고 다세대주택으로 올린 다음에 쪼개서 미리 분양하고, 자기는 3층에 삽니다. 전세 세입자가 집주인으로 바뀌는 그런 흐름들이 있었던 겁니다. 또 당시에는 분양이 다 안 되더라도 미분양 집들을 전세로 돌린 다음 그 전세를 끼고 팝니다. 돈을 융통하기에도 다가구주택이 훨씬 더 편했지요. 결국 다세대주택이 재테크의 일환으로 유통되는 경우도 많았습니다.

김 그때만 해도 돈이 됐잖아요? 지금은 안 되죠?

임 말씀드리기 힘들 정도죠. 그런데 모르죠 뭐. 자본주의가 어떻게 바뀔지는.

김 외국에도 다세대·다가구 주택 같은 개념이 있습니까?

임 예, 있습니다. '아파트'라는 말의 어원인 불어의 '아파르트망'이 바로 그겁니다. 원래 부르주아지들이 1층부터 7층까지 소유하던 저택들을 쪼개 팔기 시작했는데 이를 '아파르트망'이라고 합니다. 오늘날에는 집집마다 소유주가 다 다르지만, 원래는 귀족이나 부르주아지 한 사람이 소유했던 집이 쪼개져서 개별 주택이 된 겁니다.

대중들이 집을 살 수 있는, 분양을 받을 수 있는 구매력이 2차 세계대전 이후에 생기기 때문에, 이는 전 세계 공통의 현상입니다. 20세기 초 노동자들 같은 경우에는 집을 살 수 있다는 꿈을 한 번도 꾼 적이 없어요. 이런 시대 상황 속에서 1926년 국제세입자연맹이 만들어지는 것입니다.

김 그러면 UN보다 훨씬 앞선 거네요?

임 예, 지금도 활동을 하니까요. 간신히 명맥을 유지하고 있습니다. 당시 '세입자 운동'이 등장한 배경 중 하나는 노동자는 무조건 세입자였기 때문입니다. 아예 집을 사리라는 기대도 안 했습니다. 당시 노동자들은 의류 소비가 제일 부담이 컸습니다. 임대료보다 옷값에 훨씬 돈을 많이 썼습니다. 도시로 유입된 노동자들이 자신의 더러운 옷 때문에 계급적으로 구별되는 것을 싫어했기 때문입니다. 깨끗한 옷으로 가려야겠다는 욕망이 제일 컸고, 그래서 집은 안중에도 없었어요. 이렇게 집을 분양하고, 대중들이 다세대·다가구든 뭐든 구매하고 싶다는 욕망을 가지게 된 시기, 이렇게 집이 욕망의 대상이 될 수 있었던 때가 2차 세계대전 이후입니다.

김   그러니까 이른바 복지국가 모델이 본격화되고, 케인스주의에 의해 고용이 많이 창출되고 임금도 올라가면서 구매력이 생기니까 내 집을 샀던 거군요. 그럼 시기상으로 얼마 안 됐네요?

임   거기에 하나 더 추가해야 할 것이 모기지라는 금융상품의 탄생입니다. 서양에서는 주택 대출은 주로 20년 장기 상품이었습니다. 이를 고안한 것 자체가 자본가들에겐 혁명적 사건입니다. 왜냐하면 20년 장기 근속 체제를 만듦과 동시에 노동자가 임금으로 고스란히 은행 대출금을 갚게 만들었으니까요.

김   그러고 보니까 고용 형태와 연결돼 있군요. 10년, 20년, 평생직장을 다닐 수 있다는 전망이 있어야만 모기지에 가입할 수 있는 거잖아요.

임   예, 이건 포드주의의 산물입니다. 주택문제는 곧 일자리 문제예요. 노무현 정부가 제일 못 했던 것 중에 하나가 바로 이런 인식이었습니다. 노무현 정부 때 주택문제를 일자리 문제로 보지 못한 거죠. 주택 규제를 조금씩 연이어 내면서 오히려 부동산이 뛰게 만들었습니다. 단기 처방 중심의 틀에서는 어쩔 수 없는 겁니다. 물론 돈 있는 사람들의 사보타주도 굉장히 큰 걸림돌이었죠. 하지만 그걸 떠나 주택과 일자리 문제를 풀어내는 전반적인 마스터플랜이 없었습니다.

김   그때는 평생고용이 다 무너지고, 비정규직 급증하던 때인데, 그런 노동시장의 변화에 맞춰서 주택 공급 형태도 바꾸었어야 한다는 말씀이시죠?

임   예, 비정규직이 워낙 많이 늘어났습니다. 주택문제는 오히려 노동문제를 잡아서 해결할 수도 있었습니다. 그런데 노동은 신자유주의에 따라 관련 규제를 다 풀고 다른 쪽에선 사회보장 정책으로 주택정책을 시도하는 등 엇박자가 계속 나왔습니다.

정부의 대응 무기: 용적율, 건폐율, 일조권, 주차장, 1가구 1주택 규제

김 제가 빌라에 대해 여쭤보았을 때 1990년대에 나왔다고 하셨어요. 어떻게 해서 빌라가 등장하게 되는 겁니까?

임 주거지역의 용적률이 처음 200퍼센트로 늘어납니다. 1984년 전까지는 100퍼센트였어요. 당시 용적률로 치면 100평 땅에 50평짜리 집 지으면 2층이 거의 최대로 올릴 수 있는 층이었는데, 이제 100평 대지에 바닥 면적 200평까지 지을 수 있는 겁니다. 그러면 당시 건폐율이 50퍼센트였기 때문에 산술적으로는 4층까지는 지을 수 있었고, 대부분 3~4층을 올립니다. 5층부터는 공동주택으로 지으면 엘리베이터를 놓아야 했구요.

김 제가 5층짜리 빌라에 살았는데 엘리베이터 없었습니다.

임 편법이었던 겁니다.

김 아, 맞아요. 제가 살던 5층은 건축물대장에 없는 방이었으니까 형식적으로는 4층이었겠군요.

임 사선규제라고 해서 지붕이 비스듬한 벽을 가지고 있는 곳들은 한

층 면적 중 3분의 1보다 높지 않으면 1층으로 인정하지 않았기 때문에 옥탑이 가능했습니다. 별의별 방법이 다 있었습니다. 제가 1992년에 대학에서 수업을 들었을 때, 법규를 알려주고 7층까지 뽑는 게 시험 문제였어요.(웃음)

아무튼 편법들이 많아졌고 용적률도 계속 올라갑니다. 주거지역 용적률이 400퍼센트로 정점을 찍은 게 바로 김영삼 정부 때입니다. 1990년도부터 용적률 400퍼센트가 허용되었고, 실제로 김영삼 정부 때 본격적으로 적용되기 시작합니다.

김 그래서 한층 더 한층 더 올라가게 되는 거군요.

임 엘리베이터를 설치해도 수지 타산이 맞는다 싶으면 계속 올렸던 겁니다. 그래서 다세대주택은 많은 문제점을 낳았습니다. 다세대주택은 엄연한 공동주택이거든요. 공동주택의 경우 열 가구 이상일 때에는 수많은 규제가 붙습니다. 이는 정부 아파트 정책의 희한한 산물이에요. 아파트 인기가 워낙 없었기 때문에 아파트를 팔려면 좀 제대로 만들어야 될 거 아니에요? 그래서 제대로 만들기 위한 공동주택 관리 규정들이 굉장히 많아졌습니다. 그런데 연립주택도 아닌 다세대 같은 공동주택이 규제 대상이 되어버린 겁니다. 하자 보수부터 각종 규제가 많아지기 시작하는 거예요. 그래서 서울시가 특례로 보통은 열 가구 이상이면 공동주택인데, 스무 가구를 넘어가지 않으면 규제하지 않는다는 지침을 만들어줍니다. 울며 겨자 먹기로 공동등기를 해야 하기 때문에 공동주택이 됐고 정부가 공동주택에 혜택을 주진 않았습니다. 그럼에도 불구하고 여전히 연면적 규제 같은 규제는 살아 있었습니다. 300평 이하 혹은 400평 이하로 해야 할 것 등 용적률 차등규제도 있었고요. 지금도 다세대주택 치고 300평 넘는 경우는 거의 없습니다.

김　보통 빌라가 5층 이하인데 지금 말씀하신 이유 때문입니까?

임　이유는, 첫번째 엘리베이터, 두번째 주차장입니다. 250제곱미터당 한 대씩이라는 주차장 규정이 있습니다. 그후로 최근의 도시형생활주택까지, 주차장에 대한 기준을 높였다 낮췄다 하면 여기에 맞춰서 다세대·다가구 주택 건설 경기가 불황과 호황을 반복했어요.

김　하긴 자다 말고 불려나가서 차 뺀 적이 한두 번이 아닙니다.

임　관련 정책의 역사를 훑어보면, 맨 처음 다세대·다가구 주택을 늘리기 위해서 그냥 단순히 용적률, 건폐율 높이고 융자 많이 해줄 뿐이었어요. 그것만 가지고는 잘 안 움직였는데, 그다음엔 일조권을 놓고 통제합니다. 고무줄처럼 왔다 갔다 했던 겁니다. 그러다가 마지막으로 주차장을 통해 경기를 조절하는 데까지 갑니다.

김　그럼 원룸은 언제 어떻게 생겼나요?

임　1992~1993년으로 잡습니다. 그때 건축허가 제도가 바뀌어서 주상복합이 허용되었습니다. 오피스텔의 경우에는 기억하실지 모르겠지만 욕조가 없었어요. 샤워 꼭지 하나, 그것도 불법으로 다는 정도만 용인해준 겁니다. 그리고 바닥 난방이 안 됩니다. 오피스텔은 주택이 아니기 때문에 그렇습니다. 주택 이외의 거주라고 통계상으로 잡히는데, 오피스텔은 거주 목적의 건물이 아니라서 그냥 사무실을 주거용으로 풀어준 거지요. 이는 1990년대 중반에 힘을 발휘하기 시작하는데 1992~1993년 몇 가지 사건들이 일어나요.

자연스럽게 이제 메트로폴리스 서울 쪽으로 이야기가 넘어갑니다. 1987년에 임금이 올라가고 임금 상승 때문에 주택 분양이 잘 됩니다. 1989년에 신도시 짓고 1990년에 신도시 아파트를 분양합니다. 이제 수도권에서는 집 살 수 있는 사람들은 어느 정도 샀어요. 안에서 개발할 수 있는 땅들을 거의 다 개발한 꼴이 됩니다.

김 삼성이 등장해서 재건축으로 옮겨갔다고 전에 말씀하셨잖아요.

임 단독주택을 아파트로 바꾸려고 하는 움직임이 나오는데 1993년에 단독주택 재건축 금지령이 나옵니다. 그러면서 희한하게 20년도 안 된 아파트는 재건축을 할 수 있게 해줘요. 단독주택이 아파트로 바뀌는 경우에는 거의 통제가 불가능하기 때문에 정부 쪽에서 겁을 낸 거죠. 그래서 아파트에서 아파트로는 재건축이 되는데 단독주택에서 아파트로 재건축은 안 돼요. 다가구주택이 아파트로 바뀔 경우 서울에서 이 사람들을 수용할 수 있는 집들이 없어져버리는 겁니다. 그래서 다가구주택 재건축은 불허하고 아파트만 계속 올리는 거지요. 관련 요구가 끊임없이 쌓입니다. 결국 나중에 이 제한을 푸는데 그럼에도 불구하고 서울시 자체가 엄청 확장을 합니다. 안이 꽉 찬 겁니다. 그때부터 나오는 이야기가 그린벨트 해제입니다.

김 MB 정권 때 나온 이야기가 아니구나.

임 훨씬 전부터 그런 이야기가 나옵니다. 이미 단독주택은 다세대·다가구 주택으로 거의 다 바뀌었습니다. 확실히 바뀌었거든요. 그다음에 아파트도 꽉 찼습니다. 그래서 신도시로 나가는데 이게 토지 이용 효율성 면에서 오히려 땅값을 더 비싸게 만든다는 비판이 나옵니다. 서울시 땅값이 비싼 이유는 그린벨트 때문이다, 이런 이야기가 유포되기 시작합니다. 그린벨트를 풀면 임대주택을 지을 수 있고 소형 평형이 많아지니까 저소득층 서민 주택도 많아지고 전세난도 잡을 수 있다 등의 이야기들이 1980년대 후반부터 등장하고 1992년에 정점을 찍습니다.

여기에 깃발을 꽂은 분이 김영삼 대통령이죠. 그때 이를 지지하는 담론이 바로 세계화였습니다. 당시 모토로 회자되던 '베세토'라는 말 혹시 들어보셨나요? 베이징, 서울, 도쿄. 이전까지는 우리나라 국가경쟁력 원천은 국토 균형발전이라고 했는데, 이때부터 대한민국의 경쟁력은 서울의 경쟁력이라는 이야기가 나옵니다.

서울을 경쟁력 있게 바꾸려면 서울의 토지 이용을 합리화하고 효율적으로, 싼 비용으로 공간을 활용해야 하는데, 그린벨트가 발목을 잡고 있다, 규제가 목을 죄고 있다는 논리죠. 그래서 규제들이 하나씩 하나씩 야금야금 풀려가기 시작합니다. 이때부터 준농림지역에 러브호텔이 등장합니다. 원래 농림지역은, 논은 못 건드린다는 농업 중심 사고가 지배했는데, 준농림지역이라는 식으로 용도가 세분화되면서 이 지역이 조금씩 개발됩니다. 그러자 단독주택지에도 아무리 불허를 한다고 해도 계속 다세대·다가구 주택으로 빽빽하게 차기 시작해요. 앞에서 말씀드렸듯이 결국 공급 과잉, 남아돌고, 그럼 또다시 죄고. 이렇게 조였다 풀었다를 반복합니다.

김 남아돌면 다세대·다가구로 조이고 부족하면 다세대·다가구 풀어서 맞추고. 만만한 게 다세대·다가구 주택이었군요.

임 그렇지요. 아파트는 한꺼번에 많이 짓기 때문에 시간적으로나 공간적으로나 공급이 경직돼 있습니다. 한 번 지으면 또 늘릴 수가 없어요. 그런데 다세대·다가구는 알아서 신축적으로 움직이거든요. 돈이 된다 싶으면 집주인들이, 전세 사는 사람들이, 욕망에 맞춰서 늘렸다 줄였다 하니까요.

김 주인이 단독주택 허물고 빌라 올리는 경우가 얼마나 많았어요.

임 서울 인구를 보면 지금도 한 500만 명을 다세대·다가구 주택에서 수용하고 있습니다. 굉장히 많은 겁니다. 1989~1991년쯤 되면 거의 붐이 형성되는데 워낙 민간 업자들이 품질보증을 못 하기 때문에 관련된 에피소드들이 한두 개가 아니에요. 1991년 여름이 피크였는데 이후 「베스트극장」이란 TV 단막극 소재로도 쓰입니다. 1995년 강남길 씨와 임예진 씨가 나왔던 '달수' 시리즈 중 '달수의 집짓기' 편이 있었는데, 전세 살다 돈 끌어서 다세대주택을 우여곡절 끝에 짓지만 세입자 문제, 장마철에 빗물이 새어 겪는 난리 등이 에피소드로 나옵니다.

김 제가 노가다를 되게 많이 뛰던 때라 잘 알아요. 단독주택 건설 현장에도 가봤어요. 마당에 시멘트를 바르는데 밑에 자갈을 깔아야 될 거 아니에요. 그런데 비싸다고 안 깔아요. 돈은 다 받았을 거 아니에요?

임 비싼 이유를 지난번에 말씀드렸죠? 1991~1992년에 건설자재가 블랙홀처럼 신도시로 가고, 남은 자재들이 너무 비싸졌기 때문에 다 빼돌

지난달 규제강화…업체반발에 예외인정

마구잡이개발 부작용 우려

땅 확보한 건설사 특혜 시비

15개國道 새로 지정

무역赤字 35億여 달러
상반기集計 작년比 18%나 늘어

준농림지역 개빌 허용 기시(《동아일보》 1994년 7월 15일자)

리고 남은 걸로 지은 거예요.

김   그래서 물어봤어요. "자갈 안 깔면 어떻게 해요?" 했더니, "어차피 안 봐!" 그러더라고요.

임   아무튼 서울시 전역에서 비 새는 다가구주택 때문에 난리가 납니다. 민원이 장난이 아니었어요. 그래서 정부가 위법 사례를 적발하겠다고 거의 전수조사, 건축물대장 가지고 일일이 조사합니다. 행정 단속을 몇 번을 해요. 한 3년에 한 번씩 했던 것 같습니다. 그랬더니 46퍼센트가 불법에 부실시공이라고 나옵니다.

김   절반이네.

임   그것도 많이 감춘 거지요. 그래서 이미지가 아주 안 좋아집니다. 이러다 보니까 인기도 떨어지고 집은 안 팔리고, 그래서 다세대·다가구주택의 경우 자가 점유율이 굉장히 낮아져요.

김   집주인은 더 좋은 주택, 아파트로 갔겠군요.

임   여기에 하나 더 부흥시킨 요인은 노태우 대통령 때 만들어진 종합토지세, 1가구 1주택 규제 등입니다. 다가구주택은 한 집에 여러 가구가 들어가잖아요. 다세대주택도 마찬가지고. 결국 정부가 주택 투기를 양성화시켜줍니다. 왜냐하면 열 집이 사는 다가구라도 1가구 1주택이거든요. 그러면서 돈이 그쪽으로 많이 갑니다. 같은 방식으로 오피스텔도 1가구 1주택 규제 적용을 안 받았어요. 여기에 투자를 하라고 거의 조장한 겁니다. 이것도 1993년도 일입니다. 이런 식으로 정식화되지 않은 이상한 집 형태들이 나오고, 편법들을 정부가 조장하게 됩니다.

누더기로 관리하다 발생한 문제들

김 정부가 완전히 엿장수였구먼요. 일관성이나 기준이나 철학이 아예 없었네요.

임 게다가 서울시 다르고 국세청 다르고 건설부 다르고 다 달랐어요. 심지어 대법원도 주택을 보는 기준이 다 달랐습니다. 1993년에 희한한 대법원 판례가 나오는데, 당시 298제곱미터를 넘으면 초호화주택으로 분류됐습니다. 호화주택으로 분류되면 취등록세가 일곱 배 이상 많아집니다. 그런데 다가구주택은 단독주택이라 한 집이잖아요. 여러 가구 들어가게 연면적을 많이 허용했기에 대부분 200평을 꽉 채워 지었습니다. 그랬더니 팔 때 난리가 난 겁니다. 전세 살다가 자기 집 좀 가져보겠다고 동네 건설업자랑 집을 여러 층 올려서 임대하던 사람이 그 집을 팔려고 했는데 말하자면 '너는 호화주택에 살았다.'는 내용의 세금 통보를 받은 겁니다.

김 아, 그러니까 이세 분양이 아니라 그냥 셋방 준 거라 다 내 소유인데 100평을 훨씬 초과해서 초호화주택이 된다.

임 수영장 딸린 집이랑 같은 클래스 취급을 받은 겁니다. 그래서 대법원 판례가 나옵니다. '부당하다. 공동주택으로 인정해줘야 한다.'

김 그건 옳은 판결 같은데.

임 하지만 국세청은 그렇게 생각하지 않았죠.

김 국세청은 세금 다 때려버린 겁니까?

임 정부 안에서도 어마어마하게 혼선이 많았습니다. 그러면 주촉법까지 다 바꿔야 하거든요. 그래서 법을 다 못 바꿔요. 그냥 유야무야 넘어가버립니다. 다가구주택과 관련된 에피소드가 전기요금부터 시작해서 여기까지 오는 거죠. 1979년 전기, 이어 수도, 그다음에 양도세, 재산세, 거기다가 취득록세 문제까지 나오게 된 겁니다. 정책적으로 설계된 주택 제도가 아니었기 때문에 문제가 계속 늘어납니다.

김 그냥 땜질식 제도 보완을 하다 보니 누더기가 되어버린 거군요.

임 그래서 법원 판례도 고법 다르고 대법 달라요. 고법에서 인정한 걸 대법에서 인정 안 하고. 인정하는 것은 딱 그 조건에서만 허용하고 그 외에는 허용 안 해요. 결국 공동주택으로 인정할지 말지를 두고 많은 혼선이 있었던 겁니다. 심지어 다가구주택은 원래 한 집이었는데 이를 공동소유할 경우에는 다세대주택으로 봐야 합니까 아닙니까? 단독주택도 공동소유가 가능하거든요. 이런 이야기가 1990년대 초중반부터 또 나오기 시작합니다. 너무 복잡하지요. 그래서 다가구주택 폐지론이 나옵니다.

김 길 가다가 단독주택 보면 명패에 부부 이름이 나란히 적혀 있는 경우가 있었거든요. 그걸 보고 참 아름다운 명패라고 생각했어요. 그게 혹시 지금 말씀하신 이유 때문일 수도 있습니까?

임 글쎄요. 이런 일도 있긴 했습니다. 다가구주택의 경우에는 여러 명이 살아도 한 세대예요. 다세대가 아니라 한 세대이니까. 그래서 우편물 소동까지 생깁니다. 워낙 사람이 많이 사니까 우편배달부가 이 사람이 여기에 있는지 없는지 일일이 확인을 못 해요. 그래서 우편물이 계속 반송됩니다. 갔더니 사람도 없을뿐더러 집주인들이 세입자들 이름을 하나하나 다 외우는 것도 아니고.

김 제가 세를 살 때에는 집주인이 일괄 수령해서 나눠주기도 했습니다. 굉장히 친절한 집주인이었네요.

임 그래서 '다가구주택 사시는 분들은 우편번호 쓸 때 세대주 누구누구를 써주세요.' 하는 캠페인도 하고 그랬습니다. 워낙 반송률이 높다 보니까요. 그런 문제도 있고 안 좋은 일도 많았습니다. 하나의 동에 사람이 많이 살다 보니 살인사건도 다세대·다가구 밀집촌에서 많이 나오고, 한 집에 살던 세입자 둘이 서로 도둑인 줄 알고 야구방망이 휘둘러서 한 명이 죽는 사건도 발생합니다. 다세대·다가구 주택 사는 사람들 중에 직업상 야밤에만 돌아다녀야 하는 사람들이 워낙 많았습니다.

김 그렇죠. 잠만 자러 늘어가는 경우가 많았지요.

임 술 먹고 옆방으로 잘못 들어가서 죽은 겁니다. 그런 사건들도 많아지면서 다가구주택에 대한 나쁜 이미지가 계속 확산됩니다. 그러면서 다가구주택을 아예 폐지하고 다세대주택을 공동주택으로 만들어서 관리를 좀 잘하자는 이야기가 한참 나왔습니다.

공동소유로 들어갈 경우 다세대로 전환을 해줄 것이냐 말 것이냐 하는 이야기가 복잡하게 나오다가 결정타를 날린 게 재건축입니다. 딱지 문제가 나옵니다. 공동소유라고 하더라도 단독주택은 한 세대입니다. 한 세대면 재건축하기 위해 조합을 결성할 때, 다가구주택 한 동에 한 표예요. 혜택도 한 표에 해당하는 몫만 줍니다.

김 다만 대지 면적에 따른 평수 차이만 있겠죠. 그렇죠?

임 예, 그러다 보니까 '공동소유로 분명히 이름을 올렸는데 나는 왜 아파트 딱지를 안 주냐!' 이런 불만이 발생하는 겁니다. 다세대주택의 경우에는 어차피 등기가 분할돼 있으니까 조합원 자격을 1가구 1표로 갖는데, 다가구의 경우에는 제일 큰 거 하나를 집주인이 가졌던 겁니다.

김 그런데 간단히 생각하면 이 단독 주택 대지 면적이 있는데, 여기에 재건축 아파트 올라간다, 이 대지 면적에 비례해서 보면 45평 아파트를 준다. 그런데 공동 명의자가 세 명이다 그러면 15평짜리 세 개 주면 되잖아요.

임 보통 아홉 가구 넘고 어떤 경우 열아홉 가구까지 들어가 있는데 어떻게 45평을 열아홉 명이 나눕니까? 그래서 1993년에 부분 조합원을 인정해주는 판례가 나옵니다. 그리고 이때부터 본격적인 알박기가 시작됩니다. 다세대·다가구 주택의 경우 쪼개서 공동소유로만 들어가면, 그 다음부터는 조합원이 인정되기 때문에 지금까지 여차여차 운영해온 이제도가 엄청나게 타격을 받는 겁니다. 그즈음 되면 집주인이 한 명인가여러 명인가에 따라 나누는 다세대·다가구 주택 구분의 실익이 거의 없어지는 거예요.

김 알박기가 한때 뉴스를 많이 탔어요. 몇 년 전에 법원에서 강제수용하라는 판결*이 나온 걸 기억합니다.

노동시장 구조 변화와 주택 문제

김 지난번에 다세대·다가구 주택이 김영삼 정권이나 신자유주의하고 연관돼 있다고 말씀하셨잖아요?

임 예, 짧게 말씀드리면 서울시가 대도시화, 메트로폴리스가 됐다는 점이 있습니다. 노동시장이 여기에 맞춰 엄청 분화되기 시작합니다. 그러다 보면 도시 서비스업 종사자들이 굉장히 많아집니다. 전문용어로 주거지 서비스라고 합니다. 옛날 같으면 서비스업이라고 하면 거의 다 도심에만 있었어요. 그런데 주택가에도 서비스 중심지가 생기기 시작합니다. 압구정동에 갑자기 서비스 중심이 만들어집니다. 옛날 같으면 주택가에 상가들이 몰리는 일은 거의 볼 수 없는 현상이었는데 갑자기 많아지는 겁니다. 여기서 일하는 사람들은 대공장 체제의 노동자로 편입된 게 아니기 때문에 주택 수요가 굉장히 많아지고 다양해집니다. 그 사람들이 오피스텔, 다세대·다가구 주택에서 삽니다. 그리고 개인의 의

---

* 2005년 매도청구제도가 시행되기 시작해 일정 부지를 확보한 사업자나 조합이 알박기 부지에 대해 일정 기간 교섭한 후 매도 청구를 할 수 있게 되었다. 또 2007년에는 공공기관에 공동사업을 요청하면 50~70퍼센트만 확보한 경우에도 잔여 토지를 수용할 수 있도록 하는 법안이 통과되기도 했다. 이 법안에 따르면 국가, 공공기관이 먼저 공동사업을 요청하는 경우에는 그 이하의 토지를 확보한 경우라도 공공기관 등이 잔여 토지를 수용할 수 있다.

지, 규제 완화를 강조하는 쪽으로 이미 경제구조가 바뀌었기 때문에, 정부가 이 사람들을 수용하려고 계획할 수도 없었습니다. 그 사람들이 다른 데로 가버리면 헛물만 켜니까요. 주택시장도 민간에 의지하는 자유로운 시장을 만들 수밖에 없었던 겁니다. 그래서 실제로 강남 지역에도 다세대·다가구 주택이 엄청 많습니다.

김　그러니까 결국은 주택문제는 노동문제하고 거의 직접적인 상관이 있는 거군요.

임　서울시 주택 보급률이 70퍼센트다, 60퍼센트다 하며 주택 위기 운운 했는데, 사람들이 계속 올라오기 때문이거든요. 사람들이 지방에서 쉽게 일자리를 구하고 평생직장 다닐 수 있으면 서울에 주택문제는 없었겠죠.

김　그런데 현재 주택시장 동향을 보면 거의 매매가 안 되잖아요. 여러 가지 원인으로 분석을 하지만, 사실 근본 이유는 고용 불안과 직결되어 있다. 이렇게 정리해도 될까요?

임　네, 비정규직이 늘어나면서 전 세계 공통적으로 벌어지는 현상입니다. 조금 예외가 있다면 세대와 출산율이 개입한 경우도 있습니다. 우스갯소리인데, 제가 외국에 있을 때 알고 지낸 친구는 집이 네 채였어요.

김　친구가 현지 외국인입니까? 그럼 봄, 여름, 가을, 겨울, 철마다 옮겨 다닙니까?

임　네, 20대 초반인데 돈은 하나도 없는데 집이 네 채였습니다. 자식을 하나씩밖에 안 낳다 보니까 친가, 외가에서 집을 받습니다. 여기에 할아버지, 할머니 때부터 이혼이 많아져서 또 다른 할아버지, 할머니 나타나고, 그러면서 집이 순식간에 네 채가 생겨버린 겁니다. 그래서 두 세대만 애를 1.5명씩 낳아버리면, 있는 집을 상속만 받아도 어떤 애들은 세네 채가 생겨버립니다. 이런 인구구조의 문제가 남아 있긴 합니다.

김 이럴 때 부럽다는 표현을 써야 하는 건가요?

임 돈이 없기 때문에 지금은 네 채 전부 납세 담보로 공탁 들어갔습니다. 어쨌든 인구구조가 그만큼 주택문제와 밀접하다는 얘깁니다. 예전에 울산에서 노조 분들이랑 이야기할 때 그렇게 얘기했어요. 울산에 계신 분들이 정규직 얻고 아파트 하나를 분양받고 해봐야, 자식을 서울로 대학 보내는 순간 돈 다 날아가는 거라고.

김 우골탑도 아니고, 뭐라고 해야 됩니까.

임 프랑스에서는 한 지역에 3대가 사는 경우가 인구의 90퍼센트거든요. 진짜 안 움직입니다.

김 우리나라에서는 택도 없는 이야기인데.

임 그게 바로 사회자본입니다. 손자 세대까지도 고향에서 일을 할 수 있고, 조부모집을 손자 세대가 세습받는다는 것은 그 자체가 개인들에게는 큰 자산이 되고, 사회적으로도 큰 가치가 축적되는 거지요.

김 할아버지, 아버지, 나 이렇게 3대가 같이 살면 삶의 인프라라든지

인적관계가 그만큼 풍요롭다는 거잖아요.

임   그중에 큰 게 주택입니다. 유럽(프랑스)은 조부모와 같이 사는 아이들이 많아요. 할머니, 할아버지와 같이 살다가 집을 받습니다. 그래서 집 걱정을 안 해요. 젊은이들이.

김   아, 부러워 죽겠네.

임   그게 애를 적게 낳는 사회의 먼 훗날의 모습입니다.

김   엄청난 저출산 국가인 우리나라도 그렇게 되는 겁니까?

임   집만 남아돌겠죠. 일자리는 없고.

김   오늘 중요한 관점이 하나 도출됐는데 주택문제는 노동문제하고 연결되어 있다, 어찌 보면 노동문제에 종속되어 있다는 말씀이죠? 그러니까 신자유주의 물결이 몰아치면서 고용 형태를 완전히 바꾸어버렸기 때문에 주택시장도 거기에 따라 움직일 수밖에 없다는 말이고요.

임   훨씬 더 불안해지는 거지요. 불안정한 일자리를 제공하는데, 이렇게 안정되고 고정된 집을 사라고 하는 게 어불성설입니다. 그나마 그런 불안정성을 꾹 눌러 고정해준 것이 교육 문제였습니다. 애 때문이라도 한곳에 머무를 수밖에 없었는데, 이제는 그 강력했던 중심도 흔들리기 시작하면서 사람들이 정처없이 움직이게 됩니다.

김   오늘 여기까지 하겠습니다. 고맙습니다.

임   네, 감사합니다.

7

메트로폴리스와
지방자치제

녹음일 2013.11.12.

1987년 지방자치제 부활 이후 1990년대 초반부터 지방자치단체가 출범했다. 1991년 지방의회 의원 선거를 하고 1995년 시도지사, 구청장 선거를 했다. 이 과정에서 유지라 불리는 지역 권력자들이 재편되었다. 이전에 중앙정부와의 끈이 중요했는데 이제 전문가들, 자영업자들, 폭력조직까지 다양한 세력이 등장한다.

이 새로운 유지들은 용도 규제를 풀어 개발을 도모하고 그 이익을 공유하고자 했다. 이전에 1도심 2부심 체제를 유지했던 서울은 자치구로 나뉘면서 각 구마다 상업중심지가 생기게 되고, 용적률도 400%에서 최대 1200%까지 늘어나게 된다. 가령 송파구의 경우 10년 간 상업지구가 15만 평 이상 증가한다. 서울뿐 아니라 전국적으로 2005년까지 과도한 택지개발이 문제가 되었고, 중앙정부의 교부금을 얻기 위해 지자체들이 경쟁적으로 과다 인구 추계를 하고 예산 전쟁에 돌입했다.

상업시설이 많아지고 사무실들이 늘어나는 메트로폴리스화의 과정에서 오피스텔과 주상복합이라는 독특한 주거공간이 탄생한다. 이는 1980년대 후반 관리직이 생산직과 구별되면서 본사 개념이 탄생하는 데서 시작되었는데, 사무실 공급 과잉을 해결하기 위해 이를 주거용으로 허가하게 된 것이다. 가령 부도가 난 건물을 인수해서 오피스텔로 개조하는 사례가 많았는데 이때 이를 인수하는 주체는 주로 사채업자나 폭력 조직이 많았다.

또 신자유주의 시대에는 정부가 중층화하면서 권력이 약화되고 이는 자본에 유리하게 작용한다. 가령 삼성디스 같은 것을 유치하기 위해 작은 정부들이 서로 경쟁을 하는 상황이 벌어지고, 애플이 아시아에 투자한다고 하면 일본과 제주도가 중국과 경쟁하는 상황들이 벌어지는 것이다. 이 갈등을 어떻게 조정하느냐가 메트로폴리스 자본 조정의 핵심 테마이다.

지역 권력의 재편

임   1987년 지방자치제 부활 이후 1990년대 초반부터 지방자치단체가 출범합니다. 1991년 지방의회 의원 선거를 하고 1995년 시도지사, 구청장 선거를 합니다. 당시 지방선거는 동시 선거가 아니었습니다. 이를 전후로 IMF 직전까지의 상황을 말씀드리겠습니다.

김   지방자치제는 도시를 살펴본다고 할 때 너무나 중요한 주제일 수 있는데 여태까지는 별로 중요하게 다루지 않으셨던 것 같아요. 서울에 한정해 이야기할 때, 지방자치제도가 시행되면 당연히 변화, 발전하지 않겠느냐고 생각하지 않습니까? 실제로 그렇습니까?
임   꼭 그렇지만은 않습니다.

김   그럴 것 같아서 물어본 거예요.(웃음)
임   아무래도 자유민주주의에서 선거는 돈이 많이 필요합니다. 그래서 유지들이 재력을 탕진해서 지역 권력이 바뀌는 계기가 되기도 합니다. 또 선거에서 이긴 사람들은 이권을 이용해 다시 돈을 벌어들이기도 합니다.

김   바로 그런 차원에서 나타난 가장 두드러진 현상이 무엇입니까?
임   서울은 유지라 불리는 지역 권력자들이 재편되었습니다. 중앙에 진출하거나 지역에서 돈을 많이 벌거나, 아무튼 지역 유지는 여론을 동원하고 조직할 수 있는 힘을 가진 사람들입니다. 이 유지 집단들이 지방자치제를 계기로 변하게 되었습니다. 그 이전까지는 국회의원이라든지 중앙정부와 연결된 끈이 있느냐가 중요했습니다. 그런데 이제 직접 정치의 장으로 나올 수 있게 되면서 유지들이 정치력을 확보하고자 돈을 쓰고 이를 통해 다시 돈을 벌려고 하는 등 대소사들이 10년 동안 활발히 펼쳐집니다.

김 지방자치제가 시행되고 나서 토호 세력의 발원(發源)이다, 이런 이야기가 많았는데 이 토호가 결국은 임동근 박사가 말씀하시는 유지 아니겠습니까?

임 직업도 다양합니다. 제가 살던 화곡동에서는 맨 처음 지자체 선거에 나오신 분이 산부인과 의사였어요.

김 화곡동에 사셨어요? 저하고 같은 동네 분이셨구나.

임 저는 화곡국민학교 쪽에 살았습니다. 산부인과 의사가 나오셨는데 선거 유세 때 "여기 있는 아들딸들 다 제 손으로 받았습니다", 이런 말도 했죠. 그러면서 "나는 돈 벌 만큼 벌었으니까 절대로 뇌물은 받지 않겠습니다."라고 말을 합니다. '난 돈 많은 사람이다, 돈 밝히려고 정치하는 것 아니다, 나한테 필요한 것은 명예다, 나를 뽑아달라.' 이런 식으로 유세했거든요. 그런 자영업자들, 전문가들도 출마했고 상당수는 어둠속에 계셨던 분들이 등장하게 됩니다.

김 유지가 재구성되었다는 말이, 그러니까 중앙정부에 끈을 대고 있으면서 자기는 무대 위에 공식적으로는 서지 않다가, 지방자치제가 도입

1995년 민선 1기 조순 서울시장 취임식

되면서 무대 위로 직접 올라가 두 손에 권력을 쥐고 행사하려는 모습으로 나타났다는 말씀이죠? 그런데 이 권력을 구체적으로 어떻게 행사하는 거죠?

임　제일 먼저 용도지역지구제(Zoning)*를 손 보려고 합니다. 보통 주상공녹(주거, 상업, 공업, 녹지)이라 부르는 땅의 용도 규제가 있는데, 이를 풀어서 개발을 도모했습니다.

김　역시 그렇군요.

* 용도지역은 토지이용의 가장 기본적인 구분으로, 전 국토에 걸쳐 빠짐없이 중복되지 않게 구분 지정된다. 토지의 이용실태 및 특성, 장래의 토지 이용 방향 등을 고려하여 크게 도시지역, 관리지역, 농림지역, 자연환경보전지역 4종류로 구분된다. 도시지역은 다시 주거지역, 상업지역, 공업지역, 녹지지역 4종류로 나뉘고, 관리지역은 보전관리지역, 생산관리지역(농업, 임업, 어업 생산을 위해 관리가 필요한 경우)으로 나뉜다. 또 주거지역은 전용주거지역과 일반주거지역, 준주거지역(상업기능과 업무기능이 보완된 지역)으로 세분되고 전용주거지역은 제1종(단독주택 중심), 제2종(공동주택 중심)으로, 일반주거지역은 제1종(저층주택 중심), 제2종(중층주택 중심), 제3종(증고층주택 중심)으로 세분된다. 그 밖에 상업지역은 중심, 일반, 근린, 유통으로 공업지역은 전용, 일반, 준 공업지역으로 녹지지역은 보전, 생산, 자연 녹지지역으로 세분된다.
용도지구는 합리적·경제적인 국토를 이용을 위해 정부에서 미리 지정해 둔 지구를 말한다. 국토에 대해 빠짐없이 지정해야 하는 용도지역과 달리 별도로 지정되지 않거나, 2개 이상의 지구가 중복 지정되는 토지가 있을 수 있다. 경관지구, 미관지구, 고도지구(건축물 높이를 규제하는 지구), 방화지구(화재 위험을 예방하기 위한 지구), 방재지구(풍수해, 산사태 등의 재해를 예방하기 위한 지구), 보존지구(문화재, 중요 시설물 및 문화적, 생태적으로 보존해야 하는 지구), 시설보호지구(학교 시설, 공용 시설, 항만 시설, 공항 시설 등에 필요한 지구), 취락지구, 개발진흥지구, 특정용도제한지구(청소년 유해시설 등 특정시 설의 입지를 제한할 필요가 있는 지구), 그 밖에 대통령령으로 정하는 지구로 구분된다.

임 조순 서울시장이 민선 1기 시장이었습니다. 아주 안 좋은 상황에서 취임했어요. 당선 후 취임하기도 전에 삼풍백화점이 무너졌습니다. 당선 자 신분으로 첫 번째 한 일이 삼풍 현장으로 간 것일 정도로 우울하게 출발하셨습니다. 그분이 같이 당선된 구청장들과 처음으로 인사를 하는 자리에서 대화 주제가 뭐였냐 하면 용도지역지구제에 대한 불만이었습니다. 당시 서울은 도심과 구도심으로 나뉩니다. 도심은 4대문 안(광화문을 중심으로 해서), 부도심은 영등포, 강남, 신촌, 청량리 등이었습니다. 그런데 자치구로 나뉘니까 상업지구가 하나도 없는 구가 많았던 것입니다. 도시 차원에서 도심, 부도심으로 나누었는데, 지자체로 바뀌고 나니까 지역마다 우리도 상업 중심지 하나씩 만들고 싶다고 합니다. 그래서 결정 권한을 가지고 있는 서울시장에게 풀어달라고 요구한 거죠.

김 그래서 풀어주었어요?
임 예.

김 상업지역이 엄청 늘어났겠네요.
임 예, 그때부터 꾸준히 늡니다. 용적률이 400퍼센트에서 800퍼센트로 올라갔고, 때에 따라서는 1200퍼센트까지 올라갔습니다. 그러면 예전에는 4, 5층 올라갈 수 있는 건물이 30층까지 올라갈 수 있게 됩니다.

김 지주 입장에서는 떼돈을 버는 거네요.
임 그중에서도 구청 앞에 땅이 있거나, 개발 호재의 혜택을 받을 수 있는 지주들은 돈을 많이 벌었죠.

시의원, 구의원, 시장, 구청장, 대부분이 다 민선이다 보니 예전 고시 출신, 군인 출신 등의 엘리트들이 했던 내부 정치의 구조가 판이하게 달라졌고, 지역마다 다양해졌습니다. 그 와중에 상업지역을 늘려달라는 대목에서 일치단결한 거죠.

상업지역이 얼마나 늘어났는지를 알려주는 데이터가 실제로 있습니다. 1995년도에 요구해서 1996년도부터 규제를 풀기 시작하는데 한 10년 후에 송파구 같은 경우에는 거의 15만 평이 늘어납니다. 송파구는 조금 특수했다고 쳐도, 다른 구도 대부분 3~4만평씩은 증가하죠.

김 그러고 보니까 1980년대까지만 해도 부도심권이라고 하는 용어를 많이 썼거든요. 요즘은 그런 용어를 거의 접한 기억이 없는 것 같아요.

임 지금도 쓰기는 쓰는데 거의 의미가 없어요. 요즘 도심이라 하면 원도심 광화문 쪽과 여의도, 강남을 말합니다. 예전 식으로는 1도심 2부심 체계입니다. 이번 '2030 서울 도시 기본계획 공청회' 때 3도심 체계로 명칭을 달리해서 강남을 센터로 간주하는 새로운 패러다임이 등장했습니다. 이는 맨 마지막쯤에 박원순 시정의 문제를 집중적으로 이야기할 때 한번 언급할 텐데 실제로 강남 쪽에 굉장히 많은 힘이 실어주는 겁니다.

김 어, 그래요? 궁금한 내용이네요.

임 박원순 시정의 문제 중 하나는 도시계획을 결정하는 기술 전문직들의 세대교체가 잘 안 된다는 겁니다. 전문직의 경우 정치, 언론 등과 연결된 네트워크에는 변화가 별로 없었어요. 그래서 고건 시장에서 이명박 시장으로 바뀔 때 한번 전문가 집단의 변화가 있었고 그후로는 계속 같은 집단이 건재한다고 생각하시면 되죠.

김　시장이 바뀐다고 해도 어쩔 수 없는 한계가 있다는 말씀이시죠?

임　예, 이건 나중에 더 이야기하기로 하고 어쨌든 1도심 1부심 체제를 구청장들이 요구해서 지구 중심으로 바꿉니다. 90여 개의 지구 중심이 등장합니다. 많은 지역에서 실질적으로 상업시설이 들어갈 수 있는 제3종 주거지역까지 포함해 상업지역이 많이 확대됩니다.

김　순진한 생각일지 모르지만 상업지역이 늘어나면 가게들도 엄청나게 들어설 테고, 그러면 서비스업이 많이 늘어나고, 고용이 창출되니까 좋은 거 아닙니까?

임　좋을 수도 있는데 서울에서 늘어나는 상업지역 면적만큼을 지방은 빼앗긴 겁니다. 일단 수도권 외곽부터 빼앗기기 시작합니다. 입지 면에서 서울이 워낙 좋은데, 조금만 돈을 보태면 서울로 갈 수 있거든요. 사무실 같은 경우는 그래서 많이 옮겼죠. 수도권 전체로 보면 순 이득이었고, 지방은 대부분 피해를 보았습니다.

김　그런데 지방자치제가 시행된 직후에 상업지역 지정이 서울시장의 단독 결정 사안입니까? 요즈음은 보통 도시계획위원회에서 논의하지 않습니까?

임　예, 서울시 도시계획위원회에서 논의합니다. 그래서 중앙도시계획위원회에까지 올라가는데 당시에는 시장에게 위임된 권한이었습니다.

지자체 만들어지면서 도시계획 관련 결정 권한이 위임되었죠.

김　시장이 홀로 결정하는 것이 아니라 도시계획위원회에서 심의·의결하면 시장은 받는 거군요.

임　그런데 심의위원들을 시장이 임명하기 때문에 의미가 없습니다. 게다가 2010년까지도 서울시 도시계획위원회는 녹취록을 작성하지 않았습니다. 속기 자체를 아예 안 했습니다. 중앙도시계획위원회에서도 결정 사항 가부만 밝히니까 누가 무슨 이야기를 했는지는 알 수 없었습니다.

김　거기에 이권과 생존이 걸려 있는 사람이 한둘이 아닌데.

임　애초에 비공개로 한 이유는 전문가들을 보호하기 위해서였습니다. 전문가의 양심에 호소하는 것이기도 했구요. 도시계획위원회에서 개발 호재만 다루는 것이 아니라 님비현상이 나타날 수 있는 쓰레기소각장 문제 등도 많이 다루기 때문에 잘못해서 논의가 공개되면 극단적으로는 신변 안전을 보장할 수 없기 때문이기도 했습니다. 쉽게 말해 칼 맞는 거지요.(웃음) 아무튼 시대엔 좀 안 맞는 일이었지만 1990년대 내내 공개를 안 했습니다.

김　그럼 지금은 속기록을 다 작성해서 공개합니까?

임　지자체장의 의지입니다. 보통 조례로 만들어서 공개하게 하고 있습니다. 그래서 비단 서울의 문제가 아니라 1995~2005년도까지는 전국적으로 과도한 택지개발이 문제가 됩니다. 개발을 위해 서로 경쟁적으로 과다 인구 추계를 합니다. 결국 이는 중앙정부의 교부금과 연결되어 있습니다. 우리는 인구가 엄청 많이 늘 거니까 돈을 많이 달라, 도서관도 필요하고 뭐도 뭐도 필요하다면서 예산을 따 가는, 지자체가 예산 전쟁에 돌입합니다. 당시 지자체들이 추계한 인구를 다 모으면 우리나라는 지금 1억 명이 넘었습니다.

서울과 관련된 지식의 축적

김　두 배네요.(웃음) 도시계획위원회 말고, 이명박 정부 들어서서 성골 중에 하나가 S라인이라고 그랬어요. 이 S라인을 구성하는 사람들이 물론 서울시 출신인데, 서울시정개발연구원 위원들도 S라인의 주축을 형성했다고요. 그런데 서울시정개발연구원이 이명박 시장 때 만들어진 건 아니죠?

임　1994년도에 만들어집니다. 그때 서울시가 지방자치 시대에 맞게 전략을 짜는 연구소가 필요하다고 해서 만들었습니다. 그것뿐만이 아니라, 1993년도에 서울시립대에서 도시 부문을 강화해 처음으로 서울학연구소를 만듭니다.

김　시립대학교 안에 둡니까?

임　예, 서울학연구소가 서울학, 역사, 문화 등을 연구 개발합니다. 또 시정개발연구원이 설립돼서 관-학-연, 삼각 편대가 만들어지는 거예요. 이 안에서 서울에 대한 지식들이 쌓이기 시작합니다. 옛날 같으면 좀 달랐어요. 《향토서울》이라고 서울시사편찬위원회가 향토사 중심으로 역사적 지식을 축적했었습니다. 이때부터는 완전히 달라져서 지역학으로서의 도시학이라는 카테고리가 만들어집니다.

김 거의 근대 국민국가를 만들어가는 과정으로 들려요.

임 예, 맞습니다. 지식 체계를 만들려고 했으니까.

김 서울시의 역사적이고 문화적인 유산, 정체성을 고민하는 데서 시작된 거죠? 나아가 이 단위를 어떻게 발전시켜서 완결 지을 것인가……

임 그래서 체계를 잘 만들었어요. 도시에 대한 지식 면에서 보았을 때 옛날 중앙정부에서, 당시 건교부에서 했던 연구와는 확실히 다릅니다. 조사 기능이 훨씬 강화되었고 전략도 세부적으로 세우니까요. 여기에 시립대가 확장을 하면서 서울과 관련된 논문들이 많아집니다. 이런 연구를 일반적인 지역학(Aerial Studies)와 구별하여 지방학(local studies)이라고 부르자고 하시는 분들이 많습니다. 아무튼 지방학 연구가 많아졌습니다.

김 지방 지자체에서 향토사를 연구하는 학자 분들을 모아서 문화원 같은 걸 꾸리는 경우가 있죠. 그런데 이거는 우리 고장의 역사니 특색이니 하는 수준을 넘어서는 거잖아요.

임 서울시는 장기 계획을 세우는 거지요.

김 왜 그러죠?

임 일단 서울에 대한 경쟁력을 이야기하기 위해서는 서울에 대한 진단이 필요했습니다. 진단 자체가 없으니까 뭐가 문제인지 모르는 겁니다. 구체적으로는 재개발과 관련된 이야기가 많고, 도심 재개발, 상업지역 관리 등 도심을 경쟁력 있게 바꾸겠다는 이야기가 나옵니다. 산업도 비중 있게 다룹니다. 예전 같으면 수도권에는 공장 못 짓게 하고 다 내려보내려고 했는데 서울의 경제를 따져보면 도매업 및 제조업 비중을 무시할 수 없습니다. 성수동 같은 데 가보시면 알겠지만 지금도 상황이 괜찮거든요.

김   그렇죠. 공단 있지요.

임   그래서 도시형 공업이라는 카테고리를 하나 만들었습니다. 도시 안에서 주거랑 공존할 수 있는 공업을 선정하고, 이 분야는 우리가 계속 유지한다는 전략들을 세우지요.

김   지금 그 말씀 들으니까 퍼뜩 생각이 나는데, 빌딩을 올려서 공장을 입주시키는……

임   아파트 형 공장.

김   그렇죠. 그것도 이런 맥락에서 나오는 건가요? 그렇게 이해하면 됩니까?

임   시기상으로는 그 뒤이긴 합니다. 그 정책은 도쿄 사례를 참고했습니다. 도쿄는 많은 인구가 사는데 도심 안에 공장이 있습니다. 도쿄의 성장에서 산업 다양성, 제조업까지 포함하는 산업 생태계가 중요한 역할을 했다고 판단한 겁니다. 이런 이야기들이 소개되면서 서울 자체의 산업구조가 어때야 하는가를 처음으로 고민하기 시작했습니다.

김 도시형 공업이라는 이름이 나오는데 그렇다고 공장 굴뚝에서 연기 뿜어내는 사업은 아니겠죠?

임 당시에 나왔던 도시 공업의 대표적인 예가 출판업이었어요.

김 그게 20년 전 이야기 아닙니까?

임 예, 20년 되었네요, 딱.

김 그러니까 제대로 해왔다고 평가하십니까?

임 우여곡절 끝에 많이 발전했습니다. 참 힘들었죠.

뚝섬 개발의 비하인드 스토리

김 지금부터 그 이야기를 해봐야지요.

임 오세훈 전 서울시장이 취임하고 굉장히 재미있는 말을 했어요. 시 정개발연구원 위원들을 앉혀놓고 '이 연구소가 누구 것인 줄 아냐, 시 장 거다.'라고 말했습니다. 그런데 듣는 사람들이 서울시장을 이야기하 는지, 자유주의 시장을 이야기하는지 몰라 정말 헷갈렸던 겁니다.

김 어, 듣고 보니 그러네요.

임 '이건 시장의 힘으로 간다.'고 하니 무슨 말인가 싶은 거지요. 전자인 거 같기는 한데.(웃음) 여기서 문제가 나타납니다. 시정개발연구원이 시장이 바뀔 때마다 심한 풍파를 겪습니다.

김 그렇죠.

임 연구소가 주로 서울시의 수탁 과제를 받아 운영되고, 시장이 바뀌면 연구 주제가 완전히 달라집니다. 그래서 이명박 시장 때 서울시정개발연구원에서 비싼 돈 들여 찍은 보고서가 행정수도 이전은 안 된다고 강조하는 다섯 권짜리 시리즈였거든요. 요즘은 아무도 안 봅니다. 그런 식으로 정권의 부침에 영향을 많이 받다 보니까 장기 마스터플랜을 짜기가 힘들어지고, 실제로도 실패합니다. 예를 들면 고건 시장 때 마곡하고 뚝섬 개발을 했었습니다. 그 전에는 상암을 개발했구요. 상암, 뚝섬, 마곡, 이 순서로 개발됩니다. 그런데 뚝섬 개발은 이미 프리젠테이션 문서 다 만들고 한 상황에서 MB 시장 이후 완전히 달라집니다. 그 결과 이전의 연속성은 깨지고 비싼 갤러리아포레 주상복합 아파트가 들어섭니다.

김 원래는 뭐였어요?

임 원래 거기는 유스호스텔 짓고 시민 공원을 조성할 예정이었습니다.

김 서울숲 말씀인가요?

임 서울숲이 아니라 대규모 쇼핑단지와 공원이었습니다. 여기엔 비사도 있어요. 유스호스텔이 계획되었던 계기가 있었습니다. 당시 고건 시장 때 그곳을 개발하려고 했고, 지난번에도 말씀드렸듯이 거의 모든 도

뉴욕 센트럴파크 옆 고층 주거지

시 개발은 다 체비지, 그러니까 땅을 파는 겁니다. 그래서 한 10년 전부터, 90년대 초반부터 서울시가 땅 팔아서 1년에 2000억씩 벌었어요.

김 대한민국 최고의 땅 장사꾼이었구먼요, 서울시가.

임 항상 한 군데 끝나고 나서 다음 개발지로 넘어갑니다. 그래서 상암동 땅 매각이 당시에는 큰 이슈였습니다. 그 땅 판 돈으로 뚝섬 개발해서 뚝섬 팔고 다음 단계로 넘어가는 겁니다. 여담이긴 하지만 MB 시장은 뚝섬으로 5000억 원을 버셨습니다.

김 대단하시네요.(웃음)

임 뚝섬 개발을 준비할 당시, 가장 큰 문제가 바로 경마장이었습니다. 마사회가 또 만만치 않은 권력 집단이에요. 아무튼 많은 사회문제를 해

3.3m²당 4800만 원으로 분양된 두산 트리마제

결하면서 개발안을 잡았습니다. 그런데 고건 시장이 베이징에 갔다 왔는데, 하필 한류 아이돌의 중국 팬클럽과 일정이 겹쳤습니다. 그런데 난리가 난 겁니다. 귀국 편에 아이돌 팬들이 막 몰려온 거지요. 그때 고건 시장이 한마디 던집니다. '중국 청소년 애들이 서울에서 아이돌 공연 본다고 엄청 오는데, 저 아이들은 어디서 자냐?' 성인이면 여관 들어가서 자면 되는데, 어린애들은 숙박을 어떻게 해결하나?

김 그래서 유스호스텔이 나온 거예요?

임 그래서 마감 직전에 유스호스텔 건설이 결정됩니다. 그런데 MB 시장이 뚝섬 개발의 방향을 바꾸면서 거기 들어갈 유스호스텔이 역설적이게도 남산 구안기부 자리, 당시 시정개발연구원 자리로 가게 됩니다. 아무튼 한류하고 유스호스텔의 증가는 밀접한 연관이 있습니다.

김　그걸 또 뒤집은 사람이 MB군요. 시장이 돼서…….

임　서울숲으로 바꾸고, 그 숲 옆에 있는 땅을 비싸게 팔려고 했습니다. 뉴욕의 배터리파크와 센트럴파크를 참고한 겁니다. 서울의 센트럴파크를 지향하는 서울숲을 만들고, 뉴욕 센트럴파크 옆 고층 개발처럼 서울숲 옆에 초고층 건물을 세워 개발하려고 했습니다.

김　유스호스텔 들어설 자리에 초고층 아파트를 지었군요. 아파트 값이 천정부지로 뛸 때 뚝섬 아파트가 최고가라는 이야기가 나왔는데, 다 그런 맥락이군요.

임　얼마였더라, 평당 4390만 원이었나 그랬습니다. 그때 관련자들은 이거 다 정상이 아니라고 생각했습니다. 그렇지만 경쟁입찰이었으니까요. 민간이 그렇게 적어 낸 걸 어떻게 해요.

김　그러면 고맙죠. 그래서 MB가 5000억 원 벌었군요. 서울시장 할 때.

임　다른 시장 분들은 대부분 1000억에서 2000억 원 왔다 갔다 할 때 이명박 시장은 5000억 원을 버셨죠.

김　그럼 바뀐 게 잘 된 겁니까, 잘못 된 겁니까?

임　장기적으로 보면 안 좋지요. 고건 시장이 만들었던 안은 철저히 공공 개발이고, 민간 분양이 아니었습니다.

김　아, 그렇죠.

임　그런데 민간에 쪼개서 파신 거지요.

오피스텔의 탄생과 주식 투자의 유행

김 자, 아무튼 잠깐 샛길로 빠져서 야사도 들었습니다만, 다시 본류로 들어와서 메트로폴리스 이야기가 나오지 않습니까? 아까 말씀하셨던 지방자치제가 도입되고, 구별로 우리 동네에도 중심지 하나 있어야 되겠다 해서 상업지역도 늘어나는 게 서울 메트로폴리스와 직접 연결되어 있다, 이렇게 봐야 하는 겁니까?

임 예, 맞습니다. 서울의 연면적이 갑자기 늘어나고 상업시설이 많아지고, 사무실들이 늘어납니다.

김 지난주에 하다가 말았던 이야기죠. 이걸 좀 보강해주시고 넘어가죠. 메트로폴리스하고 오피스텔, 원룸 등이 어떤 상관성이 있는 겁니까?

임 일단 사무직부터 생각을 한번 해보면, 상가가 아니라 사무 공간을 보겠습니다. 그러니까 공장에서 관리직이 생산직이랑 구별되기 시작한 게 1980년대 후반부터입니다. 예전엔 구로공단 공장에서 사무 보시는 과장님들도 대부분 다 기계 옆에 있었고, 공장 안 창고 같은 곳에서 근무했습니다. 본사 개념으로 공간이 분리되고 별도의 깔끔한 사무실이 만들어지기 시작한 시점이 1980년대 후반입니다.

김 그 전에는 똑같이 작업복 입고 있었는데 이제는 작업복하고 넥타이하고 구분되는 거군요.

임 이렇게 구분되면서 업무 공간이 별도로 필요해집니다. 그때 테헤란로 발전 신화와 연관이 되구요. 1980년대 후반에 사무실 면적이 갑자기 늘어납니다.

김   일단 수요가 많아진 거죠.

임   예, 수요가 생기면 항상 수요 이상으로 공급이 됩니다. 그러면 이 초과 공급을 해결하기 위해 또 다른 수요를 찾으려고 노력하는 방식의 발전 사이클이 있습니다. 1990년만 하더라도 오피스 과잉이라는 이야기가 슬슬 나옵니다. 그런데 사무실뿐만 아니라 도시의 모든 연면적이 증가해버리죠. 과잉 공급으로 인해 도심 안에 빈 건물들이 많아지기 시작한 겁니다. 그때 타개책으로 삼았던 게 바로 주거 반 업무 반인 복합용도 공간입니다.

그런데 전세계적으로 통상적인 복합용도 공간이라는 발상은 그런 맥락에서 나온 게 아니었습니다. 쉽게 말하면 도심 공동화 현상을 막기 위해서 고안한 겁니다. 상주인구가 없다, 도심 안에는 밤 되면 사람이 없다, 이건 교과서에 맨날 나오는 이야기잖아요. 요즈음 같으면 말도 안 되는 이야기이지만 당시에는 무척 위험하게 생각하고 걱정을 했습니다. 걱정할 이유가 없었는데 아무튼 걱정을 했어요. 그래서 도심에 사람들을 살게 하자는 취지로 지었습니다.

김   그게 주상복합 건물이었습니까?

임   처음에는 그렇게 출발했는데, 복합용도 개발이라고 해서, 이제 사무실 안에서도 잠을 잘 수 있게 해주는 거지요. 예전에는 불가능한 일이었습니다. 골조만 올라간 상태에서 분양이 어려운 업무 공간들이 바로 오피스텔로 전환된 거지요.

그래서 오피스텔은 방음도 엄청나게 안 좋았고 사람이 살기에는 정말 부족한 부분이 많았습니다.

욕조도 진짜 안 좋았고, 바닥 난방 안 되고, 환기도 잘 안 되고, 거기서 요리하면 정말 난장판이 되고……. 오피스에 있던 탕비실 같은 것을 확장해서 주거 형태로 바꿔놓은 것이었기 때문에 여러 가지로 안 좋았습니다.

김 그게 우리나라 오피스텔의 시작이군요.

임 그렇게 출발합니다. 그러다 보니까 부도난 건물을 인수해서 오피스텔로 바꾸는 경우가 많았습니다. 부도난 건물을 누가 접수하느냐, 보통 사채업자하고 폭력 조직이 많이 접수했고요.

김 그렇죠, 이자 놀이 하는 사람들.

임 그러다 보니까 오피스텔은 초기에 어둠의 문화와 많이 연결되었던 거지요. 1990년대 초중반, 나중에 정부가 양성화시켜줍니다.

김 아, 그래요? 그런데 아까 테헤란로 이야기하면서 야사 많다고 했잖아요. 테헤란로가 결국은 오피스촌 아닙니까? 1980년대 말부터 사무직과 생산직이 분리되면서 사무 공간의 수요가 늘어나고. 그런데 우리가 보통 테헤란로 하면 김대중 정부 때 벤처 육성하면서 뜬 동네라는 생각이 들거든요. 그게 아니었습니까? 원래는?

임 테헤란로의 등장은 1980년대 후반 사무실이 증가하는 시기랑 거의 일치하게 됩니다. 추억을 좀 떠올려보시면 1990년대 초반은 로데오

거리가 처음 등장하고, 오렌지족이라는 말이 나오던 시기입니다. 압구정동 소비문화가 언론에 많이 등장했습니다. 비 오는 날이면 그 동네 가라, 뭐 이런 시도 나오던 무렵이죠. 그때 한창 오피스 분양이 늘어나고 생산직도 늘어났는데, 또 당시의 문화 중 하나가 주식이었습니다. 주식이 1987년도부터 대중화되는데, 정부가 일반인들에게 적금 부으라고 강요했던 것이 전두환 대통령 때였다면, 노태우 정권부터는 주식을 사라고 홍보를 합니다. 당시 열풍이 어마어마했습니다. 일본이 1970년대 도쿄 올림픽 이후에 만들었던 흐름과 거의 같았습니다. 중산층을 만드는 시기였습니다. 그래서 일자리가 안정되고 임금도 높아지면서 이 고임금을 다시 자본으로 회수하기 위한 여러 장치들이 고안됩니다. 그중 하나가 주식입니다.

김 　고임금으로 생긴 돈을 빼앗기 위한 수단이다?

임 　날리는 사람들이 얼마나 많은데요. 이득을 볼 수 없는 구조입니다. 주식 하면 그래도 좀 건전하게 주식을 해라, 이 말은 건전하게 도박을 해라 이런 겁니다. 이를 사회 여러 기관에서 홍보를 하는데 어느 정도였느냐 하면 웬만한 사업체 사무실마다 금융권이 『만화로 보는 주식투자』 이런 일본 서적까지 번역해서 돌리고 그랬습니다.

김 　아, 은행에서 그런 일을 했군요. 그때에는 펀드 투자를 하지 않았던 거지요?

임 　예, 주식이지요. 그래서 주식 부자들이 많아졌습니다. 갑자기 떼돈 번 사람들. 주식은 기본적으로 몰아주기입니다. 쉽게 말하면 주식 하는 분 대부분이 돈을 잃는데, 딴 사람들도 있었습니다. 특히 강남 쪽, 경제 금융 쪽과 가까우셨던 분들은 정보가 지금보다는 훨씬 더 은밀하게 잘 돌았기 때문에 많이 땄습니다. 권력층 입장에서 그러니까 상위 한 10~20퍼센트에 들어가는 권력층 입장에서 보면 주식이 돈을 불릴 수 있는 수단이었던 겁니다. 수많은 대중들이 주식을 해야만 돈을 불릴 수 있어요. 그런 구조가 1980년대 후반에 만들어지면서 강남 쪽으로 돈이 굉장히 많이 풀립니다. 죄다 얽혀 있는 거죠. 사무실도 갑자기 늘어나, 돈도 많아져…….

김 아, 그럼 주식 대박 났다는 이야기가 벤처 시대뿐만 아니라 노태우 시절 때부터 있었던 거군요. 테헤란로 중심으로.

임 거기다가 또 하나, 부동산 투기까지 연결되는데요.

김 말 그대로 흥청망청이로군요.

임 토대 구축, 상위 계급들의 토대 구축 시대라고 생각하시면 됩니다.

김 인적·물적 토대를 구축했네요.

임 당시 재미있는 에피소드들을 친구에게 들었어요. 카이스트, 당시 키스트를 만들었을 때 박정희 대통령이 미사일 만든다고 많은 인력들을 미국에서 불렀습니다. 그 뒤에는 반도체 붐으로 인력이 또 한 번 대거 유입됩니다. 삼성전자라든지 민간 반도체 기업들이 활성화되기 전에 주로 키스트로 들어갔습니다. 1980년대까지는 전자공학 분야로 유학하는 사람들이 들어와서 키스트로 들어갑니다. 우리나라 반도체 산업의 토대를 만든 사람들인데, 이 분들은 전자공학 등의 발전 속도가 너무 빠르기 때문에, 지금은 좀 대접받지만 곧 은퇴한다, 사십대 초반이면 은퇴할 수밖에 없다는 사실을 알고 있었습니다. 왜냐하면 미국에서 업계 발전 속도를 보고 왔거든요. 그래서 당시 키스트 연구원들이 보너스 받아서 노후 대비용 계를 듭니다. 그 계의 투자처가 뭐냐 하면 테헤란로 부동산이었어요.

김 부동산!

임 예, 1981년부터. 그래서 테헤란로 쪽에 땅을 가지고 계신 이공계 70~80대 분들이 꽤 많습니다. 재미있게도 그곳이 IT 벤처로 연결되기도 했습니다.

김 아무튼 여기서 오피스텔 이야기가 나왔는데, 우리가 지난번에 주택과 노동이 긴밀한 상관관계에 있다, 예를 들어서 비정규직이고 언제 잘릴지 모르는 사람이 은행에서 대출받아서 이자까지 갚으면서 집을 살 이유가 없다고 말씀하셨단 말이에요.

그런데 오피스텔에 입주한 세입자들 입장에서 볼 때 그 시절만 하더라도 IMF 전이고 이른바 평생고용이란 믿음이 깨지지 않았을 때잖아요. 그때 오피스텔에 입주한 사람들의 노동 환경과 연관해서 이들의 주거지 선택을 어떻게 이해할 수 있는 겁니까?

임 서비스업 종사자가 압도적으로 많았습니다. 일단 시간에 구속받지 않고 자유롭게 움직일 수 있어야 했거든요. 특히 야간에 일하시는 분들, 네온사인 많은 곳에서 일하시는 분들이 그랬습니다.

김 그럼 결과가 같네요. 서비스업에 종사하시는 분들은 평생고용하고는 거리가 멀었으니까.

임 거기다가 아파트라든지 일반 주택에서는 보장되지 않는 익명성을 원하는 분들도 굉장히 많았구요.

김 무슨 말인지 알겠어요. 저도 비슷한 경험이 있어요. 제가 11년 동안 라디오에서 뉴스 브리핑을 진행해서 매일 새벽 4시에 일어나서 한 4시 30분에 집에서 나갔거든요. 복도식 아파트에서 살고 있었는데 한 번은 옆집에 사는 사람이 오더니 '혹시 밤무대 나가시는 분이냐?'고 묻더라고요. 제가 문 열고 나가는 소리를 옆집에서는 집에 들어오는 소리로 들었던 거지요. 생각해보니까 그럴 수 있겠더라고요. 이런 불편한 시선에서 벗어나고 싶은 사람들이 있겠죠.

임 환락가, 연예계 쪽 사람들이 많았죠. 저도 1990년대 초반 유성의 오피스텔에 잠깐 살았는데, 그때 입주자들은 딱 반반이었어요. 반은 공대 연구생, 반은 호텔이나 이런 쪽에서 일하는 여성분들.

김 공대 연구생 같은 경우에도 밤낮이 구별이 안 되는 사람들이죠.

임 그렇죠. 그런 분들, 보통 시공간을 자유롭게 쓴다고 이야기합니다.

김 고시원은 IMF 이후에 나타났지요?

임 한참 뒤입니다.

김 노동의 사회적 지위가 엄청나게 떨어지고 불안정성이 증대되는 상황에서 고시원이 등장하는 거잖아요.

임　그런데 아무리 사회보장이 잘되어 있는 선진국이라고 하더라도 인구의 5퍼센트 정도는 정상적인 주택시장으로 편입이 불가능합니다. 홈리스도 있구요.

김　외국에도 우리나라 고시원 같은 주거 형태가 있어요?

임　잘사는 나라는 없지요.

김　옛날 쪽방촌이 결국 형태를 달리해서 고시원이 된 거잖아요.

임　형태만 바뀌었을 뿐이지요. 더 열악해졌습니다.

대도시 통치술의 변화: 유동화하는 인구, 정부의 분할

김　다시 메트로폴리스 이야기로 넘어와야 하는데, 도시가 엄청나게 커진 거잖아요. 자 그러면 이걸 어떻게 운영·통치할지도 상당히 중요한 과제 아니겠습니까?

임　가령 인구가 100만 명에서 200만 명으로 늘면, 공급해야 하는 물이 두 배가 되거든요. 이 사람들이 갑자기 샤워를 한다고 가정하면 필요한 물은 거의 몇 곱으로 늡니다. 물 공급 자체가 힘든 겁니다. 하천으로 모이는 빗물을 걸러 공급해야 하는데.

김　진짜 우리는 아무 생각 없이 쓰지만 공급자 입장에서는 골치 아프겠군요.

임 오수 처리도 그렇고 전기도 그렇고 교통도 그렇고, 장애 요인이 한 둘이 아닙니다. 도시는 절로 굴러가는 게 아니라 엄청나게 많은 사람들이 음지에서 일해가며 운영하는 건데, 갑자기 공급해야 할 양이 두세 배 늘어나 버리니까 문제가 큽니다. 수도권 인구가 10년 만에 1000만에서 2000만이 되거든요. 그러면 한강물을 두 배 이상 뽑아야 한다는 이야기고 그러면 강바닥이 마르는 등의 문제가 생겨 정책적으로 여러 가지 일들을 일사불란하게 처리할 수 있는 한계를 넘어서게 됩니다.

범죄도 마찬가지입니다. 도시 통치술의 기본이 치안인데, 어떻게 주민 동태를 파악하는지가 중요합니다. 보다 중요한 경찰의 임무는 시장의 통제였습니다. 돈이 있으면 범죄가 일어나니까요. 돈이 많이 오고가는 시장에서의 범죄 처리가 경찰의 주된 임무였습니다.

김 시장의 관리를 말씀하시는 거지요?

임 예, 돈이 교환되는 곳에 항상 범죄가 있기 때문에, 시장이 경찰의 주무대입니다. 심지어 옛날에는 파출소에 가면 저울이 있었어요.

김 왜요?

임 저울 눈금 속인다고 민원 들어오면 맞다, 틀리다 판단해주기 위해서요.

김 전 법 없이 살아서 파출소에 가본 적이 없거든요. 진짜 그랬어요?

임 예, 도량형이 굉장히 중요한 이슈였어요. 아무튼 시장 통제가 경찰의 일이었는데, 경찰의 임무 수행이 점점 힘들어지기 시작합니다. 파악이 안 되는 겁니다. 도대체 누가 어디서 사는지 어디로 이사를 가는지, 그래서 주민등록 통계가 굉장히 큰 역할을 했어요. 아무리 인구가 흩어져 있어도 주민등록번호만 대면 다 통제가 되는 시스템을 일찍 구축했기 때문입니다. 우연이긴 하지만 주민등록의 역사는 전쟁 피난의 역사와 같은 흐름에 있는데, '1·4후퇴니 뭐니 하면서 계속 이동하는 국민들을 상대로 하는 통치술의 경우 우리가 일본 정부보다 훨씬 더 강력했습니다.

김 우리나라가요?

임 왜냐하면 전쟁 때 만들었으니까요. 그 통치술이 1970~1980년대까지 계속 가동되면서 안정적으로 서울을 관리할 수 있었던 토대가 되는 겁니다. 그래서 한 번 언급을 한 것 같은데, 무허가 판잣집에 살아도 주소가 없어도 우편물이 전달되고 징집도 된다. 주민등록번호 하나만 있어도 전부 통제가 되는 시스템을 만든 겁니다. 물론 처음부터 잘 굴러간 것은 아닙니다. 1950년대 후반만 해도 징병을 기피하는 비율이 30~40퍼센트 정도 됐습니다. 당시 병역기피의 책임은 문교부장관도 졌어요. 고학력자일수록 병역을 많이 기피했거든요. 그래서 이 통제 시스템이 1960년대 유신 전에 구축되었다고 생각하시면 됩니다. 그렇게 안정된 통치 시스템이, 사회가 자유주의로 변하고 메트로폴리스가 커져버리면서, 아까도 말했듯이 밤에 움직이는 사람들이 많아지고, 이 사람이 있는지 없는지 알 수 없는 문제가 생기면서 위기가 옵니다. 사람들이 사는데 주소가 없어도 되거든요. 주소는 저쪽 시골에다 놓고 서울로 계속 왔다 갔다 하면서 살아도 파악이 전혀 안 되는 겁니다. 남자들은 예비군 소집이라도 하지요. 여자들 같은 경우에는 정말 파악이 안 되었습니다. 그래서 파악을 해야 할 지점들을 잡기 시작하는데 몇 개의 포인트들이 생겨버립니다. 그중 하나가 여성의 몸입니다.

김 무슨 말씀이세요? 여성 몸이 왜 나와요?

임 일반음식점에 들어가면 피검사하는 규제가 있잖아요. 그게 굉장히 큰 역할을 해요. 서비스업에 종사하는 아주 유동적인 여성 인구들을 집계하면서 인구를 파악했습니다. 여기에 남성들은 바로 따라오구요.

　　그런 통치술들이 늘어나기 시작합니다. 예전부터 나왔던 가족계획의 흐름도 이때 도시 통치술로 한 번 더 힘을 발휘하게 됩니다. 그래서 별거 아닌 듯하지만 회사에서 캐이터링(catering) 하시는 여성분들도 다 피검사를 합니다. 서비스 분야에서 가장 많은 인구가 움직이는 일반음식업 분야를 파악하는 겁니다. 일반음식업 종사자들은 위생 보건 때문에, 전염병을 옮기면 안 된다는 이유를 붙이면서요.

김 보건증이 있었죠. 그걸로 여성 인구 등을 계속 파악하는 거지요.

임 인구통계가 만들어진 겁니다. 그래서 생정치(bio-politique) 연구하시는 분들힌테는 굉장히 솔깃한 이야기인데, 아직 이렇다 할 것은 없지만 자료들은 많습니다.

김 자, 그런데 서울시청이 있고 구청이 있지 않습니까. 서울시청 같은 경우에는 지방정부가 중층화되어 있는 거잖아요. 덩어리가 워낙 크니

어쩔 수 없다고 이해하면 되는 겁니까?

임 어쩔 수 없지는 않지요. 계속 깨려고 했으니까. 처음에 지방자치제 세팅을 할 때에는 구청이 굉장히 우연스럽게 나왔다는 말씀을 드렸습니다. 그다음에는 서울시가 크기 때문에 서울시를 네 개로 쪼개네, 다섯 개로 쪼개네, 민자당안 민주당안 이러면서 계속 바꾸려고 했습니다. 첫 번째 긴장은 여기서 발생합니다. 예전부터 그러긴 했지만, 점점 더 서울시의 결정이 지방에 미치는 영향이 굉장히 커집니다. 특히 수도권은 하나의 경제권입니다. 예를 들면 서울시에서 버스전용차선 만들었을 때 처음에는 경기도 버스를 못 들어가게 했어요. 이로 인해 문제점이 많았습니다. 두번째로 교통, 환경, 상하수도 등에 대한 결정이 광역화되고 서울시의 힘이 세집니다. 그 와중에 정부는 서울시의 영향력이 너무 비대해지니까 이를 견제하게 됩니다.

김 너무 커지니까.

임 순수 도시 기능만을 생각하면 서울과 경기도가 하나의 시가 되어야 합니다. 수도권 전체를 그냥 하나의 통일된 행정권역으로 만들 필요성이 있습니다. 그게 훨씬 더 효율적입니다. 그런데 정치권은 그걸 바라지 않지요.

김 2000만 시민을 거느리는 시장이라면 대통령이랑 맞먹을 수 있으니까요.

임 그래서 서울시장이나 서울시 의원이나 야당 당선자가 나올 때마다 서울시를 쪼갠다는 이야기가 계속 나왔던 겁니다. 너무 커지니까요.

김 안 되었잖아요.

임 안 되었지만 구청의 힘을 강화하는 것이 한 방안이었습니다. 프랑스도 그렇습니다. 파리하고 리옹하고 보르도는 구청 권한이 굉장히 강합니다. 그러니까 큰 도시일수록 시 바로 아래에 있는 구의 권한을 특별법으로 강화합니다.

김 시청을 일정하게 제어하려 하는데, 중앙정부가 찍어 누르는 게 아니라, 구청을 키워서 이를테면 치받으라고 시키는 거군요.

임 예, 그래서 지방자치제의 경우 결코 이층제, 기초와 광역으로 구성된 시스템을 포기할 수가 없습니다. 하나로 뭉치는 순간 중앙정부와 일대일로 대응하며 전선을 형성하기 때문입니다. 중앙정부는 항상 두 개의 층을 가진 지방정부를 통해 전략을 짜게 됩니다.

김 조정을 하는 모양을 띠면서 뒤에서는 필요에 따라서는 이간질도 좀 하고, 지들끼리 싸우게도 만들고…….

임 사실 이런 전략은 중요합니다. 예를 들어 노무현 대통령 때 했던 종부세를 보면, 종부세 걷어서 어디에 주었는가 하면 기초단체에 줬습니다. 광역지자체에 안 주었어요. 뭔지 아시겠지요. 광역을 견제하는 겁니다. 종부세를 없앤다고 하면 기초가 들고 일어나게 설계한 겁니다. 광역이 들고 일어나기는 힘들어요. 왜냐하면 광역은 수입원이 다양하고 종부세 안 받아도 되는데 기초는 재정 규모도 작기에 종부세 재원이 들어오면 이 세제와 관련된 이해관계가 훨씬 더 첨예해집니다. 이런 식으로 중앙정부에서는 두 개의 지방정부를 설치하고자 합니다. 역설적으로 대도시는 효율적으로 자원을 배분해야만 성장하는데, 정치 쪽으로 들어가면 굉장히 비효율적으로 정부기구를 배치하는 경향이 세계 곳곳에서 신자유주의 이후에 등장하게 됩니다.

김 　신자유주의가 구체적으로 어떤 영향을 미쳤습니까?

임 　요컨대 신자유주의는 작은 정부를 말하는데, 중앙정부의 힘이 약해져야 자본의 힘이 세지고 정부들끼리 싸우면 자본들은 훨씬 좋습니다. 예를 들어볼게요. 현재 삼성타운이 서초동에 생겼는데, 만일 삼성타운 짓기 전에 삼성 쪽에서 서초로 갈까 아니면 송파로 갈까 운만 띄운다고 생각해보세요. 양쪽 구에서 난리가 날 겁니다. 마치 제3공항이 경북으로 가네, 경남으로 가네, 밀양으로 가네, 그러는 것처럼. 우리가 공장 하나 세우려고 그러는데 목포로 갈까, 울산으로 갈까, 이러면 이야기가 또 달라집니다. 해당 관계지기 술집에서 살짝 운만 띄워도 효과가 아주 확실합니다. 결국 지방정부는 자기들 예산으로 기업을 유치하기 위한 환경을 조성하는 등 조례를 만들고 난리법석을 떱니다.

김 　도로 닦아주고, 기반시설 다 만들어 바치고.

임 　하다못해 교통경찰 몇 명이라도 더 배치하게 되죠.

김 　자본의 힘이 그렇게 작동하는 거군요.

임 　스케일을 더 넓히면 국가 단위에서도 같은 이야기가 나옵니다. 예를 들어 애플 같은 회사가 아시아에 적극적으로 투자하겠다고 합니다. 그런데 시장은 중국인데 R&D는 어디에 둘지를 검토한다고 흘리면 제주도도 '저요!', 일본도 '저요!' 그러면서 유치 작전에 들어갑니다. 그러면 애플 쪽은 협상에 들어갑니다. '너희 뭐 해줄 건데?' 이러면서요. 결국 애플이 필요한 자본, 기반시설 구축 등을 지방정부들이 알아서 선투자하게 만들어버립니다.

김 그런 입장에서 지방정부가 쪼개지면 쪼개질수록 자본한테도 좋겠네요.

임 훨씬 더 들어갈 틈이 많아진 거죠.

김 그래서 신자유주의 이후에 그 현상이 도드라진다고 하신 거군요.

임 1995년 이후에 유지들은 건물들을 개발하게 됩니다. 건물 임대수익이 자신들의 권력 유지에 큰 역할을 합니다. 그러다 보니 유지들은 땅에 묶여버리고, 다른 자본들, 세계 수준의 거대 자본들은 지역을 넘나들면서 단물만 쏙쏙 빼먹고 이동하는 겁니다.

김 먹튀가 많이 나오겠네요.

임 예, 이 갈등을 어떻게 조정하느냐가 메트로폴리스 자본 조정에서 핵심 테마가 되는 겁니다. 재미있는 사례 중에 하나로, 우리나라 모 도시에서 신시가지를 만들었는데 그 개발이 대박을 쳤습니다. 큰 마트 들어가고 아파트 단지 들어가고 했어요. 그런데 신시가지를 개발한 사업가에게 옆 동네 사람들이 찾아와서 신시가지에 들어간 상점들을 이길 만큼 우리 지역도 개발해달라고 한 겁니다. 그래서 그 개발자는 A 지역 개발해서 돈 벌고, A 지역을 누르기 위해서 B 지역을 개발해서 또 돈 벌고, 이제는 다른 도시로 떴습니다.

김　말 나온 김에 지방 같은 경우 지방자치제가 도입된 이후에 신시가지가 안 만들어진 곳이 거의 없잖아요. 그런 메커니즘이 아까 이야기했던 이른바 유지들로 인해 만들어지는 거지요? 공공의 필요 때문이라기보다는.

임　그렇다고 봐야죠. 국가 건설 경기 전체 차원에서 지방을 헤집고 다녔던 곳도 많습니다. 이런 현상은 국도 사업과도 밀접하게 연결됩니다. 예비타당성 조사라고 해서 100억이 넘으면 예비타당성조사를 KDI에서 받게 되는데 거의 대부분이 국토 사업, 도로 사업입니다. 지방의회 의원들, 국회의원들, 그리고 시장들이 돈을 충당하는 방법은 주로 땅 투기였습니다. 신시가지 개발은 아주 큰 스케일로 나눠 먹는 거고요, 자질구레하게는 국도를 자기 땅 옆에 건설해서 돈을 버는 방법이 있습니다. 혹시 기억하실지 모르겠지만 예전 민노당이 울산에서 정권을 잡았을 때도 말이 났던 적이 있었습니다. 구청장 출신이 도로에 빌딩을 샀네, 안 샀네 하면서요. 그 수법이 아주 전형적인 지방 유지들의 재산 증식 방식이었던 거지요. 지방 일이기 때문에 일간지에는 거의 보도되지 않았습니다만 지역에서는 굉장히 첨예했던 문제였습니다. 보통은 새로운 도로 신설 시 선을 긋는데 약 500미터 폭 안에서 경제성에 따라 결정됩니다. 500미터 안에서는 자유로이 왔다 갔다 할 수 있습니다. 그 사이에서 10미터만 벗어나도 내 땅이 수용되거나 아니면 길가가 되어 지가가 폭등하기 때문에, 지방에서 국도 사업은 새로운 정치인 아니면 기존 정치인들의 돈줄이 되었던 겁니다.

김 이제 정리를 해야겠습니다. 아까 신자유주의 이야기를 했는데 신자유주의 시대가 되면서 자본의 입장에서는 행정의 분할과 경쟁을 유도할수록 이득이 커진다는 거죠?

임 그래서 자본가들 입장에서는 메트로폴리스가 합리적으로 운영될 때가 가장 두려울 겁니다. 눈먼 돈들이 왔다 갔다 하고, 정부들이 서로 싸움도 해야 되는데, 너무 합리적으로 움직이면 먹을 돈이 없는 거지요

김 그렇지요. 그런데 아무튼 지방자치 체제에서 기초와 광역의 이른바 중층 구조는 절대로 깨지지 않을 거란 얘기죠?

임 중앙정부 입장에서는 꽃놀이패이기 때문에 깨고 싶지 않을 겁니다. 이제 편이 갈리지요. 중앙정부하고 자본이 공히 원원이 되는 거고요.

김 그러면 이 틀로 그냥 가겠네요, 어쩔 수 없이.

임 예, 그래서 더 이상 서울을 쪼갠다라고 말하기 힘들어집니다. 그러다가 구가 없어져버리면 서울의 힘있는 부분은 중앙정부가 건드리기 힘들어지기 때문입니다.

김 서너 개로 쪼개면 구를 그대로 유지한다는 것도 모양새가 이상하잖아요.

임 그다음부터는 여러 구끼리의 싸움으로 판세를 바꾸지 않으면 중앙정부가 힘듭니다.

김 그렇지요. 정치라는 것이 여의도에만 있는 것이 아니라 우리 삶의

모든 영역에 스며 들어 있다는 진리를 다시 한 번 확인할 수 있습니다. 정치뿐만이 아니라 자본도 그렇지요. 저는 그게 더 무섭습니다. 여기까지 하지요. 고맙습니다.

임 감사합니다.

8

IMF 금융위기 이후의 변화

녹음일 2013.11.19.

김대중 정부는 역대 어떤 정부보다도 경제 비전이 뚜렷했다. IT, 벤처에서 새로운 성장 동력을 찾기 위해 오래 준비해왔을 뿐 아니라 교육 시장의 혁신, 동아시아 협력 관계의 증진, 남북 경협, 중국 시장의 선점 등 다양한 전략들을 가지고 있었다. 다만 하필 외환위기라는 악조건을 만나면서 성과가 미흡했고 이것이 공장 땅 투기와 연결되면서 전반적인 인플레이션이 발생했다. 테헤란밸리와 관련해서도 이런 연쇄효과가 발생하는데, 사실 테헤란로가 대표적인 오피스촌으로 뜬 것은 매우 우연한 일이다. 전통적으로 마포야말로 도심과 여의도를 잇는 우월한 입지로 인해 훨씬 더 일찍부터 사무실들이 들어선 지역이었다. 임대업자가 힘이 세서 높이 규제를 강화하는 방식이 아니라 개발업자가 권력을 잡아 필지를 나누거나 합쳐 높은 건물을 짓고 빠지는 방식이 승리한 것으로 볼 수 있다.

오피스 공급 과잉이 계속되면서 이를 소화하기 위해 아웃소싱을 늘리는 방법, 창업을 증진시키는 방법 등이 활용되기도 했다. 또 기업과 정부가 돈을 풀기 어렵게 되자 개인들이 돈을 풀도록 부동산 시장을 지원하는 금융 정책이 계속해서 등장한다. 결국 부동산 원가연동제와 분양가상한제 폐지로 인해 용인, 죽전 등의 난개발 같은 문제들이 발생했다. 이 시기에 화교 자본도 다양한 루트로 들어와서 부동산 포트폴리오를 관리하기 시작했고 큰 건물들의 임대수입을 꾸준히 올리는 경영 기업들도 발달하기 시작한다.

한편 이때 서울시는 본격적으로 메트로폴리스로 성장하고 이를 뒷받침하기 위한 다양한 기술적, 행정적 인프라를 구축하기 시작한다. 고건 시장은 총량 규제의 감각을 유지하면서 전체적인 그림을 잘 그려 이를 실행했다. 가령 수도권 광역 대중교통을 만들었고 대중교통 시스템 자체를 합리화함으로써 수도권 출퇴근자까지 2000만 인구를 효율적으로 통치할 수 있는 기틀을 마련했다.

벤처 육성 정책과 부동산 투기의 잘못된 만남

임 이제 역대 대통령과 서울시장의 특색을 정리해보면서 IMF 금융위기 이후의 시기를 세 번으로 나눠 이야기해볼까 합니다.

김 IMF 이후라면 김대중 정부부터 시작해야겠군요. 그때 서울시장은 고건 시장이었나요? 그럼 김대중, 고건 이 라인이 서로 어떻게 영향을 주고받으며 서울을 변화시켰는가를 주목해봐야 되는 겁니까? 두괄식으로 결론부터 내려주세요. 어떻게 변화시켰습니까?

임 정신없이 변화시켰습니다.(웃음) 김대중 대통령은 IMF 금융위기 직후 나라 수습하느라고 바빴고, 고건 시장은 만들어놓은 지자체 수습하기 바빴습니다. 사실 조순 시장이 민선 1기이긴 하지만 서울시장은 민선 2기부터 자리를 잡아갑니다. 서울시장 임기가 4년이니까 대통령 임기 5년하고 살짝 시차가 생깁니다.

김 1995년부터 1998년까지가 조순 시장 임기였지요? '정신없이'라는 말은 플랜이 없었다는 이야기입니까?

임 플랜은 굉장히 많았습니다. 확고하기도 했구요. 그래서 김대중 정부는 경제에 대한 비전으로 따지면 가장 뚜렷하지 않았나 싶습니다.

김 이를테면 어떤 플랜요?

임 일단 아주 값싼 노동력으로 수출 경쟁력을 확보해 잘 살아보자는 것이 1965년도 이후 산업화 시대부터 계속 내려온 전략이었는데, 더 이상 그게 안 통하는 시기가 됐습니다. 새로운 성장 동력을 찾기 시작했어요. 삼성도 골프장에서 들은 정보에 근거해 전자 쪽 투자를 시작했다는 설이 있잖아요. 사실 그런 흐름이 1980년대 내내 있었습니다. 반도체, 전자 이런 쪽으로 투자하려는 흐름은 있었죠. 그런데 거기서 새로운 성장 동력을 찾으려고 했던 것이 김대중 정부입니다.

김 그래서 벤처 육성 정책이 나타났고, 테헤란밸리가 뜨게 되었군요.

임 잘못된 만남이 시작되는 겁니다. 너무 성급하기도 했고, 부동산이랑 만나면서 많이 왜곡됐죠.

김 그런데 IT 육성 정책과 주택이 어떻게 매치되는 겁니까?

임 IT 육성 정책은 주택보다는 오피스와 연결됩니다. 대규모 건물을 신축해 연면적을 확대하는 겁니다. 오피스뿐만 아니라 공장 땅 투기가 많지요. 부동산 투기하시는 분들은 여러 급이 있는데 제일 아래 급이 주택이에요.

김 그럼 최상급은 뭡니까?

임 공장입니다. 공장 땅 투기가 제일 세요. 산업단지와 관련한 땅이 제일 가격 편차도 심하고, 공장은 한번 뜨면 왕창 뜨거든요. 쉽게 말하면 부동산 대박 신화는 거기서 나오는 거죠.

김 공장 짓겠다고 땅 사려면 몇 평 정도가 필요한 거예요?

임 최소 200평은 있어야 조그맣게 들어가는데 규모를 더 키우면

1000~2000평 되니까 단위가 다릅니다.

김 저 같은 사람은 명함도 못 내밀겠네요.(웃음)

임 또 공장 지역의 경우에는 산업용 전기라 보통 전기요금도 싸고요. 혜택도 많습니다. 공장은 보통 평지에 큰 규모로 들어가기 때문에 경사도가 1퍼센트 이하여야 합니다. 길도 넓어야 하고. 허허벌판으로 원래 개발하기 좋은 땅입니다. 그런데 농지 보존 등을 위해 제도로 묶어놓은 것을 한순간에 생산 지역으로 바꾸는 겁니다. 어느 날 갑자기 확 가격이 올라가요. 그리고 공장 부지는 이전하고 나서 뭘 할지 장기 플랜까지 세울 수 있기 때문에 장단기 투자에 다 영향을 미칩니다.

김 김대중 정권이 IT 육성 정책을 펼쳤는데 사람들이 정책에 부응하는 척하면서 IT 사업을 하겠다, 공장을 짓겠다 하면서 땅을 사들인다는 거죠? 그러면 정부는 일자리가 창출되기를 기대하면서 세제 혜택을 막 주고. 그럼 이 사람들은 치고 빠진 거군요. 돈 받고 부동산 차액 챙기고 튀고, 이러한 과정이 되풀이되었다는 건가요?

임 예, 여러 단계에 걸쳐서 그렇게 됩니다.

김 어허. 이게 서울에서 많이 나타난 현상인가요?

임 제일 영향을 많이 미친 지역이 수도권, 인천, 수원 쪽이겠지요.

김 결국 땅값만 잔뜩 올랐겠군요.

임 네, 공장 부지 지가가 계속 올라갑니다. 그러면 실제 생산하려는 사람들에게는 더 타격이 되고요. 그래서 부동산 가격이 IMF 이후에 처음에 잠깐 많이 떨어졌다가 계속 올라갔어요. 전반적으로 인플레이션이 발생했습니다.

김　부동산 이야기를 하니까 말씀드리지만, 김대중 정권 말기 전세 대란이 벌어졌는데 저도 그때 폭탄 맞은 사람 가운데 하나예요.

임　전세 대란은 2~3년마다 한 번씩은 계속 있었던 거 같아요. 통치술 차원에서는 전세 시장이 굉장히 중요합니다. 왜냐하면 집이라는 것은 이론적으로 매매가 활발할 수는 없는 자산입니다. 평생 한두 채 사면 많이 사는 재화입니다. 그런데 우리나라 사람들 정말 이사 많이 다니잖아요. 집도 많이 사구요. 누군가는 사람들이 집을 자동차 사듯 산다고 하더라고요. 중고차 시세 보면서 차 사는 것처럼요.

김　오히려 자동차 구입 주기보다 더 빠른 것 같은데. 자동차는 10년 타기 운동도 하니까요.

임　그러네요.(웃음) 보통 외국의 주택 관련 시장은 다 임대입니다. 월세 임대료 시장인데, 우리나라는 전세라는 제도가 매매 시장의 신호탄 역할을 하거나 정부가 부동산 시장에 개입하느냐를 결정하는 사인 역할을 많이 했습니다. 매매 시장 경기가 한 5~6년 주기로 큰 폭으로 변동한다면, 전세 시장은 밑에서 계속 요동을 치고 있는 거거든요. 그래서 전세는 늘 대란을 일으킵니다.

김　그럼 전세 대란은 오히려 정도 이상으로 뻥튀기가 되어야 매매를 이끌어낼 수 있겠군요.

임 네, 그런 효과도 있습니다. 전세는 항상 매매보다 훨씬 더 빨리 주기가 시작되고 진폭도 큽니다.

김 불안 심리를 이용해 수요를 매매 시장으로 유입해버리는 거고요.

임 요즘은 주택 매매할 때 금융 지원을 많이 받는데 김대중 정권 이전인 1990년대 초만 해도 매매가 잘 안 될 때면 전세자금이 주택 매매 시장의 돈줄이 됩니다. 전세자금 얘길 하자면, 국민주택기금 같은 제도권 금융에서 대규모로 돈을 풀기 시작한 것은 오히려 김대중 정부가 효시입니다. 또, 김대중 정부 들어서자마자 부동산 원가연동제를 하면서 분양가상한제를 폐지하거든요. 폐지하고 나니 집값이 엄청나게 올라가요. 올라가는데 살 사람이 없으면 안 되기 때문에 금융권에서 전세자금을 풀고, 전세자금이 매매자금으로 가고, 이런 단계들을 거쳐서 부동산 경기를 호황으로 바꾸어줍니다. 김대중 정부 때 일입니다.

김 그런데 김대중 정부 때에는 전세자금 대출이 거의 없었던 걸로 기억하는데.

임 아닙니다. 계속 늘어납니다.

김 저의 짧은 상식으로는 전세자금 대출이 이명박 정부 때 전세 대란이 벌어지면서 생긴 줄 알았는데, 그게 아니었군요.

임 네, 김대중 정권 때부터 시작됩니다. 여기에 분양가상한제를 폐지하니 그것이 부동산 가격을 올리는 데 불쏘시개 역할을 하는 거죠.

김   그 시절 제가 서울에선 도저히 버틸 수가 없어서 행정구역은 인천이지만 사실은 김포 끝자락에 새로 입주하는 아파트에 전세로 들어갔어요. 김포 끝자락 불로지구라고 있어요. 서른두 평 아파트 전세 2500만 원에 들어갔어요. 그게 2년 만기 되니까 딱 두 배로 뛰더군요. 그러니까 IMF 직후에는 집 가진 사람들이 지옥이었는데, 2년 뒤 정반대로 역전이 되어버리면서 보복전이 시작되었어요. 그러면서 부동산 가격이 전반적으로 어마어마하게 뛰었어요. 그렇지 않습니까? 제가 실감한 바로는 그래요.

임   그 불쏘시개가 전세자금 대출이었습니다.(웃음) 부동산 값을 올려야 부동산 쪽으로 돈이 모이기 때문에, 그걸로 내수 경기를 좀 활성화하려고 한 거지요. 그런데 이 부동산 자산 시장이라는 게 묘해가지고, 모든 집이 다 1억인 100가구가 있다고 치면, 한 집만 1억에서 2억으로 올려도 나머지 집들이 자동적으로 2억이 돼버리거든요.

김   그러니까 부동산중개소나 아파트 부녀회 등의 파워가 결국은 주택 가격을 인위적으로 끌어올리는 측면이 분명히 있잖아요.

임   직전 매매가 비교해서 감평가를 책정하기 때문에 단순히 시가만 올라가는 게 아니라 감평가부터 다 올라갑니다. 1만 가구 중 1퍼센트만 교환이 되어도 갑자기 자산 인플레가 발생합니다. 그걸 바로 팔 수 있었던 사람들은 소득으로 전환이 되지만 깔고 앉으면 전혀 소용이 없는 그런 현상들이 1997년 이후에 계속 벌어집니다.

김   공장 쪽에서 제일 먼저 그리고 가장 세게 나타나는 거군요. 그런데 공장은 전세자금 지원하고는 별로 상관이 없잖아요.

임   상관이 없지요. 그건 벤처 붐이랑 산업 정책이랑 같이 가는 거죠.

김   예를 들어서 벤처 사업 계획을 세우고 공장 짓겠다고 하면 정부 재정이 투입되는 초저리 금융이 지원되는 겁니까? 이건 정부 돈 가지고 땅 장사했다는 이야기가 아닙니까?

임   다 그랬다는 건 아니고 극히 일부만 땅 투기를 했는데, 아까 말했던 것처럼 극소수만 해도 연쇄효과가 나타나니까 문제가 된 거죠. 부동산 시장 같은 경우에는 지원을 한다든지 호가를 올리는 일은 섣불리 하면 안 되거든요.

테헤란 자본과 마포 자본의 격돌

김   그러면 테헤란밸리로 상징되는 오피스촌은 어떻게 만들어진 거죠?

임   오피스도 그렇게 갑자기 늘어난 거죠. 당시에 삼국지나 무협지 얘기 하듯 테헤란 자본이 이겼냐, 마포 자본이 이겼냐, 이런 이야기를 많이 했거든요.

김   마포는 왜 나와요?

임   왜냐하면 당시에 서울시 오피스의 흐름은 광화문에서 여의도 쪽으로 가고 있었으니까요.

김 여의도에는 주로 금융 쪽이 몰려 있잖아요.

임 테헤란보다 먼저 여의도 개발을 시작했기 때문에 김대중 정권 한참 전부터 마포, 공덕 쪽 오피스텔이 테헤란 오피스보다 먼저 건설됩니다. 충정로, 마포 쪽으로 해서 여의도로 쭉 올라가려고 했는데, 그 돈이 다 테헤란으로 갔거든요.

김 왜요?

임 그러니까 무혐인 거죠. 이게 임대 시장이냐 부동산 개발 시장이냐, 뭐 이런 이야기들도 하는데, 하나 더 곁가지로 알아두시면 편한 게 있습니다. 우리나라에서 건물의 높이 규제를 하는 경우가 있습니다. 최고층 높이 규제죠. 높이 규제라고 하면 4대문 안 역사지구니까 규제한다고만 생각하는데, 그게 아니라 지구단위계획*이라고 해서 건물 높이를 일정하게 유지시키려고 합니다. 건물이 들쑥날쑥하면 보기 싫거든요.

그래서 외국 도시 보시면 시카고처럼 건물 높이가 일정하게 똑같은 거리가 있고, 반면에 뉴욕처럼 들쑥날쑥한 경우가 있습니다. 이 모습이 해당 도시의 지배적인 자본가 구성을 보여주는 겁니다. 크게는 흔히들 뉴욕 스타일과 시카고 스타일이라고 이야기하죠.

뉴욕은 개발업자(developer)가 권력을 잡았기 때문에 건물을 높이 올리기 위해서 셋백(set back), 뒤로 물러나 건물을 지으면서 굉장히 높이

---

* 지구단위계획은 토지이용계획과 건축물계획이 서로 환류되도록 하는 중간단계 계획으로서 평면적 토지이용계획과 입체적 시설계획이 서로 조화를 이루도록 수립한다. 일반적으로 도시의 기존 시가지 내 용도지구 및 도시개발구역, 정비구역, 택지개발예정지구, 대지조성사업지구 등 양호한 환경의 확보 기능 및 미관의 증진을 위하여 필요한 지역에 대하여 지구단위계획구역 지정 후 계획을 수립하게 된다. 또 용도지역의 건축물에 대한 제한을 완화하거나 건폐율 또는 용적률을 완화하여 수립할 수도 있다.

올라갈 수 있었다는 거죠. 이런 경우는 합필(合筆), 분필(分筆)이 굉장히 자유로워집니다.

김 하긴 개발업자 입장에서는 최대한 높이 올려야지요.

임 시카고 같은 경우에는 높이 규제가 들어가는데, 개발 쪽이 아니라 임대로 먹고 사는 자본가가 헤게모니를 가질 때 이런 일이 벌어집니다. 연면적이 늘어나는 것을 원치 않기 때문에 높이 규제가 가능하게 됩니다. 우리나라는 이때까지 높이 규제는 거의 안 했어요.

김 그런데 시장에서는 보통 이 두 종류의 자본가들이 혼재되어 있지 않나요? 어느 하나가 헤게모니를 쥔다고 볼 수 있나요?

임 둘 중 누가 세를 잡느냐가 관건이죠. 정확히 말하면 연면적이 늘어나는 것에 찬성하는 쪽이냐 반대하는 쪽이냐?

김 결국은 시정부에 누가 더 큰 영향력을 행사하느냐가 관건이겠죠?

임 예, 그런데 지금까지 서울시는 연면적이 계속 늘어나는 상황이었지만, 도심, 광화문 축에 건물을 가지고 있었던 사람들은 임대 수익까지 생각하는 사람들이었습니다. 그런데 테헤란로 같은 경우에는 치고 빠지는 개발업자들이 주축이었던 거죠. 개발업자들이 힘을 발휘하면서 자금이 빨리 순환될 수 있었습니다.

김 아, 그러니까 내가 여기서 건물을 계속 가지고 있으면서 임대 수익으로 뭘를 하는 게 아니라, 땅을 사고 저축은행 같은 데서 돈을 끌어와

더 비싸게 분양하고 빠지는 식이로군요.

임   그런 개발업자의 헤게모니가 갑자기 커진 겁니다. 그 사람들은 연면적을 늘릴 수밖에 없지요. 그래야 분양 이득이 많아지니까요. 자본들 간의 싸움에서 테헤란 쪽 승이지요, 일단은.

김   그런데 왜 마포에서는 초고층으로 올리지 못했을까요?

임   마포는 일단 도시 공간상 필지가 깔끔하지가 않거든요. 큼직큼직하게 쭉 있으면 좋겠는데, 여러 개로 쪼개져 있어서 컨베이어벨트 시스템처럼 쭉 개발을 하기에는 힘들었던 상황인 거죠.

김 제가 워낙 많이 돌아다녔기 때문에 마포에서도 살아서 잘 알아요. 마포대로변으로는 지금 오피스텔이 많이 들어섰지만 그 뒤로 가면 또 다닥다닥한 건물들이 많거든요.

임 사실 당시에 테헤란로에 변변한 버스 노선도 별로 없었거든요. 믿는 구석은 딱 하나밖에 없었습니다. 지하철 2호선.(웃음) 그런데 마포만 해도 당시에 교통이 무척 발달해서, 서울시에서 제일 차가 많이 막혔던 데가 공덕로터리였습니다. 1990년대까지. 그만큼 번화가였는데 돈이 그쪽으로 안 가고 테헤란로 쪽으로 빠졌습니다.

　거기에 또 하나 중요한 변수가 개입했는데, 테헤란로는 우리나라 최초의 도시설계가 적용된 곳입니다. 1984년도에 최초로 서울시에서 도시설계를 하는데, 당시엔 도시설계라는 말도 없을 때 개념을 잡은 겁니다. 그때 미관지구라고 해서 도로면에 접하는 건물들 폭을 20미터 이상으로 지으라고 조닝(zoning)을 해버립니다. 촘촘한 면벽처럼 생긴 건물들은 아예 못 짓게 하고, 무조건 폭을 20미터 이상으로 강제한 겁니다. 합필을 조장하는 거죠.

김 합필, 필지를 합한다는 말이죠?

임 합필 개발을 조장해서 건물을 올리게 해버립니다. 그렇게 하는 이유 중 하나는 보도를 확보하기 위해서예요. 건물을 높게 짓기 위해서는 사선제한에 따라 길에서 뒤로 물러나게 되고, 그러면 보도가 넓어집니다. 12미터, 18미터, 21미터, 이렇게 3의 배수로 해서 보도 폭이 넓어지게 됩니다. 참 희한한 게 자동차 도로 빼앗으려고 체비지 만들어서 토지구획 정리 사업 하고, 또 보도를 넓히기 위해서 건물을 높이게 해주고, 이런 거래들이 이루어집니다. 서울시는 공공부지 면적을 이런 식으로 계속 넓혔던 거죠.

김 아, 그런 거예요?

임 테헤란로는 좀 미스터리하긴 했어요. 왜냐하면 격자 도시는 어디가 뜰지 모르거든요. 사방팔방으로 다 비슷비슷하니까요. 그런데 유독 테헤란로가 뜬 이유는 도시계획 때문입니다. 1979년에 강남구 차원에서 최초로 도시 기본 계획을 만드는데, 그때까지도 포인트 중심이었거든요. 센터가 포인트가 되는 거죠. 강남에서 어디가 센터냐 이런 이야기가 나오다가 1984년도에는 테헤란로 가로 설계라는 개념을 도입하면서 블록을 크게 조정해주었고, 그러다 보니 개발이 용이했던 겁니다.

오피스 시장의 구세주, 아웃소싱과 인큐베이팅

김 지금까지 자본의 흐름에 따라서 테헤란밸리의 조성 과정을 말씀하셨는데, 당시 서울 시정의 방향은 어땠습니까?

임 남아도는 사무실을 빨리 소진해야 하는데, 벤처나 인큐베이팅 쪽을 통해서 소진시킨 거죠.

김 지금도 기억이 나는 게, IMF 직후에 특정 건물 이름을 대면 안 되겠지만, 광화문에 어마어마한 건물이 올라가다가 멈추고, 싱가포르 자본이 매입을 했던 걸로 알고 있습니다.

임 아, 그런 이야기를 하면 안 됩니까? 그 얘길 하려고 했는데.(웃음)

김 건물 이름만 말 안 하면 됩니다. IMF 직후가 공실률이 최고일 때 아닙니까? 대형 건물도 짓다 말고 분양 안 되고 난리가 났을 때니까요. 그런데 벤처 정책 수립의 동인에 바로 이 빈 오피스 소화라는 요소도 있었던 거군요.

임 예, 오피스 수요를 늘리는 방법은 아웃소싱을 늘리는 방법, 생산 단위를 잘게 쪼개는 법, 창업을 증진시키는 법 등 여러 방법이 있습니다.

김 아웃소싱을 늘리면 회사가 또 하나 생기는 거니까, 그들도 사무 공간이 필요하겠군요?

임 예, 아웃소싱은 정말 재미있는 주제 중에 하나입니다. 경제지리학자들 사이에선 아웃소싱이 최고의 화두 중 하나죠.

김 기존 노동자의 입장에서 볼 때에는 노동의 불안전성이 증가하는 일이지만, 정권 입장에서는 산술적으로 일자리가 더 늘어나는 일이 되겠군요.

임 거의 뭐, 곱절로 늘어나지요. 몇 단계로 쪼개는가에 따라서. 그래서 끊임없이 창업하고 망하고 창업하고 망하고 하면서 계속 오피스들이 찼다 사라졌다 찼다 사라졌다 하거든요. 임대하는 입장에서 보면, 포트폴리오를 관리해야 하잖아요. 돈을 많이 내는 핵심 세입자가 몇 있고 나머지는 계속 들어오고 빠지고 해야 하는데 그런 바람에 딱 맞는 거예요.

테헤란로의 모습

김 IMF 직후에 남아도는 사무실이 너무 많아서 이걸 다 소화하기도 바빴어요. 그런데 테헤란밸리에 어마어마한 오피스촌을 다시 조성할 이유가 있었을까요?

임 한참 뒤입니다. 1997년도에 IMF 사태가 벌어지는데 2000년 중반기까지는 조용했지요. 그후에 갑자기 강남역에서 우성아파트 쪽으로 확 늘어나기 시작하는 겁니다.

김 그런데 최근에는 또 오피스들이 테헤란밸리에서 빠져나가고 있다는 뉴스를 봤거든요.

임 지금 연면적 자체는 전반적으로 과잉입니다. 과잉이지만, 빈집이 늘어난다고 집값이 떨어지는 것은 아니고, 사무실 빈다고 임대료 내려가는 것도 아니죠.

김 진짜, 이유 좀 설명해주세요. 뉴스를 보면 공실률이 계속 높아진다고 하는데 시장 원리에 따르면 공급이 수요를 초과하니까 임대료가 내려가야 하는 거 아닙니까? 도대체 왜 안 내려가요?!

임 먹고살 만하니까 그렇죠.(웃음)

김 건물주 입장에서는 몇 달 빈 채로 돌려도 먹고사는 데 지장이 없다는 뜻인가요?

임 대형 마트에서는 도둑맞는 비율을 5퍼센트 정도 잡고 아예 손실 처리 해버린다는 이야기 많이 들으셨죠? 오피스 같은 경우에는 한 30~40퍼센트 비워도 손실 처리 하고 말 수 있습니다. 그래서 지난번 분양원가 이야기를 할 때 50퍼센트 마진 이런 말씀을 하셨는데, 주상복합의 경우에는 정확히 100 넣으면 100 이득이 나오는 시장이었습니다. 오피스 쪽은 원래 그렇습니다. 내가 100억 집어넣으면 100억이 튀어나오니까 반이 비어도 본전인 겁니다. 분양이 반이 안 되어도 본전이었던 게 주상복합 건물이었습니다.

김 5층짜리, 7층짜리 이런 소형 건물들은요?

임 수익성이 규모에 따라 편차가 큽니다. 규모가 작으면 그렇게 큰 수익을 기대할 수 없습니다. 부동산 임대 시장의 경우에 포트폴리오 관리를 엄청 열심히 해요. 저도 잠시 사무실이 청계천에 있었는데, 건물 주인이 청계천에 빌딩이 스무 채 정도 있었어요. 그냥 집 하나 있고 빌딩 하나 있어서 임대 놓는 분들을 생각하시면 안 됩니다.

김 주변에 보면 특히 창업을 하고 조그맣게 시작하는 사람들은 대형 빌딩 못 들어가잖아요. 관리비도 어마어마해서. 5층짜리 중소형 건물 들어가는데, 맨 위층에는 주인이 사시고, 1층은 주로 가게 세주고 2, 3, 4층이 사무실인 경우가 많잖아요.

임 도심이나 부도심의 상업지역에서 보았을 때 전체 비중 면에서는 낮은 방식입니다. 외곽이나 지구중심 쪽에는 많지요. 이런 곳은 공실률이 높으면 건물주가 타격을 많이 받죠.

김 그럼 여기선 임대료가 떨어져야 할 거 아니에요.

임 그쪽은 실제로 떨어집니다. 도심 오피스 시장하고는 좀 다릅니다.

김 아무튼 김대중 정권의 벤처 육성 정책을 다른 각도에서 보니까 상당히 재미있네요.

임 벤처 육성을 한 이유는 일단 새로운 성장 동력이 필요하고, 더 이상 싸게 팔아 남기는 식은 안 되니까 뭔가 새롭고 창조적인 아이템을 찾아야 했기 때문이죠. 사실 창조경제의 핵심 아이디어는 김대중 정권에서 다 나왔거든요. 새로운 성장 동력을 구한다면서 별의별 짓을 다하는 겁니다. 교육 시장도 바꾸고 기존 시스템을 다 뒤집어놓으면서 새로운 세대를 길러야겠다, 새로운 정신으로 기업가들을 키워야겠다는 목표를 세웠습니다. 아주 예전부터, 적어도 집권 10년, 20년 전부터 DJ가 플랜을 잡고 진행했던 거였습니다. 그래서 처음 출발은 꽤 탄탄했지요.

그런데 상황 자체가 워낙 안 좋으니까 여력 자체가 별로 없었어요. IMF 이후에 돈 갚아야 되지, 거기에 부시 정부와 마찰이 있지, 이런 악

조건들이 워낙 많았습니다. 성장 동력을 새로 찾기 위해서 굉장히 노력했는데 외부 조건이 워낙 안 좋았던 겁니다.

김　그러면 IMF를 맞아 급조한 게 아니라 이미 오래전부터 벤처 육성 정책 플랜을 짜왔던 것입니까?

임　벤처는 정말 빙산의 일각입니다. 아주 여러 정책들을 준비해왔다고 들었습니다. 동아시아 협력 관계라든지, 남북 경협, 중국의 새로운 시장을 여는 문제 들을 전반적으로 인식하고 있었죠.

김　플랜은 확실하게 있었군요. 다만 IMF라고 하는 변수는 전혀 고려하지 않고 있다가 IMF가 터져버리니까, 일종의 왜곡이 발생했고.

임　왜곡이 많이 발생을 했지요. 성장 동력이라고 하면 크게 세 가지입니다. 말은 좀 거창한데 결국은 돈 푸는 사람이 누구냐가 핵심이거든요. 기업, 개인, 정부, 이렇게 세 가지예요. 간혹 거기에 국제기구도 추가되긴 합니다. 그런데 IMF 금융위기 직후에는 정부 돈 없지요. 기업 돈 없지요. 개인이 돈을 푸는 방법밖에 없었던 겁니다. 개인이 돈을 풀게 만들려면 현금 풀어 자산을 사게 해야죠. 결국 자산을 살 사람들을 창출하려고 금융을 하나씩 하나씩 세팅해놓은 겁니다.

화교 자본의 유입

김　당시에 사람들이 가지고 있는 자산이 대부분 부동산이었죠.

임 예, 집이었지요. 기업 자산도 마찬가지로 건물이었는데 이걸 누가 사느냐가 문제였죠. 이때 아세안과 관련해서 화상들, 화교 자본들이 들어오기 시작합니다. 당시에 화교 자본이 중국뿐만 아니라 싱가포르에서도 들어오죠. 화상 자본은 네트워크가 굉장히 다양해서 중동 투자라고 하는데 자세히 보면 화상 투자인 경우도 있었어요.

김 화상 자본은 주로 부동산 쪽으로 유입되었던 건가요?
임 부동산도 있고, 설비 쪽으로도 많이 들어왔죠. 일단 눈에 띄는 건 부동산이었지요. 싱가포르 자본은 도심 안에 투자를 했습니다.

김 2008년 금융위기 후 미국 부동산 가격이 폭락했을 때, 중국 자본이 엄청나게 들어가고 있다는 뉴스가 심심치 않게 소개되지 않았습니까? 그 현상이 우리나라에선 IMF 직후에 나타났던 거군요.
임 예, 중국 자본은 좀 독특한 게, 기존 자본과는 달리 임대수익을 목적으로 건물에 투자하는 경우가 많았습니다. 그러니까 자본 운영을 할 줄 압니다. 장사꾼이라서 물건 팔고 끝내는 게 아니라, 그걸 통해서 계속 이득을 내려고 합니다. 그러다 보면 장기적으로 돈이 들어오는 구조가 많아서 수치상으로는 잘 안 잡힐 때가 있는 거죠.

김 치고 빠지기가 아니라.
임 야금야금 계속 넓혀가는 거죠.

김 지금 도심에 있는 대형 건물 가운데 싱가포르 자본 꽤 많지요?

임 예, 광화문 쪽에 특히 많습니다.

김 아까 말씀드린 빌딩도 그렇고.

임 동아일보 옆 건물도 그렇고. 거기는 참 장사 잘했어요.

김 무슨 말씀이세요?

임 보통 빌딩이 크면 임대수익을 꾸준히 올리는 게 보통의 경영 기법으로 되는 일이 아닙니다.

김 고도의 기술이 필요한 겁니까?

임 초고층 빌딩의 경우에는 경영 기법이 굉장히 다양해요. 저도 어렸을 때 꿈꾸었던 게 초고층 건물 매니저였어요. 그러니까 전 세계 100층 넘어가는 빌딩 중에서 흑자를 보는 빌딩 비율이 5퍼센트가 안 됩니다.

김 진짜요? 왜요?

임 일단 고층 건물은 엘리베이터 제대로 만들고 운영하기가 너무 힘들고요. 물도 전기도 거기까지 올렸다 내렸다 해야 하고, 쓰레기 문제 해결해야 하고 세입자들이 나가고 들어오는 게 원활해야 하는데 큼직큼직하게 세를 줬다가 큼직한 놈이 빠지면 끝장나는 거죠. 그래서 직원도 굉장히 많고, 거의 도시 경영이랑 비슷합니다.

김 대형 건물의 관리비가 비싼 데는 다 그만한 이유가 있는 거군요.

임 관리비도 그렇고. 설비나 세입자 관리 노하우가 장난이 아닙니다.

양재천변의 고급 주상복합 단지

김   대형 건물의 경우에는 월세하고 관리비가 거의 비슷하게 나오던데요. 월세 50만 원이라고 하면 관리비 45만 원이고, 그렇죠? 배보다 배꼽이 더 크다 했는데 그렇게 말할 게 아니군요.

임   제가 있는 건물은 10층밖에 안 되는데 왜 그렇게 나오죠?(웃음) 미치겠습니다. 관리비 때문에.

김   몇 십만 원씩 나와요?

임   예, 설계 자체를 잘못 한 거죠. 유지 관리도 그렇고. 규모와 용도 등이 적설하게 맞아떨어지도록 운영해야 하는데, 사실 그게 굉장히 힘들어요. 그래서 타워팰리스 같은 주상복합 빌딩 크게 올릴 때도 분양은 모르겠지만 건설이나 운영 차원에서 보면 노하우가 굉장히 많이 필요했던 겁니다. 예를 들어 기술 면에서 보았을 때 목동에 있는 모 주상복합 같은 경우에는 엘리베이터홀 무게중심을 비대칭으로 바꿨다가 한쪽이 기우는 등의 문제들이 계속 나와서 그런 것을 해결해야 했습니다. 세입자와 관련해서 기술적, 사회적, 경제적 문제들을 해결하기가 쉽지가 않았습니다.

분양가상한제 폐지와 용인 난개발

김　다시 돌아가서, IMF 이후에 김대중 정권의 벤처 육성 정책이 공장을 매개로 하는 땅 장사, 그리고 사무실 임대 사업에까지 영향을 미쳤어요. 주택엔 어떤 영향을 미쳤을까요?

임　주택은 손도 못 썼지요. 건설사들이 도산 위기였고, 주택 공급은 예전부터 사보타주를 해왔고, 신도시 건설 때 잠시 재개했다가 다시 재건축 시장으로 넘어가는 단계가 되었습니다. 그러다가 분양가상한제를 갑자기 푸니까 수도권 택지개발이 갑자기 폭증합니다. 예전에 정부가 분양가상한제 도입하고 건설사들이 사보타주 했던 이유를 다시 떠올려보면, 분양가상한제 때문에 수도권에서 수지 타산이 안 맞아 못 짓겠다고 건설사들이 조금씩 물량을 줄였는데, 이를 풀어버리니까 공급이 어마어마하게 많아지면서 수도권 택지개발이 본격적으로 시작되는 거예요. 지금 외곽, 예를 들어 수원에 사시는 분들 집은 대부분 그때 만들어진 거라고 보시면 됩니다.

김　당시 사회면 톱기사로 아파트 평당 분양가가 1000만 원이 넘었다고 대대적으로 보도된 적이 있었어요. 김대중 정권 때로 기억하는데, 맞지요?

임 수도권에서 땅을 야금야금 샀던 대기업이라든지 건설사들이 재개발, 재건축을 활용하거나 택지개발촉진법을 통해 택지를 확보하거나 해서 공급을 확 늘린 거죠. 문제점이 굉장히 많았어요. 용인 난개발 들어보셨지요? 그때 생긴 일이고, 죽전도 그런 문제가 많았습니다.

김 당시 김대중 정권 입장에서는 분양가상한제를 꼭 폐지해야만 했습니까?

임 예, 돈이 안 돌았기 때문에, 그렇습니다.

김 결국은, 다시 돈이군요.

임 비극이지요. 하고 싶지는 않았을 텐데, 하게 되었습니다.

김 돈이 없기 때문에 돈을 시장에 돌게 하기 위해서 어차피 규제를 풀 수밖에 없었는데 결국 부담은 고스란히 서민들에게 가버렸군요.

임 거기에 지자체와도 희한하게 같이 얽혔었죠. 주택 취등록세는 다 지자체 수입이잖아요. 난리 났죠. 용인 공무원들이 엄청나게 많이 구속되었습니다. 특혜로 돈 먹어서. 솔직히 말하면 용인 난개발은 희대의 사건입니다.

김 어떤 점에서 그런가요?

임 예전엔 공동주택 단지가 크게 들어가면 규제가 많았거든요. 아파트의 경우에는 유치원도 만들어야 하고 학교도 만들어야 하는 식으로 여러 가지 공공 규범이 있었습니다. 그런데 도시 개발이 아니라 택지개발을 통해 만들어진 단지들이 문제였어요. 이 단지들은 규모를 키우면 규제를 오히려 많이 받는다고 유명 건설사들이 서로 나눠 먹기를 해서 단지를 쪼갰습니다. A라는 대기업 건설사가 땅을 마련하는데 단지로 만들면 한 열 동 들어가는 규모예요. 그런데 열 동이 들어가면 거기에 맞춰 지켜야 할 규범들이 많거든요. 이걸 피하기 위해서 몇 동씩 쪼개서 땅을 나눠 가졌습니다.

가령 4차선 도로 옆에는 차음벽도 만들어야 하는데 이런 규범들을 다 피해서 일반 재건축 하듯이 아파트를 지은 겁니다. 그래서 지금도 고속도로나 국도 타고 올라오시다가 용인, 죽전쯤 되면 갑자기 차음벽이 나타납니다. 차음벽이 어마어마한 높이로 있고 바로 뒤에 아주 밭게 붙은 아파트 단지가 있거든요. 죽전에서 분당으로 딱 넘어가는 순간에 차음벽이 사라집니다. 분당 도시계획은 도시 개발의 일환이었기 때문에 차음벽 설비들을 계획적으로 해서 고속도로 차음벽이 필요가 없었던 거지요. 그런데 용인만 하더라도 그런 규범을 다 피해서 아주 빽빽하게 올려버렸던 겁니다.

김 IMF 직후는 건설사 같은 경우에는 천국이었겠네요?

임 그렇죠.

김 아파트 가격이 어마어마하게 오르기 시작한 시기 아닙니까?

임 그때 질적 도약을 하지요.

김 IMF가 결국은 건설사들에게는 대박을 안겨준 사건이다, 이렇게 봐야겠군요.

임 예, 맞습니다. 토지 자산을 가지고 있던 사람들에게는 굉장히 도움이 되었지요.

김 그래서 이제 주택 가격도 어마어마하게 오르기 시작했던 거고요.

임 정부 경제학 쪽을 보시는 분들이 당시 IMF 플랜이 옳네 틀리네 하는 이야기를 하는데 부동산 시장과 관련해서는 확실히 마이너스였습니다. 그래서 난개발도 일어나고 자본 자체가 민간 주도로 들어가다 보니까 예전 같으면 국민임대주택이든 뭐든, 부지가 작든 크든 간에, 정부가 혜택을 주며 지으라고 하면 시공사가 알아서 짓고 이윤을 남기는 구조였습니다. 시공사들은 공사가 진행되면 공사 대금을 뜯기지 않는 한 돈을 받았거든요. 파는 거는 아예 장사의 영역이었고. 그런데 이제 삼성이 열어준 재건축 시장으로 들어오면서부터는 팔리느냐 안 팔리느냐가 건설회사 이득의 큰 비중을 차지하게 된 거죠.

삼성의 영토 통치

김 저번에도 한번 말씀하셨죠. 그걸 삼성이 주도했다고.

임 삼성과 관련해서는 또 이야깃거리가 있어요. 삼성물산엔 다른 데에 비해 부동산 전문가들이 많았어요. 왜냐하면 당시에 대리점이라고 혹시 기억나시나요? 양판점이 아니라 대리점이었잖아요. 각자 브랜드별로 따로 팔았습니다. 그래서 일본은 다 한꺼번에 파는데 우리나라만 왜 이렇게 따로따로 파느냐고 낭비라는 지적도 굉장히 많았던 시절이에요. 삼성 같은 경우에는 후발 주자라 삼성전자가 가전제품을 만들기 시작하면서 대리점을 새로 확보해야 하는 상황이었거든요. 당시에 전자 쪽은 LG, 럭키금성이 유명했던 시대이니까요. 자동차도 마찬가지로 후발 주자였죠. 자동차도 애프터서비스 해야 하고 땅이 많이 필요합니다. 그렇게 신규 업종에 들어갈 때마다 삼성물산이 땅을 삽니다. 그래서 1970년대 후반부터 경제 호황기 때 농담처럼 삼성에서 부장 달면 일을 안 하고 땅을 보러 다닌다고 했습니다. 어떻게 보면 도시의 주민 조직 속으로 굉장히 깊숙이 들어갈 수 있는 기회가 아주 많았던 겁니다. 땅을 사려면 부동산도 알아봐야 되는데 대리점 같은 경우에는 아주 손쉽게 주민들과 접촉할 기회가 많아졌습니다. 그런데 삼성은 후발 주자라 훨씬 더 많은 주민들과 접촉하면서 대리점을 늘릴 수밖에 없었습니다.

김 　삼성물산이 확보한 땅이 나중에는 재건축하는 데 활용되었겠군요.

임 　삼성은 정말 신기하게 영토 통치를 해요. 도시 지도를 따로 공급해서 관리를 할 정도로.

김 　예를 들어서 충정로에서부터 쭉 거쳐서 공덕동까지 오는 삼성 아파트 벨트가 있잖아요? 그런 거 말씀하시는 건가요?

임 　예, 그런 식으로 영토 통치를 할 줄 압니다. 어떻게 보면 진지전(陣地戰)을 하는 거죠.

김 삼성 입장에서 어떤 이득이 생기는 거지요? 삼성 벨트를 만들면?

임 삼성 벨트는 빙산의 일각이고요, 점들이 이미 분산 분포하고 있고, 그중에서 이익이 되는 쪽으로 계속 라인을 형성하는 겁니다. 혹시 인터넷 검색이 되시면 삼성 맵 찾아보시면 뜹니다. 구글 맵처럼. 삼성이 가지고 있는 부동산 자산을 보여주는 맵입니다.

김 아, 그런 지도가 있어요?

임 애니카 대리점이 어디에 있는지, 래미안이 어디에 있는지, 삼성화재 건물이 어디에 있는지 이런 것들을 지도로 보여줍니다. 맨 처음엔 래미안 분양하려고 만들었습니다. 분양 정보를 지도로 만들라고 해서 삼성 포털을 만들었거든요. 거기에 삼성 계열사들의 위치 정보가 다 올라간 거죠. 애니카, 자동차보험 등도 대리점들이 곳곳에 분포해야 되거든요. 좀 이상하다는 생각도 들긴 하지만 어쨌든 이런 영토 통치의 특징은 역사적으로 좀 유래가 깊습니다. 제일모직 시절까지 거슬러 올라갑니다.

김 제일모직이 왜 나와요?

임 옛날에 삼성이 명동을 에스콰이어 거리로 바꿔달라고 민원을 낸 적이 있어요. 대신 자기들이 보도블록 깔고 가로등 만들고 필요한 돈 다 내겠다고 했죠.

김 그게 어느 정부 때였습니까?

임 노태우 정권 때입니다. 그런데 불허합니다. 길은 공공재이기 때문에 누가 자기 마음대로 길 이름 짓는 거는 상상도 못할 때였거든요. 지금

다 아시는 명동의 번화가에 자기네 이름을 붙이고 싶었던 것이지요. 홍보 효과도 된다고 생각하니까요. 그게 당시에는 불가능했는데, 지금 같으면 얼쑤 하고 받을지도 모르죠.

그런 흐름이 계속 있었어요. 용인 에버랜드의 경우에는 자연농원일 때 거기 들어가는 지방도로가 원래 이병철 회장의 사도(私道)였습니다. 없는 길 다듬어 몇 킬로미터 아스팔트 깔아놓은 겁니다. 그것도 국가에 흔쾌히 준 거죠. 자연농원 키우려고 길을 낸 거예요. 이런 식으로 옛날부터 영토를 가지고 놀 줄 알았습니다. 관리도 좀 해보고.

김 그런데 영토 통치라는 게 삼성에게 무슨 득이 됩니까?

임 도시 안 내수 시장의 경우에는 영토 통치를 해야 합니다. 예를 들면 한 10분만 걸어가면 맥도날드가 보인다는 효과랑 비슷한 거죠. 부동산을 활용할 때 무조건 계획을 세워서 딱 이 건물이라고 찍고 들어가서 사는 게 아니잖아요. 여러 개 사놓고 있다가 여기가 뜨겠구나 하면 이거 활용하고 저기가 뜨겠구나 하면 저거 활용하고, 이거 팔고 저거 팔고 이런 식의 바구니 경제 놀음을 한 거지요.

김 시장의 동향에 따라서 대응력을 최대로 높이는 데는 그것처럼 좋은 게 없지요.

임 그 일을 일찍부터 했던 겁니다. 지금은 그런 사례들 중 굵직 굵직한 흔적만 남아 있습니다. 가령 정독도서관 가는 길에 있는 옛날 백암미술관 자리 아세요? 인사동 입구에 큰 땅 있잖아요. 거길 삼성이 샀다가 거의 10년 넘게 놀렸거든요. 이를 산 가격의 두 배에 팔았습니다.

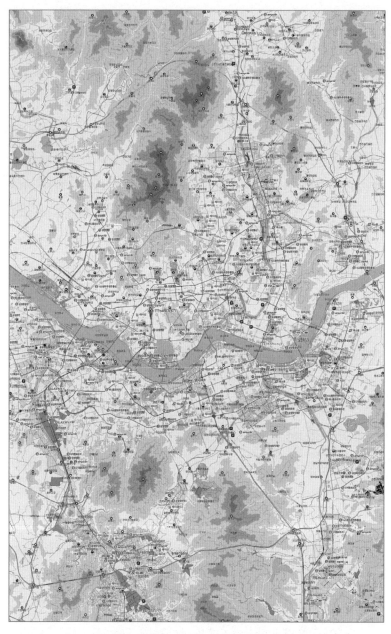

삼성맵 포털에 나온 부분도들을 병합하여 편집한 것(2009년 현황). 파란색 기호들이 삼성 관련 지점들이다.

김 두 배 장사 했네.

임 그걸 또 한진이 샀지요. 그런데 지금 문화재니 뭐니 계속 나오니까 아무것도 못 짓고 있고요.(웃음) 그때 거기서 일하는 친구한테 궁금해서 물어봤어요. 한 1000~2000억 정도 돈을 들여서 10년째 놀리는데 괜찮냐고. 이자가 얼마인데 저렇게 놀릴까 그랬더니 그 친구가 그러더라고요. 어마어마한 포트폴리오가 있어서 이거를 놀려도 다른 데서 벌면 되고, 다른 데 안 될 때 이거 하면 되고. 그러니 눈 하나 깜짝 안 한대요. 그러니까 한 달 몇 억 이자에 벌벌 떨어서는 부동산 투자가 안 된다고 하더라고요. 3000억 묻어둔 게 대여섯 개 있고 한 1000억짜리가 대여섯 개 있는 거죠. 그래서 속으시는 분들이 있으실 겁니다. 가끔 저에게도 그런 문의가 들어오는데, 어느 지역에 삼성전자가 땅 샀다, 삼성이 땅을 샀으니까 개발이 될 것이다, 호재다, 부동산 쪽에서 그런 이야기를 한다고 호기롭게 투자하시는 분들이 있는데…….

김 그게 10년 묵을 수도 있다.

임 10년이 아니라 15년 묵히다가 팔 수도 있습니다. 그쪽 전략이 그렇습니다. 아무튼 삼성물산이라든지 이런 쪽에서는 물류 관련 해서 창고를 어디에 둘 것이냐, 이런 노하우가 좀 쌓여 있습니다.

김 뉴스를 통해서 기업의 땅 장사 이야기가 가끔 피상적으로 흘러나오잖아요. 우리는 지금까지 기업의 땅 장사 하면 무조건 투기하는구나, 값이 오를 땅 미리 점찍어서 사놓았다가 되팔아서 차액 얻으려 하는구나 생각해왔는데 그렇게 단순하지만은 않다는 거군요.

임　예, 기본은 파는 건데 일단 여기저기에 많이 가지고 있습니다.

김　그러면 기업의 땅 장사는 불가피한 측면이 있다고 봐야 하는 겁니까?

임　원래 보유금이 그렇게 많으면 안 되죠. 보유세, 종부세, 부유세 등 재산이 많으면 내야 할 세금도 많아지는 시스템에서는 절대로 그렇게 못 하는 거지요.

김　그러면 노무현 정권 때 어마어마한 갈등을 빚었던 종부세 논란 뒤에는 집 한 채 가지고 있는 할아버지, 할머니들이 아니라 기업들이 있었다. 이렇게 봐도 되겠습니까?

임　기업 종부세는 또 다른 이야기인데요. 종부세라기보다는 부동산 보유세라고 보는 게 적절하고요, 종부세는 선정적이라고 해야 하나? 너무 표면화시킨 측면이 있죠.

김　학자들은 그런 이야기를 하더군요. 주택 같은 경우 거래세는 낮추고 차라리 보유세를 올려라. 맞는 이야기입니까?

임　그건 또 진정한 자본주의로 가는 길입니다. 소득이 없는 자는 갖지도 말라는 이야기니까. 자산을 보유하지 말고 계속 소득을 내라, 그게 사회의 지상명령이 되는 거지요. 옛날에는 비싼 물건 많이 사면 자본주의사회에 기여했다고 생각했는데, 이제 비싼 임대료를 내면 자본주의에 기여하고 있는 겁니다. 끊임없이 소득화시키는 겁니다. IMF 때 소득에서 임대로 흐름이 넘어가는데 노무현 정부 때 이르러 엄청 과속화되기 시작합니다. 렌트 시장이 확대됩니다. 전반적으로 부동산뿐만 아니라 차도 가전제품도 렌트, 렌트가 굉장히 많아집니다. 렌트는 지난번에 말씀드린 것처럼 스톡 가치를 일시적으로 확 늘려버리기 때문에 효과가 큽니다.

메트로폴리스의 인프라 구축

김 알겠습니다. 지금까지 IMF, 특히 김대중 정권하에서 이른바 성장 동력 사업이었던 벤처 육성 정책과 부동산의 상관관계를 쭉 훑어봤는데, 서울시는 아직 우리가 들여다보지 않았어요. 그럼 서울시는 이 흐름과 연관해 어떻게 움직여왔습니까?

임 고건 시장 때는 우선 상암 개발을 하고 있었습니다. 월드컵이 2002년도에 열리니까 월드컵경기장 짓는다면서 정신이 하나도 없었죠. 뚝섬 개발 하고, 5호선부터 시작해서 2기 지하철 건설 들어가고 점점 대중교통 기반이 확고해지면서 메트로폴리탄 성격이 확연해지는 상황이었습니다. 당시까지만 해도 매일 차 막힌다는 불평불만이 많았어요. 교통 혼잡이 엄청났죠. 요즈음도 차는 많이 막히지만 불평불만은 줄어들었거든요. 그때 만들어놓은 교통시설 덕분입니다. 대중교통이 분담하는 비율이 총교통량의 50퍼센트가 넘어가니까 화물차로 먹고사는 사람들 이외에는 차량 혼잡 체감지수가 낮아지기 시작했습니다.

또 하나 고건 시정의 가장 큰 주안점은 부패 척결이었습니다. 시정이 놀랄 만큼 깨끗해졌습니다. 행정의 달인이긴 합니다. 당시 인터넷이

널리 보급되기 전이었는데도 불구하고 내 사업 관련 서류가 어느 공무원 책상에 있는지 알려주기 시작했어요.

김 하긴 고건 시장 때 행정 시스템 전산화 노하우를 해외에 수출까지 한다는 이야기가 있었어요.

임 구청 차원의 행정은 여전히 부패한 상태인데 시정이 너무 빨리 깨끗해지니까 시와 구 사이에서 엇박자가 꽤 많이 났던 기억이 납니다.

김 예전엔 서울시를 두고 복마전이라고 불렀죠. 정말 저기는 손보기 힘들다는 인식이 상당히 많았는데.

임 정말 행정의 달인답습니다. 구조 자체가 굉장히 깔끔해졌죠. 1기 조순 시장은 솔직히 말하면 일을 별로 많이 안 하셨어요. 고건 시장은 관선 시장을 했었거든요. 그 바닥을 너무 잘 알기 때문에 다시 돌아와서 확 잡았습니다.

김 아까 이야기하셨던 벤처 육성 정책과 부동산의 관계에서도 서울시 정책이 담당하는 몫이 있었을 것 같아요. 예를 들어 고도 제한을 풀어준다든지.

임 아, 제가 고건 시장을 두둔하는지는 모르겠습니다만, 그런 무리한 정책 추진은 많지 않았습니다. 에피소드가 하나 있어요. 마곡을 개발해야 한다는 이야기가 나왔는데, 고건 시장이 막았습니다.

김 김포공항 가는 데 있는 허허벌판 말씀하시는 거죠?

임 네, 마곡이 사유지가 96퍼센트인가 그랬습니다. 지금은 그걸 다 매입해서 개발했습니다. 게다가 상당 부분이 강남 분, 심지어 외국에 계시는 교포 분들의 땅이었습니다.

김 거기서 농사짓던 분들이 아니네요.

임 예, 저도 그 비율 보고 엄청 놀랐어요. 그런데 계속 개발을 해야 한다는 쪽의 명분도 있었어요. 5호선이 만들어지니까요. 5호선 송정역과 발산역은 개발이 되어 있던 상태이고, 신공항철도와 9호선까지 들어간다는 결정이 내려졌거든요. 이렇게 주변에 역이 많아지니까 반경 한 1킬로미터를 그려보면 마곡 주위에 지하철역만 대여섯 개인데 그 아까운 땅을 안 쓸 수가 있냐 이런 논리죠. 이런 식으로 개발 압력을 넣는 찌라시들이 굉장히 많이 돌았습니다.

김 찌라시요?

임 이쪽이 개발된다는 정보를 담은 찌라시죠. 그래서 실제로 강남 사람들이 그 땅을 많이 샀고 부동산 시장은 개발을 조장하고 있었는데 고건 시장이 결사적으로 막았습니다.

김 왜요?

임 글쎄요, 상암 땅 아직 안 팔렸는데 거길 또 개발해야 되나 하고 생각했을까요? 상암 다음에 뚝섬을 점찍어놓았는데 마곡까지 개발해야 하면 팔아야 할 게 너무 많지 않나 생각한 것 같기도 합니다. 그런데 또 그런 식으로는 완전히 설명이 안 되는 게, 어차피 다음 해에는 임기가 끝나기 때문에 자기 이후의 일을 그렇게 욕 먹으며 막을 이유가 없거든요. 당시 면적 분포를 보면서 거기는 개발할 데가 아니라고 생각한 것 같아요. 한마디로 총량 규제의 감이 있는 거지요. 지금 이 시장에서 사무실이나 주택을 늘리는 게 어떤 효과를 가져올지 가늠하는 감이 있지 않았나 싶어요.

김 잘한 결정이었다고 보시는 거군요.

임 예, 문정, 장지하고 마곡이 서울시에 남은 큰 땅이었는데, 둘 다 몇 번 조사 용역 하는 시늉만 하고 개발에 본격적으로 들어가지는 않았습니다. 대놓고 안 한다고 하면 계속 민원도 들어오고 안 좋은 일들이 있으니까 흉내만 낸 거죠.

김 이른바 투기성으로 투자해놓은 사람들은 얼마나 애가 닳았겠어요.

임 강남이라는 요소는 진짜 좀 이상해서, 강남 사람들이 땅을 많이 사면 뭔가 변화가 생기기 시작합니다.

김 그런데 강남에 있는 사람들이 땅을 샀는지 안 샀는지 어떻게 알죠?

임 일반인이 알면 안 되죠.(웃음)

김 그럼 저만 알려주세요.(웃음)

임 저도 몰라요, 옛날에나 끈이 있었지 요즈음은 끈이 다 떨어져서요. 그런데 우스갯소리로 민선 체제가 되기 전까지 구청장 중에서 제일 해먹기 어려운 구청장이 강남구청장이라는 말이 있었어요.

김   왜요?

임   자기네 구에 워낙 장관들이 많이 사니까 여기가 막히네, 신호가 이 상하네 등등 장관 마누라들 등쌀에 너무 힘들었다는 거죠. 그래서 그쪽은 신호 체계 합리화되기 전에, 특정 단지 이름을 밝힐 수는 없지만, 학여울역 인근 단지 내에서 나오는 좌회전 신호가 따로 만들어지는, 교통공학에서는 상상할 수 없는 신호 특혜가 있기도 했습니다. 어느 아파트 단지에서 차를 끌고 나오면 쭉 신호 안 걸리고 가는 노선을 만들어 주기도 하던 시절입니다.

김   그럼 고건 서울 시정은 한마디로 정의하면 무엇입니까.

임   본격적인 지자체의 틀을 갖췄다고 생각하시면 됩니다. 행정 능력을 엄청나게 늘려서 1000만 인구를 통치하고 수도권 출퇴근자까지 감안하면 인구를 2000만, 거의 두 배로 키웠거든요.

김   메트로폴리스 서울이 유지될 수 있는 인프라를 구축한 사람이 바로 고건 시장이다. 이렇게 정리하면 됩니까?

임   기술적인 인프라뿐만 아니라 행정적인 인프라까지도 키운 겁니다. 당시에 워낙 수도권에서 출퇴근하는 사람이 많으니까 수도권 광역 대중교통을 만들었고, 진짜 대중교통이 합리적으로 바뀌거든요.

김   경기, 인천 지역과 연계되는 거요? 그거 다 MB 공이라고 생각하는 사람도 많잖아요.

임   아닙니다. 흐름은 고건 시장 때 다 만들어집니다.

김 기초설계는 그때 끝났고 과실은 MB가 서울시장할 때 다 따 먹은 겁니까? 그런데 너무 고건 서울시장을 호평하시는 거 아니에요?

임 대통령이 안 되었기 때문에 그런지도 모르겠네요.

김 아 그래도, 균형감각은 있어야죠. 문제점은 무엇이 있었습니까?

임 문제점은 정치적으로도 뚫고 나갈 수도 있었는데 정치적인 힘을 별로 안 썼다는 것 정도겠죠. 일단 정치권에 척을 안 졌습니다. 당시에 고건 시장이 대선에 나갈까 안 나갈까를 두고 소문이 무성했거든요.

김 노무현 정권 때까지도 계속 그랬죠.

임 고건 시장이 대권 도전 하는 거 아니냐고 경계해서 정치적으로 많은 압력이 있었고, 그걸 의식해서 큰일을 벌이지 않았습니다. 탈 날 일을 안 벌렸습니다. 예를 들면 시영주택이라든지 임대주택 정책을 확 치고 나갈 수 있었을 텐데 도시개발공사가 조용히 짓고 말았죠. 그래서 사회주택 면에서 보면 확실히 진척이 없었죠. 국민임대주택 짓겠다고 정부가 나선 게 한참 뒤거든요. 김대중 정부가 원래 임대주택을 짓고 싶었는데 워낙 여력이 안 되니까 나중에 건설사들한테 영양제를 주입하는 것처럼 돈을 먹여서 흐름을 주고 나머지를 국민임대주택 쪽으로 돌리기 시작하는데 진짜 정권 후반기 일입니다. 그 전에 서울시에서 시영주택을 계속 조금씩 공급해서 흐름을 만들었으면 서울시가 좀 달라졌을 가능성도 있지요. 아까 봤듯이 땅도 많았거든요.

김 하긴 문정, 장지도 있고 마곡도 있고. 그렇군요. 그러면 IMF 이후 김

대중 정권의 벤처 육성 정책이 경제적으로 실패했다는 이야기를 많이 하는데 부동산과 연관 지어서 보면 더 그런 겁니까?

임 ─ 부동산으로 돈 버신 분들에게는 아주 호재였겠죠.

김 ─ 저하고는 상관이 없고.(웃음)

임 ─ 주택과 직접 연결되는 정책들은 많지 않았습니다. 하지만 간접적으로는 그 정책이 굉장히 큰 역할을 하지요. 연면적이 늘어났고, 서비스업이 딸려온 게 굉장히 큽니다.

김 ─ 그런데 당시에 IMF 사태로 거의 200만 명이 길거리로 내쫓겼고, 일자리를 잃었던 사람도 많았고 가정이 해체되고 있었잖아요. 김대중 정권 입장에서는 어떻게든 일자리를 최대한 창출해야 하는데 공공근로는 직접 재정 도입을 해야 하니까 어차피 한계가 있었을 테고요. 벤처 육성 정책을 했으니 그나마 지금 말씀하신 대로 오피스촌이 형성되고 서비스업 딸려 들어가고 일자리도 최대한 늘어난 거 아닌가요?

임 ─ 방향은 잘 잡은 겁니다. 벤처, 특히 IT 쪽으로는요. 지금 크게 보면 그 방향이 맞았거든요.

김 ─ 어디서 정책이 왜곡된 걸까요.

임 ─ 5년 단임제라는 게 굉장히 크고요. 장기적으로 플랜을 짤 수가 없으니까요. 7년만 기다려주십시오, 10년만 기다려주십시오, 이런 이야기가 안 통하잖아요. 그리고 정부의 여러 공무원들과 같이 움직여야 하는 큰 비전을 설계했는데 다들 경험이 별로 없었기 때문에 엇박자가 났고요. 또 하나 경제기획원이 거의 그 시기에 문을 닫았거든요. 역사를 벗어나는 가정이긴 하지만 그런 조직이 계속 필요하지 않았을까 생각해보기는 합니다.

김 한국 경제의 틀을 완전히 새로 짜야 하는 때였으니까 그랜드 플랜, 그랜드 지형이 필요한 시기였다. 이런 말씀이신 거죠?

임 전임자가 다 망쳐놓은 상태에서는 폐허에 들어가는 거나 다름없었으니까요. 문서도 거의 인수인계 받은 게 없잖아요. 청와대 문서고가 텅텅 비었다, 곳간도 비었다, 돈도 없다, 그랬거든요.

김 김영삼 정권 끝나면서 다 불태웠다는 거 아닙니까?

임 국가기록물도 없고, 결정을 누가 했는지도 모르고, 그런 상황에서 정권을 잡은 거죠. 그래서 역사적으로 보면 김대중 전 대통령은 정말 불운한 재임 시기를 보낸 대통령입니다.

김 IMF 이후 도시가 어떻게 변화해왔는가를 벤처 육성 정책이라는 중요한 줄기를 가지고 살펴보았습니다. 여기서 마무리하도록 하지요. 감사합니다.

임 감사합니다.

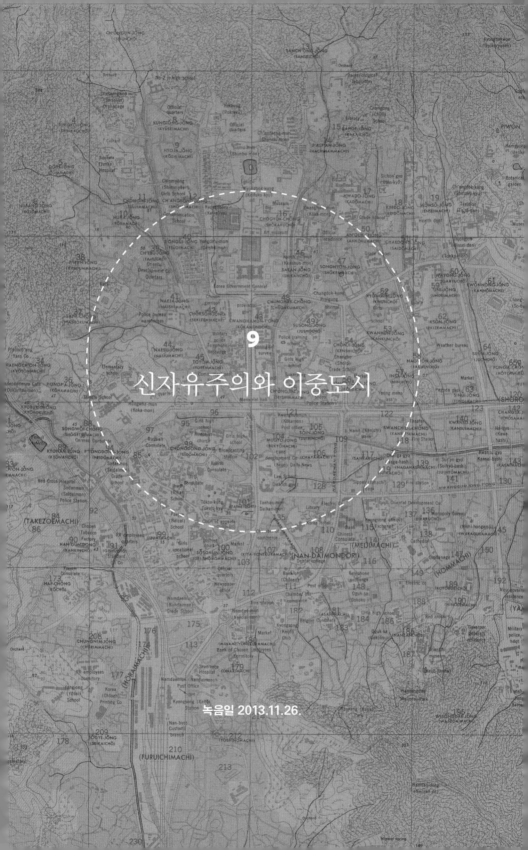

9

신자유주의와 이중도시

녹음일 2013.11.26.

세세 최초의 주택 PF

MB 시장의 업적들: 청계천 복원, 버스전용차로, 뉴타운

신자유주의 도심 개발 1: 도심재창조프로젝트

신자유주의 도심 개발 2: 디자인 서울

이중도시의 형성

2000년대에는 도시계획이 포기되고 도시 개발의 시대가 열린다. 신자유주의 도시계획의 특징으로는 부동산 개발이 금융화 기법을 통해 진행된다는 점, 돈 많은 개발업자를 위해 규제를 완화시킨다는 점, 지방분권이 이루어진다는 점을 들 수 있다. 프로젝트 파이낸싱(PF)은 역사도 깊고(광산이나 큰 다리에 민간 업자들에게 신용으로 돈을 빌려주는 방식) 전 세계적으로 유행했던 시기가 있지만 주택시장에 적용한 것은 한국이 유일하다. 이를 주도한 것은 토지개발공사로 원래 택지 개발만 할 수 있는 기관이지만 페이퍼컴퍼니(SPC)를 통해 건물 장사까지 하게 된다. 이 와중에 지자체와의 공모도 이루어진다.

이 시기 추진된 기획들을 하나씩 살펴보면 청계천 복원은 '비싼 어항'을 만든 것으로 이해하면 정확하다. 공원이 부족한 도심에 어항을 만든 것 자체는 나쁜 일은 아니지만 지나치게 많은 비용을 들여 여러 기술적 문제들을 해결하지 않고 졸속으로 만든 것, 나눠먹기 식 설계로 미적 감각을 살리지 못한 것 등을 지적할 수 있다. 버스전용차로는 도로를 줄이면 오히려 혼잡도를 떨어뜨릴 수 있다는 사실을 처음으로 우리나라 공무원들에게 실감시킨 사례로 의미가 있다. 뉴타운은 균형개발이라는 좋은 의도로 시작했으나 철저한 진단 없이 진행했다는 점에서 한계가 있고, 따라서 균형발전이라기보다는 도시 미관 사업의 의미 정도를 갖는 것으로 평가할 수 있다. 도심재창조프로젝트는 청계천 개발과 비슷한 맥락에서 역사, 문화를 통해 도심의 건물 가치를 높이기 위한 것으로 전형적인 신자유주의 도심 개발의 사례이다. 내부인보다는 해외 투자자들을 겨냥한 프로젝트라 할 수 있다. 디자인 서울, 한강르네상스 사업 등도 이런 맥락에서 이해할 수 있다. 메트로폴리스의 중요한 성장 동력인 외국자본을 유치하기 위한 정책인데 이런 성장의 열매를 시민들이 나누어가질 수 없다는 사실은 여러 연구를 통해 이미 밝혀져 있다.

세계 최초의 주택 PF

김　지난번에는 김대중 정권, 그리고 고건 서울시장 때의 도시 정치를
쭉 살펴보았습니다. 자, 이번엔 노무현 정권 때 이야기가 되겠군요. 당시
서울시장은 이명박 시장이었고, 그다음 오세훈 시장 때까지 정리해주
시는 거죠? 총평을 어떻게 할 수 있을까요?

임　정말 난감한 일이 벌어진 시기입니다. 지금까지 있었던 국토이용계
획의 틀이 완전히 깨지고, 새로운 시기로 들어간 거죠.

김　그러면 이전까지 있었던 국토이용계획의 틀은 무엇이었습니까?

임　그 전까지 도시계획은 토지 이용의 합리성과 공공성이 핵심이었고,
이는 결국 규제의 형태로 등장합니다. 예전 담배 가게 규제부터 도시 규
제의 역사가 시작해요. 담배 가게하고 목욕탕, 주유소에 대한 규제가 심
했습니다.

김　담배 가게는 거리 제한이 있었죠.

임　셋 다 다 거리 제한이 있었습니다. 목욕탕은 물을 많이 쓴다고 해
서 허가를 잘 안 해주었고요. 목욕탕과 주유소는 우리나라 지하경제
돈줄에 굉장히 큰 영향력을 미쳤어요. 독점이었으니까. 그래서 주유소
집 아들이라고 하면 엄청 부잣집 아들인 셈이죠.

김　당시에 주유소 주인이면 지역 유지였지요.

임　한때 수표를 바꿀 때 돈이 없으면 주유소 가면 다 바꿔주었잖아요.

야밤에 돈 바꿀 때가 없다고 하면 거기 가서 많이 바꿨죠.

김 다 현찰로 결제했잖아요. 요즈음은 다 카드로 긁지만.

임 야권에서 유명한 모 경제학자는 주유소 자본이라는 이야기를 하기도 했죠. 주유소끼리 계를 들었대요, 목욕탕 주인하고. 저도 처음 들은 이야기였는데 계가 원래 층위가 있다고 하더라고요. 작은 규모로 계를 들고 그 곗돈 모아서 큰 계를 드는 겁니다. 그 계주들의 계가 따로 있고, 그 계주들의 계가 있습니다. 그래서 몇 단계만 올라가면 이 사람들의 현금 동원력은 지금 시가로 몇 백 억 왔다 갔다 하는 수준이라는데, 그건 믿거나 말거나이긴 합니다.(웃음) 요컨대 당시 주유소가 현금은 아주 많았습니다. 그리고 도시계획의 뼈대는 공공성에 기초한 규제였습니다.

김 공공성이라고 하면 누군가 아파트를 짓고 싶을 때 근처에 인도 같은 공공재 성격의 시설을 의무적으로 얼마나 만들어야 한다는 개념으로 이해하면 됩니까?

임 그렇게 세부적으로 내용을 정하는 것은 아니지만 도시계획을 한다는 것 자체가 공공성을 지키겠다는 얘기거든요. 공공성 담론이 보편적으로 받아들여진다는 겁니다. 누구나 다 상업시설을 만들고 싶겠지만 여기는 주거지역이니까 규제하고 그런 방침을 지키겠다는 거예요. 주거지역의 안녕을 위해서, 사회를 위해서. 그래서 사람들이 도시 안에서 같이 살아가는 방법을 존중했던 겁니다.

김 이게 무너진 게 MB 때입니까?

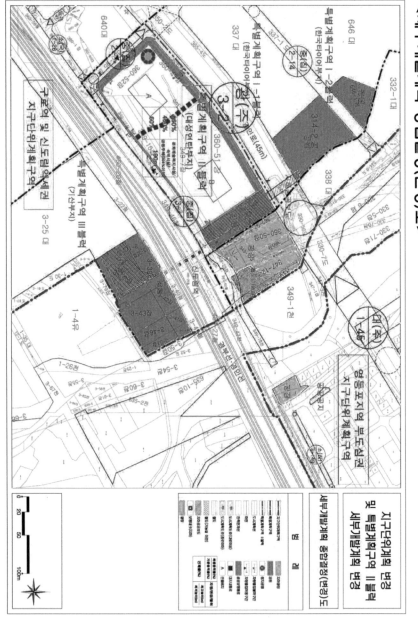

< 세부개발계획 종합결정(변경)도 >

특별계획구역(구로역 및 신도림 역세권)

임　차츰차츰 그런 방향으로 움직여오다가 그 시기에 본격화됩니다. 이제 도시계획이 아니라 도시 개발이 되어버렸습니다. 예전부터 체비지를 팔지언정 조닝 같은 규제는 포기를 안 했는데 이제는 아예 맞춤형으로 짜줍니다. 그래서 도시계획법에 특별계획구역이라는 게 생깁니다. 법을 잠시 보류해주는 제도입니다. 큰 땅일수록 그런 게 많습니다. 예를 들면 인사동의 SK 허브 같은 큰 건물들, 신도림역에 있는 연탄 공장 부지, 이런 도시 내 큰 건물들이 들어간 부지들이 특별계획구역입니다. 이 구역에 대해서는 법이 보류되었기에 개발 당시 관련 법이 없는 겁니다. 돈을 들고 오는 개발업자(developer)가 있으면 그때 시가 조닝을 협의해서 결정하겠다는 제도입니다. 그런 제도들이 하나둘 완성되면서 본격적인 도시 개발 단계로 넘어가기 시작합니다.

김　그놈의 신자유주의는 참 손길을 안 뻗친 데가 없군요. 신자유주의와 도시의 관계를 좀 더 알고 싶어지는데요.

임　신자유주의를 어떻게 정의하느냐에 따라 달라지기는 하지만 몇몇 특징은 있죠. 크게 두 개만 보면 하나는 부동산 개발이 금융화 기법을 통해 진행된다는 거죠. 그리고 다른 하나는 돈 많은 개발자가 규범을 무너뜨리는 사태, 즉 공공성 파괴죠. 하나 더 들라면 지방분권입니다.

김　그러면 프로젝트 파이낸싱노 MB 시정 때부터 시작된 겁니까?

임　MB라기보다는 노무현 정부의 힘이 컸지요. 프로젝트 파이낸싱, 줄여서 PF라고 하는데, 요즈음 저축은행들 무너지는 사태와도 무관하지 않죠. 사실 PF는 전 세계적으로 유행했던 시절이 있고, 역사도 깊습니다. 19세기 말부터 시작됐으니까요.

김 아, 그렇습니까?

임 세계적으로 주로 광산, 아주 큰 다리 등을 민관 합작으로 만들 때
민간 업자들에게 신용으로 돈을 빌려주는 방식이었습니다. 보통 금융
권 헤게모니가 만들어질 때 PF 사업이 들어갑니다. 금융기관에서는 담
보대출이 기본이었는데 신용 대출이 점점 많아지는 현상이랑 같은 맥
락입니다.

김 개발이익이 나면, 금융기관이 환수하려는 거군요.

임 그래서 미래 이익을 계산할 줄 아는 능력이 있어야 PF를 할 수 있습
니다.

김 광산은 이해를 하겠어요. 금맥 하나 찾으면 대박이니까. 그러면 다
리는 유료 도로만 해당이 되겠네요?

임 예, 그래서 가령 영불 해저터널은 PF까지는 안 했지만 비슷한 기법
이 들어갑니다. 보험회사들이 달라붙어서 미래의 가치를 예측하고 계
산하고, 판단이 서면 은행이 돈을 대는 게 PF의 핵심입니다. 그런데 이
걸 주택시장에 적용한 것은 어마어마하게 혁명적인 사건입니다. 주택에
PF를 도입한 건 우리나라가 유일합니다.

김 그게 무슨 뜻이죠?

임 주택이 광맥이었다는 거죠.

김 김대중 정권 때 분양가상한제를 폐지했으니까 아파트를 지어 올려서 분양만 시키면 금맥이 되어버릴 수 있었던 거군요. 그러니까 은행도 여기에 투자하는 거고.

임 처음에 PF를 도입하려고 했던 것은 토지개발공사이고, 민간이 쓰던 PF의 매뉴얼을 주택 사업과 관련해서 제공했던 기관은 주택공사입니다. 그러니까 택지개발 PF와 관련해서는 토공을 집중 관찰해야 합니다. 토공은 1981년도부터 시작해서 택지개발 시대를 열었던 기관이거든요. 토공은 건물을 지을 수 없습니다. 택지개발을 하는 기관이지 건물 장사 하는 기관이 아니었으니까요.

그런데 건물을 팔고 싶었던 거예요. 토공이 건물 장사를 하는 방식 중 하나는 자회사, SPC(Special Purpose Company)*를 만들어서 PF를 하는 겁니다. 역사적인 연원도 깊어서 김대중 정부 시절로 거슬러 올라갑니다. 그때부터 2000년 전후로 수도권에서 택지개발을 많이 하고 취등록세를 엄청나게 많이 걷으니까 지자체가 돈을 벌었고, 또 토지공사도 돈을 많이 벌었기 때문에 양자가 상생협약 같은 걸 맺었습니다. 그러니까 도시계획 권한을 가지고 있는 지자체장이 택지개발을 허용해주는 대신 토공에 도서관, 도로, 문화관을 지어달라고 하는 거죠. 서로 윈윈이죠. 토공이 허허벌판을 아주 싸게 사니까 거기다 도로와 기반시설 놓으면 땅값이 워낙 많이 뛰고, 그걸 민간에 팔아 이윤을 엄청 많이 남기게

---

* 금융기관 거래 기업이 부실하게 돼 대출금 등 여신을 회수할 수 없게 되면 이 부실채권을 인수해 국내외의 적당한 투자자들을 물색해 팔아넘기는 중개기관 역할을 하는 일종의 페이퍼 컴퍼니. 외부평가기관을 동원해 부실채권을 현재가치로 환산하고 이에 해당하는 자산담보부채권(ABS)을 발행하는 등 다양한 방법을 동원한다. 자산 관리와 자산 매각 등을 통해 투자원리금을 상환하기 위한 자금을 마련하는 작업이 끝나면 SPC는 자동 해산한다.

됩니다. 한마디로 지자체가 토공에게 규제 완화를 매개로 커미션을 받는 겁니다. 결정적인 계기가 아산 배방역 건축이에요. 역 앞에 거대 상업지역이 있는데 거기에 오피스를 짓고 싶었습니다. 토공의 원래 사무가 아니라고 감사원 지적 받고, 비리 있다고 국회 감사 때마다 지적받고 하면서 우여곡절 끝에 PF가 SPC 계열을 통해 들어갑니다. 그 과정에서 토공이 엄청 연구를 많이 했던 겁니다. 그래서 한국 최초의 주택 PF, 건물 PF가 나오기 시작했습니다.

김 정권 입장에서 제동을 걸 여지는 없었던 걸까요?

임 오히려 새로운 성장 동력처럼 생각했죠. 지자체도 좋았죠. 갑자기 경기도 좋아지는 것 같고, 새로운 땅도 개발되고, 그러니 득표에도 엄청나게 도움이 많이 되고요. 수익률 자체는 맨 처음에는 300퍼센트 정도 됐을 겁니다. 사실 주택 PF, 건물 PF가 돈이 되고 안 되고는 국가정책에 달린 겁니다. 주택이나 건물은 광맥이 아니니까, 정책이 바뀌면 끝장이 나는 거죠. 당연히 금융권에서 계산할 수 있는 능력이 전혀 없었어요. 그래서 나온 게 시공사 시공보증입니다. 은행에서 돈을 빌려주는데 신용 가지고 안 되고 미래 가치도 계산이 안 되니까 시공을 반드시 한다고 시공사가 보증을 해주면 은행에서 돈을 빌려주겠다는 거였습니다.

김 초기에는 PF가 워낙 많이 남았군요.

임 한참 제도권, 제1금융권에서 PF로 돈을 많이 벌고 나서 저축은행이 들어옵니다. 이때 저축은행 모럴해저드 문제가 터진 거죠.

김 지자체 입장에서는 PF를 해서 계속 부동산 개발을 하면 취등록세 수입 생겨, 토공 뻥 뜯어⋯⋯. 굳이 반대하거나 제동을 걸 이유가 없었겠군요.

임 원래 개발을 반대하는 정치인이나 공무원은 없지요.(웃음) 실은 주민들도 다 그렇죠. 속도 제한을 하거나 공적으로 모니터링을 해서 이 정도 이상은 안 된다고 제동을 걸어야 하는데, 솔직히 말하면 서울은 개발을 하는 족족 끝없이 팔렸기 때문에 별로 부담이 없었고 수도권도 마찬가지였습니다.

노무현 정권 때 부동산 개발 정점을 찍을 때가 세대 문제와 관련해 굉장히 중요한 시기이기도 합니다. 1955년생 이후 세대, 즉 베이비붐 세대가 40대 즈음 되어서 개인 자산을 구축하고 집을 사려고 할 때였거든요. 수요가 갑자기 많아졌죠. 또 하나의 요인은 당시 베이비붐 세대들이 태어난 곳에서 계속 머문 세대가 아니거든요. 대부분 상경을 한 분들이라 윗세대로부터 집이나 땅을 받기가 거의 불가능했죠. 그래서 신규 수요가 죄다 수도권 주택에서 폭증합니다.

김 고향에 있는 한옥집 이런 건 중요하지 않았군요.

임 부동산 붐 통계가 1992년에 나오니까, 1987년 이후로 딱 15년 지난 때거든요. 당시 경제성장률로 보면 한 15년이면 개인이 집을 한 채 마련할 수 있는 자산을 구축하는 시기가 되기 때문에, 고임금 노동자, 숙련 노동자들, 화이트칼라 관리직들, 신중간계급이 집을 구입하려던 시기와 맞물린 거죠.

김 그럼 신자유주의의 두 번째 특징에 대해서도 이야기해주세요.

임 특별계획구역처럼 그 지역에, 고정자본에 돈을 투자하겠다는 큰손
이 있으면 거기에 맞춰 규제를 풀어주기 시작하는 겁니다. 큰 자본 중심
으로 가는 거지요. 그때 조닝 업, 용적률 상향이라고 하죠. 400~800퍼
센트의 용적률이 나옵니다. 또 주거지역의 종 다양화, 종 분화가 나타납
니다. 예전에 주거지역이라고 하면 다 400퍼센트까지 올릴 수 있었는데,
이제 1종 주거, 2종 주거, 3종 주거로 나누고 1종 용적률도 200, 300, 400
퍼센트, 이런 식으로 차등을 두고 매깁니다. 그런데 3종 주거 같은 경우
용적률은 낮추더라도 용도 규제가 굉장히 자유롭게 된다는 거예요. 이
게 핵심이죠.

김 그러니까 이때부터 주택가에 별의별 게 다 들어온 거군요.

임 주거용 서비스업이 얼마나 분포되었느냐가 대도시화를 측정하는
하나의 척도거든요. 주거용 서비스업이 골목마다 퍼져나간 거죠.

김 세 번째로 지방분권도 말씀하셨어요?

임 이전에 말씀드린 것처럼 자본이 자유롭게 움직이려면 정부가 쪼개
져 있는 편이 좋습니다. 지방자치와 지방분권을 헷갈려하는 분들이 많
으신데, 완전히 다릅니다. 지방분권만 놓고 보면 지방이 알아서 중앙과
투쟁해서 자기 권한을 가져오는 역사는 없었습니다. 그건 지방 분리죠.
지방분권은 언제나 중앙정부가 권한을 나눠주는 체제입니다. 정말 이
상한 거죠.

중앙정부 차원에서는 경제개발계획, 국토이용계획 한 번씩 하면서

지휘 능력을 과시하면서 굴러갔는데, 세계화되고 신자유주의가 확산되면서 국가가 장기 전략을 짤 수 없는 상황이 도래합니다. 어느 순간 갑자기 IMF가 개입하고 서유럽 자본이 자기네 마음대로 들어왔다가 빠졌다가 하면 장기 투자 플랜이 불가능하고, 그때부터는 정부가 무슨 사업을 하겠다고 하면 정부 돈 얼마, 민자 얼마, 이런 식으로 진행할 수밖에 없죠. 민간에 의존하는 경우 경기 불확실성이 워낙 강하기 때문에, 경제개발 전략 수립 자체가 힘들어져서 너희가 알아서 좀 짜라, 균형개발까지는 우리가 못 하겠다고 나오는 거지요. 이게 분권입니다.

김 그러니까 지방분권은 돈 없을 때 이루어지는 거군요.

임 돈도 없고 전략도 없는 상황에서 계속 수도권으로 인구가 집중되고 균형개발 한다면서 돈을 지방으로 돌리는데, 지방으로 돈을 돌리는 순간 돈이 어떻게 다양한 뻘짓들을 통해 허무하게 사라지는지 중앙정부도 겪어보고 잘 아는 거죠.

김 노무현 정권 때 지방분권이라고 하면 혁신도시나 기업도시가 생각나는데요. 그건 어떻게 이해를 해야 해요?

임 권역별 특화가 핵심이었습니다. 포트폴리오로 관리하는 겁니다. 그래서 충청도가 이쪽으로 뛰어나가면 경상도는 저쪽으로 뛰어가는 식이죠. 마치 우산 장수하고 짚신 장수 아들을 둔 어머니와 똑같은 겁니다. 비가 오면 얘가 좋고 맑으면 쟤가 좋고, 지역 차원에서 어느 지역이 뭘로 잘 될지는 모르겠으니까 양쪽으로 나눠서 둘 다 시켜버린 겁니다. 그런데 잘 안 됐죠.

지방분권에는 세 가지 원칙이 있습니다. 권한은 내려가지만 돈은 중앙에서 다 대야 해요. 인력도 대야 해요. 지방에 무슨 인력이 있다고 그 전략을 짜요. 제주특별자치도 얘기 나오면서 공무원 지방 파견제, 순환제 같은 정책 제안들이 나왔는데 그렇게 했어야죠. 거기에 책임까지 줘야 합니다. 이 세 가지를 동시에 줘야 되는데, 돈은 옛날에 교부금 모아서 조금 주고, 그다음에는 균형발전이라고 해서 균등회계 조금 하긴 했지만 많이 안 줬죠. 책임은 좀 줬지만, 인력은 거의 안 줬습니다. 그러다 보니까 지방분권이 제대로 될 수 없었어요. 어디나 다 뜨는 거 해보겠다고 BT를 한다 IT를 한다 하면서 특색 없이 지방분권화하는 계기가 되었죠.

김 그러면 공기업 지방 이전을 계속 추진해왔고 지금 하나둘씩 내려가고 있잖아요. 그건 어떻게 이해해야 하나요?

임 그건 케인스주의 쪽에서 나왔을 법한 이야기입니다. 그래서 고용승수 3~4 잡으니까, 정부가 지방에서 한 1억 정도 쓰면 지역경제 GNP는 한 3억~4억 정도 올라간다, 그렇게 생각하시면 됩니다.

김 지방에서 자체 동력이 별로 없으니까 공기업을 내려보내는 거군요.

임 공무원이 내려가면 연쇄효과가 굉장히 크거든요. 균형발전에 굉장히 큰 도움이 됩니다.

김 그런데 공기업들이 저마다 내려가기 싫어서 그렇게 난리를 친 거 아닙니까?

임 그래도 우리나라는 프랑스보단 좀 나아요. 프랑스는 1980년대에 비슷한 맥락에서 지방분권을 했거든요. 전 세계적으로 지방분권이 나오는 배경에는 거의 다 신자유주의가 있습니다. 그때 공기업을 지방으로 이전시킨 헤드쿼터는 지금도 에펠탑 바로 옆에 있습니다. 그래서 놀림을 많이 받았죠. 우리나라는 국토부도 다 내려가니까 그나마 양심은 있는 거지요.(웃음)

MB 시장의 업적들: 청계천 복원, 버스전용차로, 뉴타운

김 이명박, 오세훈 서울시장 때로 한번 가보지요. 할 이야기가 많아요. 청계천 복원, 버스전용차로, 뉴타운 등을 아주 자랑스럽게 이야기하지 않습니까? 하나하나 쪼개보죠. 청계천 사업에 대해선 어떻게 보세요?

임 안 하는 거보다는 낫지요. 환경적으로 보면 어항일지라도 물이 있으면 좋은데, 물이 아니라 잔디밭으로 바꿔도 똑같은 효과를 내긴 했을 겁니다. 공원 자체가 워낙 없었기 때문에 효과는 굉장히 컸을 거예요. 어차피 어항이니까 표면 위에 물길을 냈으면 훨씬 더 나았을 거 같기도 하고, 밑에 그냥 놔뒀으면 문화재까지는 안 건드렸을 테니까 그것도 그렇고. 전반적으로 장기 플랜에서 나온 게 아니어서 한계가 있었죠.

김 어떤 한계가 있습니까?

임 나중에 수로 복원하기에는 훨씬 더 힘들어진 거죠. 비싼 어항을 만들어놨으니까 뜯는 비용도 적지 않습니다.

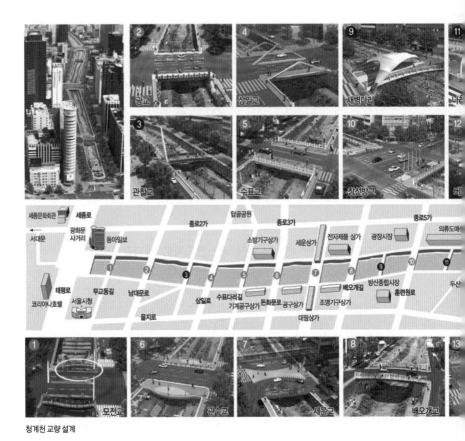

청계천 교량 설계

김　청계천은 도심 속 공원의 개념으로 이해하면 되는 겁니까?

임　예, 나무도 자라고 내려가보면 괜찮아요. 하수 냄새가 날 때가 있어서 그렇죠. 이건 초기부터 언급되었던 문제인데요. 전문 기술자들에게는 홍수 날 때 어떻게 처리할 것인지가 제일 난감한 문제였습니다. 물이 흐르는 단면적이 줄어들거나 하면 홍수 시 물을 빼내는 데 힘이 드니까요. 오세훈 시장 때 청계천 수로 상단과 연결된 광화문이 잠겼잖아요. 청계천 공사 당시 난감한 기술 문제들이 있었는데 다 무시하고 빠르게

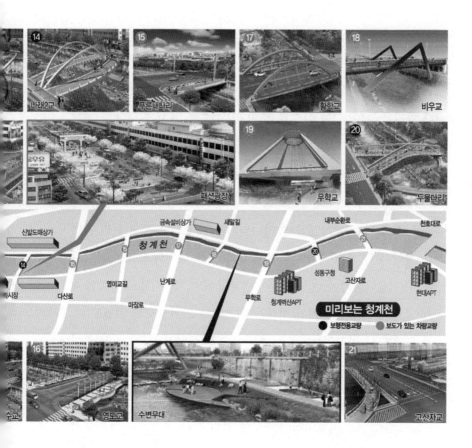

진행시킨 게 안타깝죠. 디자인은 아주 열악한 수준입니다. 보행교 설계도 너무 급조했고, 외국 사람들과 와서 같이 돌 때마다 얼굴이 타들어갈 때가 많습니다. 디자인이 너무 떨어집니다. 엔지니어링 회사들이 나눠 먹기식으로 다리 설계를 했거든요. 서울시민의 미적 감각을 굉장히 해치고 있는 다리예요.

김 제가 미적 감각이 별로 없어서 잘 몰랐습니다.(웃음) 버스전용차로는 어떻게 평가하세요?

임 예전엔 도로를 많이 놓아야 한다고 생각했지만 1980년대 후반부터 도로는 놓으면 놓을수록 차가 많이 막히기 때문에, 도로는 신규 건설 보다 관리가 중요하다는 식으로 패러다임 전환을 한 번 합니다.

김 지난번에 고건 시장에 대해 얘기할 때 수도권과 연계된 광역버스 이야기를 했잖아요. 그 연장선으로 이해하면 됩니까?

임 예, 그때 나온 패러다임 중 하나입니다. 새로 도로를 만들면 혜택 보는 사람은 차 가진 사람들밖에 없다, 도로를 줄인다고 교통 혼잡이 심해지는 게 아니다, 이런 주장들이 어떻게 보면 역설적으로 청계천 때문에 증명된 겁니다. 청계천 만드느라 분명히 고가도로도 없앴고, 그 아래 도로도 다 바꾸었는데 도심 혼잡은 훨씬 줄었거든요. 도로를 줄이면 혼잡도를 떨어뜨릴 수 있다는 사실을 처음으로 우리나라 공무원들에게 실감을 시킨 사례죠. 물론 학자들은 다 알고 있었지요.

또 교통은 흐름이 중요하기 때문에 빨리 가는 게 중요한 게 아니거든요. 빨리 가면 좋을 거 같지만 다시 막혀버리면 전체적으로 흐르는 양은 훨씬 더 줄어들어버립니다. 그래서 네트워크 설계를 얼마나 잘하느냐가 핵심 포인트입니다. 그런 면에서 버스전용차로가 차선 줄이는 역할을 한 거죠. 강남역 부근에서 택시가 1차선 점거하고 있으면 승용차들은 어마어마하게 막히는데 버스는 쭉쭉 가잖아요. 그러니 사람들을 총 몇 명을 A 지점에서 B 지점으로 옮기느냐는 점에서 봤을 때에는 대단히 효율적인 거죠.

유명한 농담이 있었어요. 서울시 버스 평균속도가 마차 속도와 같다고.(웃음) 시속 11~12킬로미터였거든요. 마차가 딱 그 정도예요. 그만큼 대중교통이 비효율적이었기 때문에, 버스전용차로 설치는 잘했다고 할 수 있습니다. 뉴타운도 균형발전이라는 측면, 강북 개발이라는 측면에서 자랑하는데 일리는 있습니다. 좋은 이야기는 이만 끝낼게요.

김 진짜로 뉴타운은 강북에 몰려 있었죠. 그래서 균형발전 효과가 확실히 있었습니까?

임 뉴타운은 이명박 씨가 서울시장 당선된 이후에 나온 정책입니다. 선거하고 취임을 할 즈음입니다. 기억이 생생합니다. 제가 파리에 있을 때 서울시에 관련 자료를 번역해준 적이 있거든요. 1980년대 파리에서 균형발전 정책을 펼친 적이 있습니다. 100년, 200년 된 메트로폴리스가 한쪽은 계속 개발되고 한쪽은 안 되는데 이것을 타개할 수 있는 방법이 뭘까 고민한 대규모 프로젝트였어요. 자크 시라크가 취임하자마자 벌인 일이죠. 아이러니하게도 우파 시장이 등장하자마자 균형개발을 포인트로 딱 잡은 거예요. 그 모델을 굉장히 많이 참고했습니다.

다만 프랑스와 우리나라가 다른 점은, 그쪽은 진단부터 합니다. 우리나라는 개발부터 하죠. 이게 가장 큰 차이였습니다. 사실 균형개발 패러다임을 도입하려면 왜 낙후되었는지를 먼저 진단해야 합니다. 그런데 진단 없이 건물 노후도, 시설 낙후도, 땅값, 몇 가지 지표 본 다음에 여기, 여기, 여기, 찍어버린 겁니다. 그래서 균형개발촉진지구가 나오죠. 은평 쪽하고 청량리 쪽인데 혼란이 좀 많았습니다.

김 낙후된 강북을 개발하겠다는 데 반대할 사람은 없잖아요. 그런데 왜 다 아파트냐는 거예요.

임   아파트하고 상가하고 용적률을 가장 많이 허용하니까요. 균형개발
촉진지구는 용적률 상향 조정을 해주려고 했습니다. 상상력이 그 정도
였던 거겠죠.

김   임동근 박사가 시장이었다면 어떻게 했을까요?

임   언감생심입니다.(웃음)

김   세상일은 모르는 거잖아요.

임   만약에 진단을 하겠다고 하면 맨 먼저 사람들의 경제구조를 봐야
해요. 뭐 먹고 사는지, 돈은 어디서 나오는지, 정부 의존도는 어느 정도
인지, 공공투자의 효과가 얼마인지……. 이런 것들을 보면서 돈을 풀면
그다음부터는 알아서 건물도 올라가요. 그런데 외지인이 와서 건설하
고 돈 챙겨 가는 방식은 효과가 거의 없다고 봐야죠.

김   오히려 집값만 올려놓고 원래 동네에 살던 서민들은 내쫓아버리고
더 살기 어렵게 만들어버린 거 아닙니까.

임   낙후된 지역에 살았던 사람들을 다 내쫓아버렸죠. 저렴한 임대료
로 살아가던 사람들도 다 내보냈고. 그래서 균형발전이라기보다는 도시
미관 사업이라고 말하는 이들이 더 많습니다. 도시를 그냥 깔끔하게 바
꿔버리는 거지요.

신자유주의 도심 개발 1: 도심재창조프로젝트

김 　도시 미관 사업이라고 봐야 하는 거군요. MB 시장 때 또 하나 중요
하게 진척시킨 사업이 도심 개발 아닙니까?

임 　예, 청계천 개발과 도심 개발, 하나씩 하나씩 패키지가 풀렸죠.

김 　그 전에 제가 감성적으로 하나 여쭤볼게요. 전 도시공학을 모르니
까 감성적으로 물어보는데, 피맛골을 그렇게 밀어버려야 되는 겁니까?
어떻게 생각하세요? 좀 보존하면 안 되나요? 그게 땅 주인의 이해관계
와 얽혀 있는 거지요?

임 　연결되어 있겠죠. 그래도 복원 비슷하게 건물에 틈 하나는 내놨잖
아요.

김 　그런데 피맛골 복잡한 곳에 들어가서 생선구이 먹는 맛과 가게 다
몰아넣은 건물 지하에 가서 먹는 거하고 맛이 달라요.

임 　제일 다른 게 청진옥 같아요. 주상복합 건물 1층에 딱 들어가는 순
간에 인테리어를 아무리 해도 옛날 맛이 안 나죠.

김 　그런 거 좀 살리면 안 되나?

임 　살리면 좋죠. 그런데 참 난관이 많습니다. 게다가 당시에 피맛골이
망가지기 시작할 때에는 조폭이 도심 개발에 굉장히 많은 역할을 할 때
였어요. 주상복합에는 속칭 깍두기 자본이 많이 개입되어 있었습니다.
두타부터 시작을 합니다. 동대문은 칼부림도 나고 그랬죠. 당시 후배가

동대문, 남대문의 도시 개발을 비교하는 논문을 쓰고 있었어요. 동대문은 두타나 밀리오레나 쭉쭉 올라가는데, 남대문은 주상복합이 한참 뒤에 올라가거든요. 도대체 이 차이에는 무슨 의미가 있을까? 그 친구 왈, 조폭의 위계 구조가 달랐다는 겁니다. 남대문시장은 약간 수구 보수 쪽이고 새로운 걸 원하지 않는데, 동대문은 보스가 일찍 죽고 20대 피 끓는 중간보스들의 혈투가 벌어지면서 각각 건물 하나씩 나눠 가지게 된 거죠. 자기 영토를 떼서 가지게 된 거예요. 넌 이 땅, 난 이 땅, 이렇게 블록별로 보스들이 생겨서 경쟁적으로 건물을 올렸다고 합니다.

김 재미있는 분석이네요. 조폭의 위계 구조를 어떻게 파악한 거예요?

임 인류학적으로 논문을 쓰는 습관이 있는 사람들은 침투, 잠입, 관찰에 좀 능합니다. 그 친구도 동대문 평화시장 같은 데서 굉장히 오래 숙식을 했습니다. 당시에 도시공학에서 나오기 힘들었을 논문이고, 실제로 발표를 못 했습니다.

김 현장감이 살아 있는 논문이네요.(웃음) 아무튼 MB 도심 개발은 어떤 방향으로 진행되었던 겁니까?

임 싱가포르 쪽에서 돈이 본격적으로 들어온 게 1997년도부터인데, 부동산 투자 한 사람들은 당연히 임대수익을 계산하는데, 도심 쪽이 강남의 반밖에 안 나왔던 겁니다. 말씀드렸듯이 화교 자본이 임대수익을 노리고 들어왔다 바보가 된 거죠. 강남에 땅 샀으면 훨씬 더 수익률이 잘 나왔을 텐데.

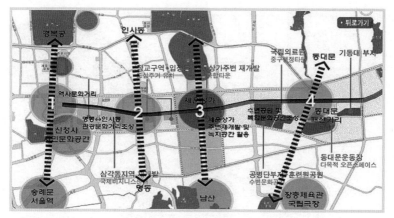

도심재창조 프로젝트(2007)

김　아하, 자본 유치 때문이었습니까?

임　신자유주의 도심 개발에서는 역사, 문화가 건물 가치를 높이는 데
굉장히 큰 역할을 합니다. 그러니까 세속적으로 이야기한다면 외국인
투자자 입장에서 본사 위치를 고민할 때, 도쿄로 갈래, 오사카로 갈래,
아니면 서울로 갈래 이렇게 물었을 때, 궁(宮)도 있고 뭐도 있는 곳으로
많이 간다는 겁니다.

김　궁궐이 그렇게 중요해요? 편의시설이나 인프라를 먼저 따질 것 같
은데.

임　외국자본의 경우에는 해당 지역의 이야깃거리가 풍부한 역사 중심
지 쪽에 들어가려는 성향이 강합니다. 그래서 청계천 개발의 경우도 외
국계 컨설팅 기업에서 자문 받을 때 많은 조언이 있었죠.

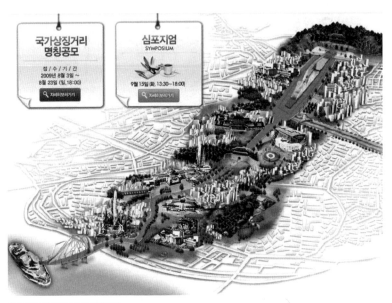

정부의 국가상징거리 프로젝트(2009)

김 청계천 쪽으로 대형 건물이 들어서고, 안국동 쪽에도 대형 건물이 들어섰던 것 같은데 상당수가 외국자본입니까?

임 꽤 있습니다. 도심에 있는 부동산 수익을 높이려면 지금보다는 환경이 좋아져야 하는데 어디부터 손볼까 했을 때 청계천이 지지를 받았습니다. 그 연장선에서 세운상가까지 갑니다.

김 말씀을 듣다 보니까 갑자기 2006년 서울시장 선거 때가 생각이 나는데, 그때 공약이 경복궁에서 세운상가를 거쳐서 용산에 이르는 녹지 띠를 만들겠다는 거였나요?

임 처음에는 서울시 도심재창조프로젝트라고 해서 도심의 4개 축을 정한 거였습니다. 그중 경복궁에서 출발하는 국가상징거리가 이명박 대통령 취임과 함께 발표됩니다. 그런데 그 계획은 그냥 잊으셔도 됩니다. 한참 덜떨어진 제안입니다.

김 비현실적인 제안입니까?

임 너무 어이가 없어요. 무슨 '대로(大路)' 이런 건 전제군주 시절에나 나오는 거니까요. 지금 그런 '대로' 이야기 나올 때가 아닙니다.

김 아무튼 MB 때 보면 청계천 사업하고 도심 개발은 패키지군요.

임 예, 그렇습니다. 하나 더 붙여서 버스전용차로도 굉장히 큰 역할을 합니다. 수용량이 엄청나게 늘어나니까. 덤으로 교통영향평가까지 낮게 받으니까요. 그래서 연면적 얼마 이상이면 교통량을 유발하니까 돈을 내거나 해야 합니다. 그런데 이 건물을 지을 때 대중교통으로 오는 사람이 30~40퍼센트, 50~60퍼센트다, 차로 오는 사람은 얼마 안 된다 하면, 교통유발부담금이 줄어듭니다. 개발 면에서는 훨씬 더 호재이지요. 그래서 뉴타운에서도 교통영향평가를 잘 받기 위해 보행교 및 대중교통 개선 방안을 포함했습니다.

한편으로는 도심에 건물을 더 많이 짓기 위해서 버스전용차로를 만든 게 아니냐는 음모론을 제기하는 사람들도 있습니다. 좌파 모 경제학자께서 그런 의혹을 제기했어요. 저도 주변 전문가들을 찔러봤는데 그렇게 머리를 여러 번 쓰는 게 MB 스타일은 아니었던 듯하고(웃음) 그냥 우연히 맞아떨어졌던 것 같습니다.

신자유주의 도심 개발 2: 디자인 서울

김   그러면 후임 오세훈 시장 때 한강르네상스사업을 했잖아요. 이건 어떻게 평가하십니까?

임   그것도 디자인을 강조하는 사업인데, 전 세계적인 흐름 중에 하나였지요.

김   디자인 서울. 그래서 많은 사람들이 먹고살기도 힘든데 무슨 디자인이냐, 서민에게 투자하라고 많이 비판했거든요.

임   양쪽을 대변해보면, 도시의 성장 동력에서 외국자본이 중요하죠. 외국자본이 들어오려면 우리 경쟁 상대는 베이징, 도쿄인 거고요. 덧붙여서 아시아 시장의 컨트롤타워를 서울로 오게 만들려면 외국 사람이 한국에 와서 살 수 있게 만들어야 한다는 거죠. 우리나라 사람이 외국 자본의 수장이 되는 게 아니라, 이미 수장인 외국 사람이 아시아 시장을 알기 위해 서울에 오는 거니까요.

김   이른바 아시아 지역 총괄 사장이군요.

임   예, 르노 사장 같은 사람이 오는 겁니다. 그럼 도시에 그런 사람들을 수용할 수 있는 인프라를 만들어야 한다는 얘기죠. 국제학교, 의료. 이게 다 패키지로 가는 겁니다.

김   그러면 영리병원이라든지 국제학교 등이 다 연결되어 있는 거군요.

임   그 사람들 입장에서 자기네 나라보다 못사는 나라로 간다고 생각하면 두렵기도 하고, 친구들도 네트워크도 잃는 거잖아요. 애들 교육 문제도 있고. CEO들은 네트워크로 먹고사는데 자기 자식들이 한국에 와 가지고 네트워킹이 잘 안 되면 손해잖아요. 그러면 한국에 와 있는 CEO 자식들 간 네트워킹이라도 만들어야 하는 거죠. 그런 문제들을 하나씩 해결해나간 게 이명박 시기하고 오세훈 시기였던 겁니다.

김 그게 디자인 서울하고 어떻게 연결됩니까?

임 깔끔하게 만드는 거죠. 그게 왜 중요하냐면 해당 기업 입장에서 언제 고객이 올지 모른다는 겁니다. 그리고 본사에서 언제 들이닥칠지 몰라요. 그러니까 항상 공간이 깔끔하게 유지되어야 합니다. 그래서 신자유주의 이후의 청소부는 노동시간이 굉장히 불규칙해집니다. 그러니까 주기적으로 3시에 한 번 쓸고, 7시에 한 번 쓰는 게 아닙니다. 더러워지면 바로바로 청소를 해야 하고, 이 투입하는 시기가 불연속적이고 단속적이고 임기응변적입니다. 마치 군대에서 별 떴다 그러면 청소하는 것처럼 뭐가 딱 떨어지면 바로 반응을 해줘야 하는 서비스업종이 생기는 거예요. 그래서 건물이나 환경 자체가 인터내셔널 스탠더드에 맞춰져야 가능한데 그러려면 도심에 오고 싶게 만들어야 하고 디자인도 해줘야 하는 거죠. 거기에 오세훈 시장의 개인 취향까지 들어가서 훨씬 더 증폭되었던 겁니다.

사실 우리나라에서 도시설계가 맨 처음 도입된 게 YS 때거든요. 계기가 뭐였느냐면 싱가포르 방문이었습니다. YS가 싱가포르에 가서, '여기는 왜 이렇게 깨끗하냐?' 이 한마디에 도시설계가 생겼습니다. 옆에 있는 보좌관이 뭐라고 했느냐가 중요한데, 다른 거라고 했으면 다른 과가 생겼을 텐데 '도시설계 때문입니다.'라고 하는 바람에.(웃음) 이런 식으로 다국적기업의 상층부가 있는 거주 공간은 공공성과는 완전히 다른 규범이 생겨버립니다.

김　그럼 여기서 제가 무식한 질문을 드려볼게요. 외국자본 유치도 좋은데, 강남으로 보내면 되는 거 아닙니까? 왜 꼭 도심이어야 됩니까?

임　외국자본이 봤을 때 강남은 정말 매력이 없는 곳입니다. 상징성이 떨어지니까요. 지금도 국내 굵직굵직한 기업들의 본사는 다 광화문에 있습니다. 도심은 누가 먹여 살리느냐, 재벌 본사가 먹여 살립니다. 그 힘이 만만치가 않습니다. 그럼 재벌 본사가 왜 거기에 있느냐, 청와대가 있기 때문입니다.

김　그게 중요하죠.

임　여의도에 금융가가 있다고 하지만 실질적으로 우리나라 경제에서 중요한 결정들은 대부분 청와대와 유서 깊은 4대문 안에서 내려집니다. 심지어 수출 관련 정책들이 결정되는 곳도 거기입니다. 그 헤게모니는 굉장히 큽니다. 노무현 정부 때 애초 의도대로 청와대가 행정수도로 갔다면, 정말 새로운 서울이 만들어졌겠죠.

김　참 새빛둥둥섬 사업은 꼭 해야 하는 거였나요?

임　그건 '천만상상오아시스'였던가? 아무튼 시민 제안이잖아요.(웃음)

김　지금 처치 곤란 비슷하게 되어서…….

임   재미있는 게 파리에도 둥둥섬이 있습니다.

김   다 파리에서 왔군요. 그 둥둥섬은 잘 떠다닙니까?

임   그건 건물을 세운 게 아니라 정원, 꽃밭처럼 만들었어요. 규모도 엄청 작고요. 토목 사업 자체가 오세훈 시정 같은 경우에 비전을 가지고 한 일이 아닙니다. 서울시 개발 프레임이 아예 한강 중심 개발로 바뀐 적이 있습니다. 잠실부터, 뚝섬, 압구정, 이어 용산, 그다음에 저쪽 맨 끝 방화 습지까지 한강 중심으로 개발을 진행하려 했습니다. 예전 같으면 도심에서 확산하는 거였는데 침수 공간 확보하고 한강 지구 개발을 하겠다고 방향 전환을 한 계기는 여러 가지가 누적된 겁니다. 그중 하나는 하천 개발하면서 자전거 길이 확실히 좋아지는 겁니다. 친환경 이미지도 있고 겸사겸사 물도 깨끗하게 하면서 한강변을 중심으로 건물 지으면서 용적률을 높일 계획을 세웠습니다. 기존에는, 예를 들어 구반포 재개발할 때 용적률 240퍼센트냐 260퍼센트냐 이러면서 싸우던 때까지는 막았던 것들을 한꺼번에 풀어버리면 전세 대란이 일어나기 때문에 꽉 잡고 있었습니다. 즉 개발을 막지는 못해도 관리를 계속 했단 말이에요. 그후 완전히 빗장이 풀려버리면서 한강 쪽이 엄청나게 올라가게 됩니다. 그래서 여의도 고수부지 단장된 것 보셨죠? 돈 많이 들여서 했거든요. 그렇게 하나씩 하나씩 환경 자체를 선진국의 부촌 호숫가처럼 만들어갑니다. 물론 도시가 워낙 다양한 요소가 결합되어 있어서 뭐가 핵심 요인이었는지 확정할 수는 없지만 이런 수많은 역학 관계들이 복잡하게 얽혀 있습니다.

이중도시의 형성

김 헌법재판소에서 '관습헌법' 이야기가 나오면서 제동이 걸렸으니까 어쩔 수가 없었죠.(웃음) 자, 그래서 MB, 오세훈 이 두 서울시장 재임 기간에 외국자본이 많이 유치되었습니까? 베이징이나 도쿄와 경쟁하는 입장에서 보면 어떻습니까? 효과를 봤습니까? 서울시장 입장에서는 어떻게 봐야 합니까?

임 많이 들어온 편입니다. 국가 차원에서 사안을 보긴 했겠죠. 시 차원에서 보았을 때는, 외국자본을 유치하기 위해서 시민의 돈들이 한강르네상스에 들어간 겁니다. 엄한 데 쓴 거죠.

김 시민의 호주머니로 환류되었느냐가 중요한 거 아닙니까?

임 전혀 없습니다. 그 지점이 사스키아 사센(Saskia Sassen)의 『세계도시 (The Global City)』의 기본 테마 중에 하나입니다. 1980년대에 이미 예측을 했어요. 논리는 간단한데, 생산 설비를 다른 데로 옮기는 비용이 워낙 싸지니까, 생산 설비를 옮기는 과정에서 지식 노동 쪽이 돈을 많이 가져간다는 이야기고요. 그 지식 노동은 제국주의적인 것일 테고요. 베트남하고 우리나라하고 일본하고 비교하면서 투자를 하려면 베트남 전문가, 일본 전문가, 우리나라 전문가가 다 있어야 되거든요. 그런 곳이 제국의 중심 대학입니다.

유학생들이 가니까요. 변방에서 유학을 온 학생들로 넘쳐나는, 경영대학이 있는 제국의 중심이 보통 컨트롤타워가 된다는 이야기고요. 세계도시로 넘어가면, 세계적인 차원에서 간혹 주기적으로 그 아래 단계에서 지역 맹주 도시가 하나씩 생기는데, 권역의 맹주가 되기 위해 여러 도시들이 서로 권역 안에서 경쟁한다는 거죠.

김 아시아 권역에서 베이징과 도쿄가 서로 경쟁하는 것처럼.

임 그런데 쉽게 말하면 그 도시들이 뉴욕이나 런던 본사에서 낙점을 받아야 하는데, 낙점을 받기 위해서 과잉투자를 하게 된다는 겁니다. 돈을 많이 써서 외국 본사를 유치한다고 하더라도 그 사람들에게는 기존 도시 공공성 규범과는 전혀 상관없는 초국가적 도시 공간 규범이 적용된다는 거죠. 그래서 서울시민의 공공성을 위해서 도시계획이 존재하는 게 아니라, 서울시가 유치하고 싶은 기업을 위한 도시계획이 생긴다는 거고요. 대표적인 사례가 한강르네상스입니다.

김 그래서 외국자본이 유치되어 외국 기업이 오면 고용이 창출되긴 하나요?

임 안 좋은 쪽으로 창출이 돼요. 그래서 이중도시란 이야기가 나옵니다. 해당 기업 CEO들에게 돈을 많이 줄 수밖에 없습니다. 거기 들어가는 돈이 너무 많으니까 누군가에게 덜 주는 겁니다. 가령 청소 같은 도시 서비스 분야 노동자들에게 돈을 덜 주게 되는 겁니다. 도시 안에서 이중 구조가 생깁니다. 그래서 외국 기업 지역 본사가 많아질수록 역설적으로 이주 노동자가 많아집니다. 순서로 따지면 외국 기업 본사들이 입주하면 입주할수록 저임 노동자들이 많이 필요하고, 그 자리에 이주 노동자들이 들어가니까요. 이런 연쇄고리 때문에 서울 시민 입장에서 보면 양 극단에서 사람들이 밀려오는 겁니다. 외국 본사 관리직 사람들과 외국인 노동자들.

김 그런데 서울 도심에 들어오는 외국자본이 서울에 공장 짓는 게 아니잖아요. 우리가 알고 있는 이주 노동자들은 저임금 육체노동에 종사하는 분들인데, 어떻게 외국자본들이 많이 들어올수록 이주 노동자들이 증가한다는 겁니까?

임 도시 서비스업이 증가하기 때문입니다. 외국인 음식점들이 점점 늘어나고, 거기에서 일하는 사람들이 또 다른 사람들을 불러오고, 뭐 이렇게요. 외국인 노동자들이 들어오는 루트가 딱 하나만 있는 게 아니라 굉장히 많아요.

처음에 4대강 사업 할 때 환경 측면에서 많은 반대가 있었지만, 저는 좀 다른 관점에서 우려를 했어요. 대규모 국가 토목 사업이다 보니까 외국인 노동자들을 굉장히 많이 들여오는 계기가 될 수 있거든요. 그런데 토목 사업은 원래 한 10년 합니다. 10년에서 길게는 20년까지. 그런 토목 사업의 특징이, 산간 오지에서 일을 해야 하니까 노동환경이 되게 열악해요. 이 사람들의 사회적 욕구나 생물학적 욕구를 고려해 보통은 한 4, 5년 쭉 가면서 가족들을 초청해줍니다. 그러면 거기서 태어나는 2세들 문제 때문에 한번 노동시장 자체가 완전히 교란되거든요. 유럽이 딱 그랬죠. TGV 사업 때도 그랬고. 그런 걱정을 하고 있었는데 이렇게 후딱 해버릴 줄은 몰랐죠. 전혀 예측을 못 한 겁니다.(웃음) 어쨌든 이런 루트도 있고 공장 노동자들이 들어오는 루트도 있고, 다양하죠.

김 그런데 이중도시가 정확히 어떤 의미인가요? 상류층과 하류층이 분리된다는 건가요?

임   한 도시 안에서 양극화가 진행되는 겁니다. 마치 상층 공기 하층 공기, 이렇게 다르듯이 완전히 이중의 세상이 돼버리는 겁니다.

김   일반적으로 어느 도시를 가나, 부자들이 모여 사는 부촌이 따로 있고 가난한 사람들이 모여 사는 슬럼가가 따로 있으니까 어느 도시나 다 이중도시 아니에요?

임   예, 맞습니다. 삼중, 사중도 있고, 원래 도시는 계급도시였으니까요. 환상일지 모르지만 잠시 근대국가 안에서 모두 다 같은 시민이었던 것처럼 여겨졌던 시기가 있었죠. 이제 역사적으로 되돌아가는 과정일 수도 있어요.

그런데 이게 맨 처음엔, 강력한 우파 뉴욕 시장이 불법체류자들, 이주 노동자를 쫓아낼 때 거기에 반대하는 시위에서 피켓에 쓰였던 말이에요. 지금 뉴욕의 잘 나가는 이 큰 건물들과 산업들이 이주 노동자들이 없으면 존재할 줄 아느냐, 결국은 한몸이다, 이런 이야기거든요. 불법체류자 단속을 반대하던 쪽에서 종교적·사회적 입장에서 이런 주장을 했던 겁니다.

김   청소 안 하고 일주일만 살아봐라, 이런 얘기군요.

임   예.

김   마지막으로 잠깐 샛길로 한번 빠지겠습니다. 그러면 강남과 강북의 편차는 지금 이야기한 이중도시 개념과 다른 겁니까, 같은 겁니까?

임 서울은 전통적인 이중도시이지요. 돈 많은 사람들이 몰려 산다. 그런데 강남은 또 좀 다른 느낌이 있습니다.

김 일단 규모를 볼 때 일반적인 부촌 규모보다 훨씬 넓잖아요.

임 엄청 크죠. 옛날 성북동, 평창동과는 다르니까요. 강남은 단순히 돈 많은 사람들이 모여 있다기보다는 돈을 쓰는 사람들이 모여 있다고 생각하는 게 맞습니다. 또 하나 특징이, 사무직 노동자들이 워낙 많습니다. 이건 또 다른 핵을 형성합니다. 가령 회사 창업을 하려고 하는데 디자인, 광고 업종이면 명함에 신사동이라고 찍었으면 좋겠다 싶죠. 그런 업종들이 한두 개가 아닌 겁니다. 가구 장사 하고 싶다, 그러면 전화번호 앞자리 5 찍고 싶은 겁니다. 그런 식으로 상업적 헤게모니를 가지게 되면서부터 스스로 재생산하는 거죠. 실제 강남 사람들과 상관없이, 외부에 있는 사람들이 강남을 재생산해주고 있어요.

김 집은 강북에 있는데, 경제 활동이나, 소비 활동 등은 강남에서 이뤄지는 거군요. 그런데 외국 도시 같은 경우에 강남처럼 대규모로 부촌이나 상업적 메카가 형성된 곳이 있습니까?

임 그렇게 많지는 않습니다. 베를린, 포츠담이 조금 큽니다. 런던의 도심부 시티는 규모가 작습니다. 이렇게 사회적인 의미까지 포함해 잘 나가는 동네로 성공한 데는 별로 없죠.

김 우리나라 강남이라고 하면 사실 일반적인 부촌 이미지는 아니잖아요. 다세대·다가구 주택, 원룸, 오피스텔 사는 사람들도 공존하니까요.

임 경제 헤게모니를 가지고 있다고 생각하면 됩니다. 그럼에도 불구하고 국가경제, 정치 차원에서는 서울 도심이 압도적인 헤게모니를 행사하고 있는 거고요.

김 헤게모니는 광화문에 있고, 돈은 강남에 있다고 정리하면 됩니까? 권력 있는 곳에 돈 따라가고, 돈 있는 곳에 권력 생긴다고 하는 원칙이 깨지는 겁니까?

임 강남은 돈이 많이 왔다 갔다 하는 곳으로 보시면 됩니다. 돈은 도심에서 생기는데, 강남에서 쓴다는 거죠. 전 여의도 생각하면 가끔 웃음이 날 때가 있어요. 국회, 금융, 방송국 다 있지요. 그러면 정치와 돈과 연예가 섬 하나에 모여 있는 거거든요. 독특하고 대단한데 그럼에도 불구하고 헤게모니는 광화문에 있다는 거죠.

김 네, 감사합니다. 오늘은 MB에서 오세훈으로 이어지는 서울 시정을 살펴보았는데 한마디로 이야기하면 신자유주의 시장의 꽃이 활짝 피었습니다, 이렇게 정리하면 되는 거지요?

임 오세훈 시장 같은 경우엔 꼼꼼히 뒤져봐야 하는데 생각해볼 거리들이 많긴 합니다. 차차 이야기하도록 하지요. 감사합니다.

10

새마을운동에서
마을만들기까지

녹음일 2013.12.03.

* 이 장은 박원순 시장이 서울시장에 재선되기 전에 녹음된 내용을 바탕으로 했기에 본문에 일
부 내용이 현재의 상황과 다를 수 있으나, 당시의 평가·예측을 그대로 남기는 것이 의미가 있다
고 생각해서 수정하지 않고 그대로 실었다.

박원순 시정의 비전은 무엇인가

농촌 진흥 운동으로서 일본의 마을만들기

도시 재생 사업으로서 유럽의 마을만들기

현재 마을만들기 정책의 문제점

가치 선언과 돈의 흐름을 만들기

서울시립대 반값등록금 정책을 추진하면서 시작한 박원순 시정의 주력 분야는 마을만들기로 보인다. 마을만들기 사업의 역사를 훑어보면 이것은 원래 일본에서 1970년대에 좌파들의 지역 활동을 견제하기 위해 우파들이 주도한 농촌 진흥 운동의 일환으로 시작되었다. 박정희 정부의 새마을운동과도 유사한 맥락에 있는 이 흐름이 한국에서는 1990년대 주민 자치를 고민하던 이들에게 영감을 준 것이다.

세계적인 또 다른 흐름은 점점 더 많아지고 통제 불가능해지는 도시 봉기를 예방하기 위해서 낙후 지역을 개선하는 방법으로서 유럽의 마을만들기이다. 중앙정부 차원에서 철저한 진단과 낙후 원인 규명이 먼저 이루어지고 교육부와 재정부와 국토부 등 다부처 간 프로젝트로 진행되며, 부처 간 소통을 위해 마을 센터가 투입되는 식이다. 한국에서는 광주대단지 사태 이후 사실상 생활 차원의 이슈로 촉발된 도심 봉기가 없었지만 메트로폴리스에서 양산하는 여러 사회 문제들을 풀어내지 못하고 방치할 경우 이런 생활 밀착형 봉기나 소요 사태는 늘 발생 가능성이 높으며 한국에서도 언젠가 북한의 문제로 올 수도 있고 이주노동자의 문제로 올 수도 있고 세대의 문제로 올 수도 있다.

이런 사회적 질병을 해결하기 위한 진단과 방향 설정(가령 실업률 감소라든가 재래시장 부흥이라든가) 없이 단순히 주민들의 다양한 의견을 듣는 데에만 돈을 뿌린다면 성과를 거두기는 쉽지 않을 것이다. 신자유주의 흐름이 야기하는 도시의 문제들은 단순히 지자체 차원의 정책을 통해 해결하기 어렵다는 것을 전제로 해야 한다. 향후 바람직한 시정을 위해서라면 우선 위에서는 뚜렷한 '가치'를 선언해야 한다. 가령 사회주택의 확보든 청년 실업 문제의 해결이든 핵심적인 이슈를 설정해야 한다는 뜻이다. 또 밑에서는 돈이 지역 안에서 안정적이고도 원활하게 순환할 수 있도록 시스템을 만들어야 한다.

박원순 시정의 비전은 무엇인가

김 벌써 마지막 시간입니다. 소감이 어떠십니까?

임 시간이 참 빨리 갑니다.

김 저도 이번처럼 정보가 한꺼번에 쏟아져서 주워 담느라 바쁜 적이 없었어요. 정말 따라가기도 바빴습니다. 너무 재미있었는데, 이제 유종의 미를 거둬야 하지 않겠습니까?

김대중 정부부터 노무현 정부 시절, 고건, 이명박, 오세훈 서울시장 시절까지 죽 따라가며 이야기했는데, 오늘은 박원순 시장 차례죠?

임 예, 맞습니다. 너무 따끈따끈한 주제라 부담스럽네요.

김 그럼 박원순 시장의 시정 체크포인트는 뭘까요?

임 잘 모르겠습니다. 그게 답입니다.

김 무슨 말씀이세요?

임 평가를 하려면 여러 명에게 확인을 해서 입체적으로 판단해야 하는데 아직 구할 수 있는 정보가 좀 제한돼 있거든요.

김 그렇죠, 이제 2년 반밖에 안 되었고. 그럼 질문을 이렇게 바꿔보겠습니다. 임동근 박사가 박원순 시장의 지난 2년을 지켜보면서 재미있게 봤던 게 뭐였습니까?

임 서울시립대 반값등록금이 제일 인상적이었습니다.

김 동의하신다는 말로 들립니다.

임 그럼요, 정치적으로 커밍아웃할 필요는 없겠지만 저는 일단 공화주의자니까요.

김 저도 공화주의자예요.

임 하긴 우리가 살고 있는 현 체제가 민주공화제죠.(웃음) 그래서 저는 강력한 공화주의 정신이 살아 있는 정책들을 좋아합니다. 반값 등록금 실현을 보고 싶고, 더 나아가 국가가 고등교육을 책임지겠다는 선언을 제발 듣고 싶습니다.

김 제 자식이 대학 들어가기 전에 그런 날이 왔으면 좋겠는데.(웃음)

임 사실 지금은 정치적으로 좌우로 편이 나뉘어져 있을지언정 정책이 좌우로 나뉘어져 있지는 않기 때문에 하나의 정당 안에서도 서로 충돌하는 정책들이 되게 많아요. 그런 점에서 정책들이 혼란스러운 상태입니다. 이를 테면 노무현 정부 때 집값 엄청 뛸 즈음 심상정 의원이 환매조건부 주택,* 뭐 이런 이야기를 했는데, 저는 전혀 동의가 안 되었어요. 사회주택이라고 하면 저소득층 위주로 가야 하는데 분양 주택을 노동당에서 신경 쓴다는 건 이상하죠. 어떻게 보면 월권입니다. 안 그래도 할 일 많은데 괜히 다른 데 신경 쓰다 보니 정책들끼리 충돌이 일어나

---

* 공공부문이 택지를 개발하고 주택을 건설하여 분양하되, 선매권(환매권)을 보유하는 방식이다. 이 방식은 공공기관이 토지를 개발하고 주택을 건설한 후 민간에게 분양하는 공영개발 방식과 동일하나, 공공기관이 환매권을 갖는다는 차이점이 있다. 최초 분양할 때 분양 가격을 조성 원가 수준으로 낮게 책정하는 대신 주택을 분양 받은 사람은 반드시 공공부문에게만 매각해야 한다. 공공부문이 매입하는 가격은 분양할 때 미리 정한 가격이나 최초 분양가에 정상이자율(국고채 수익률 등)만을 가산한 가격으로 결정함으로써 주택 보유 과정에서 자본 이익을 얻지 못하게 한다.

죠. 마찬가지로 박원순 시정도 혼란스러워 보이고, 장기 비전 없이 진행하고 있지 않은가 하는 생각이 듭니다.

김　가령 어떤 부분에서 그렇습니까?

임　마을만들기 같은 사업들은 관리의 문제지, 비전을 제시해주는 건 아니거든요. 예를 들면 박원순 서울시장이 재선이 되면 도대체 어떻게 할지 예측이 저는 안 돼요. 비전을 보여준 적이 없거든요. '사람 중심', 이거는 그냥 수사잖아요. 어떤 패러다임에서 어떤 정책들로 뭘 하고 뭘 하고 단계적으로 어떻게 성장할 것이다, 내가 재선 하고 삼선 하면 서울은 이렇게 바뀔 것이다, 하는 장기 비전을 제시하지 못하고 있는 겁니다.

김　전임 시장이 남겨놓은 안 좋은 유산들 뒤치다꺼리를 하다가 시간과 노력을 빼앗긴 탓 아닐까요?

임　꼭 그런 이유만 있는 것 같지는 않습니다. 물론 제가 지금 박 시장 주변에서 무슨 말이 오고가는지 알 수 있는 상황이 아니라서 추측할 수밖에 없지만요.

농촌 진흥 운동으로서 일본의 마을만들기

김　좀 전에 마을만들기 언급을 하셨는데. 참 신선하고 좋다고 평가하는 사람들도 있어요. 그런데 이게 왜 문제라는 거지요?

임　일단 마을만들기를 쭉 훑고 가겠습니다. 일본 쪽에서 마을만들기는 많이 이야기된 주제입니다. 일본의 혁신파들이 지방으로 하방하면서 나오기 시작합니다.

김 언제 이야기입니까?

임 1970년대부터 계속 있었죠. 제대로 꽃피운 시기는 1980~1990년대입니다. 지역에서 좌파 운동을 견제하기 위해 우파 유지들의 움직임이 마을만들기로 분출됩니다. 자치 비슷하게 할 수 있도록 공무원이 파견되고 권한도 마을 사람들에게 주는 거죠. 그런데 그 정도 규모의 지방에서 자치라 함은 유지의 뜻대로 되는 거죠. 우리나라도 지방자치를 아예 기초까지 바로 확대해버리면 바로 유지 정치가 되는 겁니다. 그럼 인심 좋은 유지, 덕 있는 유지가 나오기를 바랄 수밖에 없죠. 마을만들기는 그런 정치를 행정적으로 지원해주는 시스템이었던 겁니다.

김 그러면 일본의 좌파가 지역에 내려가서 무엇을 하려 했고, 일본의 우파 유지들은 마을만들기를 통해 구체적으로 무슨 사업들을 했습니까?

임 일자리도 만들고, 동네 환경도 바꾸는 등 새마을운동과 비슷합니다. 새마을운동의 조금 점잖은 버전이죠. 또 일본과 만주국에서도 1930년대에 새마을운동과 유사한 농촌 진흥 운동을 했습니다.

김 박정희 시절의 새마을운동과도 비슷한 맥락이군요.

임 아무튼 우리나라에서 마을만들기라는 화두는 주민자치와 맥을 같이해서 1990년대 내내 대안으로 제시되기도 했죠. 그래서 서울시정개발연구원 등이 마을만들기 사례들을 모으기도 했습니다.

김 　잠깐, 끊어서 죄송한데, 대중적으로 잘 알려진 '성미산마을 학교'
있지 않습니까? 이런 것도 마을만들기 사례로 볼 수 있는 겁니까?

임 　마을만들기 자체가 워낙 다양하니까 사례로는 들어갑니다. 마을만
들기라는 말은 훨씬 전부터 있었습니다. 그런데 특히 한국에서 1990년
대부터 강한 도시계획, 권위주의적 도시계획에서 탈피해서 주민들이 만
들어가는 협정 제도를 어떻게 구현할 것인가 고민하던 그룹에게 1970
년대 일본의 마을만들기가 좋은 모델이 된 거지요. 절차를 보면, 공무
원들이 단순히 찍어 누르는 게 아니라 주민들 이야기를 정말 잘 듣고
잘 반영해서 주민들이 할 수 없는 기술적인 부분에서 도움을 줍니다.

김 　그러니까 어렵게 생각할 거 없이 특정한 지역의 주민들이 같이 뜻
을 모아서 마을을 개발한다든가 마을 사업을 하는 거죠? 우리 마을은
골목이 구불구불하게 미로처럼 얽혀 있고, 작은 가게나 카페를 낼 수
있는 집들이 많으니까 한번 만들어보자, 이렇게 의기투합을 해서 카페
거리를 만든다든가.

임 　그렇죠. 그래서 일본 쪽은 국가 돈이 그렇게 많이 들어가지는 않았
어요. 다 지역 유지 돈입니다. 새마을운동과 진짜 비슷합니다. 대신에
중앙정부에서는 제도나 절차들을 개선해서 도와줬죠. 기존에 없던 걸
새로 만들었다기보다는 주민들이 늘 협의해서 하던 사업을 제도화했다
고 보시면 되는데, 우리나라에서는 좀 다른 맥락에서, 대안적 도시 행
정 체계로 들어왔지요. 성미산마을의 경우에는 이전에 검토되던 마을

만들기와는 상관 없습니다. 처음엔 교육 공동체에서 출발했잖아요. 박원순 시정의 마을만들기는 그 이전 마을만들기와 성미산마을과는 또 다른 도시 재생 프로그램의 일환입니다. 완전히 달라요. 마을만들기라는 이름이 도시 재생 사업을 포장하는 포장지로 쓰이는 겁니다. 엉뚱한 칼로 엉뚱한 걸 썰고 있는 거예요.

김   그렇군요.

임   사실 자치라는 개념하고 지방 혹은 마을이라는 개념 두 개를 섞을 때 고민해야 할 게 많습니다. 참여예산제도라든지 기타 여러 가지를 마을 사람들이 스스로 결정하는 게 자치인데, 반드시 좋은 효과를 가져오는 건 아닙니다. 교육 자치라고 해서 지역 주민들이 학교 선생에게 감 놔라 배 놔라 해버리면, 강남 같은 경우에 완전히 난리 날 겁니다.

김   그렇게 얘기하니까 확 와 닿네요.

임   자치가 언제나 선(善)일 수는 없습니다. 어떤 자치냐가 중요하지요.

김   하긴 자치가 자칫하면 님비로 갈 수 있겠죠.

임   예, 그래서 무조건 자치를 해야 한다고 밀고 나가면 역효과가 굉장히 많이 발생합니다. 이건 도시학자보다는 정치학자가 고민해야 하는 문제인데, 자치가 너무 선하게만 인식이 된 경우가 많아요. 독재에 대한 반대어로 자치가 들어갔기 때문에, 무조건 좋은 거라고 생각하지만 도시 안에서는 안 좋습니다. 특히 주민들에게 맡겨버리면 난개발이 어마어마하게 일어날 겁니다. 다 건물 올리려고 할 테니까요.

도시 재생 사업으로서 유럽의 마을만들기

김 그러면 일반론에서 범위를 더 좁혀서 박원순 시장이 추진하고 있는 마을만들기 사업은 어떤 문제가 있는 겁니까?

임 실체를 모르겠다는 게 제일 큰 문제 같아요. 뭘 하고 있는지 모르겠습니다.

김 이를테면 낙후된 지역을 중심으로 마을만들기 사업을 해서 자립기반을 조성해주는 방향으로 가는 건가요?

임 감을 못 잡겠습니다. 전 세계적으로 봤을 때 박원순 시정의 마을만들기 같은 도시 재생 사업은 여기저기서 관찰이 됩니다. 족보를 따져보면 2000년대 초반부터 낙후 지역 중심으로 있었죠. 도시화가 진행되면 양극화가 심해지면서 낙후 지역이 고착화되는 경향이 강하니까요. 옛날부터 못살던 곳이 죽 못사는 게 아니라 번화한 도심 한복판에 갑자기 빈민촌이 늘어나거든요. 특히 유럽은 주민 봉기도 많으니까 치안 문제 차원에서 접근을 했던 겁니다. 그런데 별의별 짓을 다 해봐도 봉기는 일어나고 그래서 2000년대 이후에 새롭게 접근을 합니다. 신자유주의가 휩쓸고 간 지 20년, 이제 도시를 한번 제대로 검토해볼 때가 되었다고 판단해 대차대조표도 만들어봅니다. 그동안 낙후 지역에 돈을 얼마를 썼는데, 뭘 하려고 했고, 뭐를 못 했고…… 이런 회고의 시기를 지나오면서 21세기 초에 새로운 정책들이 나오기 시작합니다. 그리하여 '낙후된 지역을 개선하겠다고 건물을 짓는 것은 답이 아니다.'라는 새로운 전제가 세워졌습니다.

저마다 다르게 쓰는 '마을만들기' (2013년《매일경제신문》에 실린 광고)

또 하나, 치안 문제나 저소득층 문제를 해결하겠다고 사회부(유럽 같은 경우엔 사회부가 있으니까)에서 돈을 쓰는 것도 답이 아니라는 결론을 냅니다. 그래서 두 개를 결합해서 패키지 형으로 가자는 거죠. 예를 들면 공공부문이 주거 낙후 지역에 돈을 쓰겠다고 하면 분명한 목표를 정하고, 맞춤 전략을 짜서 집을 바꾸고…… 그런 전략 중에 일부가 공공기관을 이전하는 거죠. 이렇게 종합적으로 다부처 간 프로젝트 형식으로 진행해 나가는 겁니다. 교육부도 붙고, 재정부도 붙고, 국토부도 붙고 다양하게 지원이 붙는데 마을 사람들이 따로 놀면 안 되니까 마을만들기라는 창구를 하나로 만들어주는 겁니다. 마을 센터죠. 유럽 의회에서 돈도 많이 쓰고, 이 마을 센터를 통해 시범 사업부터 해서 여러 정책을 2003~2004년까지 실험했는데, 효과가 있었습니다. 30년 동안 콘크리트에 부은 돈은 헛것이었다는 사실이 명확히 입증되는 순간이었죠.

김 　 우리나라는 언제나 그런 통념이 자리 잡을까요?

임 　 유럽도 뭐 한 30년 걸렸으니까, 우리나라도 곧…….(웃음) 제일 큰 문제는 우선 진단인데, 못사는 이유를 진단해보면 보통 그 지역만의 문제가 아닙니다. 서울시가 풀 수 있는 것도 아니고, 국가 차원에서 풀 수 있는 것도 아니에요. 신자유주의는 전 세계적인 흐름인데 처방은 국지적이라는 거예요. 그러니까 온 몸에 있는 병균이나 기타 병원 때문에 이 부위가 아픈데 그 부위에다 매스를 댄다고 낫는 게 아니거든요. 이런 괴리를 인식하는 게 핵심이죠. 그렇게 하지 않고 마을이 원하는 대로 해주겠다고 하면 그냥 주민센터 같은 게 생기는 거죠. 동사무소하고 전혀 다를 게 없는 기능을 수행할 겁니다.

김   그런데 중앙정부 입장에서는 마을 만드는 데 무슨 중앙정부까지 나서야 하냐는 마인드 아닙니까?

임   저는 아직 덜 당해봤다고밖에 생각을 못 하겠어요. 심각한 사회문제로 인식해야 하는데 이때까지 별일이 없었죠. 1971년 광주대단지 사태 이후로 과연 도시에서 정치적인 봉기 말고 정말 생활의 문제에서 봉기가 일어난 적이 있던가? 유럽에서든 어디서든 보통 메트로폴리탄은 도시 봉기 때문에 정권이 뒤집히곤 하는데, 꾸역꾸역 임기응변으로 버텨온 거죠. 거꾸로 생각해보면 통치를 정말 잘한 겁니다. 그래서 IMF 때에는 그 많은 사람들이 실직하면서도 봉기 한 번 없었어요.

김   가정이 해체되어도 다 내 잘못이겠거니 하고 마는 거죠.

임   사람들이 온순해서 그렇다고 하면 욕이고요, 당시에 조건들이 성숙하지 않았던 겁니다. 하지만 지금부터는 이야기가 다릅니다. 젊은이들이 대도시 문화로 무장된 상태에서 만약 하층계급이 망가지기 시작한다면, 상황이 열악해지기 시작한다면 대도시 정치는 걷잡을 수가 없습니다.

김   젊은 층, 20대의 주거 불안 문제 등이 갈수록 심각해지고 있지 않습니까? 그것이 인내의 한계를 넘어선다고 한다면 폭발적 에너지가 분출할 수 있다는 말씀이군요.

임   예, 특히 10대가 움직이기 시작하면 상황이 달라집니다.

김   마을만들기 사업도 예방 차원에서 선제적으로 해야 한다는 말씀이지요?

임　물론 유럽에 있는 제도를 우리나라에 그대로 들여오면 안 되죠. 어떻게 보면 유럽은 도시 재생 사업 등의 일차 목적이 봉기 예방이기 때문에 교육문제가 제일 많았습니다. 도시 재생 사업 같은 경우엔 도시 교육 사업과 거의 동의어입니다. 우리나라는 전혀 맥락이 달랐던 거지요. 그 단계가 오긴 올 텐데 어떤 방향으로, 어떤 방식으로 올지, 북한의 문제로 올지, 이주노동자의 문제로 올지, 아니면 도시 안에서의 계급문제로 올지, 예의주시하고 있습니다.

김　프랑스 영화도 있었죠? 「13구역」인가? 이런 걸 떠올리면 되나요?
임　좀 과장이 심했죠.

김　격리된 사회더구먼요. 베를린 장벽도 아니고 그게 뭡니까.
임　좀 심각하기는 합니다. 그런데 막상 가서 보면 너무 평온해요. 낙후 지역을 살리겠다고 돈을 엄청나게 쓰다 보니까 나무며 조경 따위가 관리가 안 되었을 뿐이지 굉장히 넓고 쾌적해요.

김　제가 시골에서 초등학교 다닐 때 새마을운동이 엄청나게 벌어졌어요. 지금도 기억나는 마을 진입로 가꾸기 사업, 주택 개량 사업 등도 마을만들기 사업이라고 볼 수 있나요?
임　큰 차원에서는 그렇죠.

김　참고로 유럽의 도시 재생 차원의 마을만들기 흐름을 좀 정리해주세요.

임　맨 처음에는 사람들이 엄청나게 폭동을 하니까 원인 파악을 했어요. 일자리가 없어서 그런다, 그래서 일자리 줬습니다. 도시 사회 협약을 통해 사업을 하지만 돈이 꾸준히 안 들어가고 비전이 없으니까 또 마찬가지가 되거든요. 그래서 물리적인 보호를 시작합니다. 공원도 지어주고, 쇼핑몰도 지어주고, 극장도 지어주죠. 그것도 잘 안 되었어요. 그래서 조스팽 수상 시절에는 관리 차원에 집중해서 파출소 등을 설치하고 근린을 살리자는 모토가 확립됩니다. 그런데 정권이 바뀌고 나니까 예산 다 삭감되고 또 망가진 거죠.

그렇게 계속 폭동과 대처가 왔다 갔다 한 결과 이제는 종합적으로 관리해야겠다고 생각해 틀이 잡혔습니다. 게다가 서울에 있는 사람들은 기껏해야 다 우리나라 사람들이잖아요. 그런데 유럽 대도시는 워낙 인구구성, 국적이 다양하기기 때문에 이 사람들을 어떻게 통치하느냐를 고민한 결과 통치술 자체가 굉장히 발전했거든요.

가령 런던과 파리를 비교해보면, 런던은 이주 노동자들, 외국인들이 도시 어느 지역에 모이면 거기에 정착시키고 마을에 아예 그 사람들 나라 이름을 붙여줍니다. 여기는 인도 마을, 여기는 파키스탄 마을, 여기는 한국 마을, 이런 식으로 양성화해서 공간을 특색 있게 만들어요. 그다음에 마을의 수장하고만 상대를 해요. 그 사람만 잡으면 마을 치안은 다 정리되는 겁니다. 그래서 경계 지역이 항상 문제예요. 예를 들어 인도와 파키스탄 마을의 경계죠. 이런 경계 조정에만 힘쓰면 됩니다. 콜라주 같은 형태입니다.

프랑스는 이주 노동자들 돌려 막기 게임으로 갑니다. 원래 이주 노동자 1세대의 경우에는 건강한 사람들이 많이 들어와요. 모국에서보다 훨씬 더 열악한 직업을 택해서 살면서도 아주 의지가 강하고 건강한 사람들이 되게 많습니다. 우리나라 안산도 그래요. 안산도 처음에는 오히려 더 깔끔했어요. 안산에 외국인 노동자들 들어온 다음 처음에 한 5년 동안은, 제일 먼저 나타나는 징후가 단란주점이 사라진 겁니다. 요즈음은 다시 폭증이지만요. 이주 노동자 1세대의 효과라는 게 분명히 있습니다. 그러다가 2세대가 등장하면서 망가지기 시작합니다. 그러니까 정부가 통제를 못 하거나 적절한 조치를 못 취하는 상황인데, 능력이 안 되는 겁니다. 이주 노동자 2세대를 어떻게 우리 사회에 통합할지, 조치해본 적이 없고 전망도 없으니까 문제가 되기 시작해요. 그렇게 2세대들이 나와서 동네가 망가질 즈음 되면 파리 같은 경우에는 다른 나라 1세대로 교체를 해줍니다.

베트남, 중국, 아프리카, 인도, 이런 식으로 1세대를 끊임없이 모을 수 있는 전략을 취했습니다. 이게 100년 넘게 쌓아온 프랑스의 통치술입니다. 옛날부터 있었지만 아무도 책으로 쓴 적이 없어서 저에게 참고문헌 물어보시면 안 돼요.

김　그럼 2세대는 어디로 가고요?

임　그러니까 이주민들끼리 싸우게 만드는 거죠. 외국에서 1세대가 서울에 딱 들어오는 순간 먼저 들어온 이민자 2세대들 때문에 자기가 죽게 생겼다 싶으면 그 사람들이 알아서 경찰력을 확보하기 시작합니다.

김　이게 나중에 악순환이 되지 않겠습니까?

임   그 끝에 중국 이주자들이 있습니다. 하나의 구를 아시아 거리로 상징화해버렸습니다. 지금 파리 13구는 차이나타운이라고 하는데 지방세 중에서 중국인들이 내는 세금이 압도적으로 많아서 1위입니다. 벌써 5~6년 전 음력설(프랑스에서는 중국설이라고 합니다)에 중국어로 설날 축하한다고 적힌 빨간 플래카드가 구청에 붙었습니다. 진기한 풍경이었습니다. 요즘은 파리시청 앞에서 성대하게 음력설 잔치를 열고 여기에 총리가 방문합니다.

김   LA에 코리아타운 있고 차이나타운 있잖아요. 같은 건가요?

임   민족별로 마을을 만드는 것은 영국식 모델입니다. 패치워크입니다. 외국인들뿐만 아니라 도시 내부에서 통치를 하기 위해서 거주민끼리 서로 싸우게 만들기도 하고 따로 울타리를 쳐주기도 하고 여러 방식을 사용하는데 그중 하나죠.

김   그럼 우리나라에서 도시 봉기가 일어나지 않았던 주된 이유 가운데 하나로 외국인들이 적었던 점을 꼽나요?

임   글쎄요. 역사에 가정은 없다지만 아무튼 지금까지 민중들이 일을 안 벌려온 건 확실하죠. 힘이 분산된 탓일 수도 있고……

김   어쨌든 그러면 도시 재생 사업의 차원과 경로가 달라질 수밖에 없잖아요. 한국의 특수성 때문에.

임   예, 변형을 시켜야 하는데 그보다 강조하고 싶은 것이, 특정 지역에 돈이 들어간다, 정부가 개입한다, 그럴 때 이유가 있어야 합니다. 그런데 단순히 낙후 지역이다, 못산다 하는 말로 퉁치고 지나가는 거죠.

김　퉁치면 안 돼요?

임　전략이 하나도 안 맞지요, 그러면.

김　예를 들어서 어느 지역 집들이 모두 1970~1980년대에 지어진 슬라브 주택이라 재건축 추진했는데 문제가 발생했어요. 그래서 차라리 재건축, 재개발은 그대로 두고 마을만들기 사업으로 건물들만 좀 개량해서 카페거리 같은 걸 만들고 지원하는 게 어떻겠냐는 이야기가 나온 동네가 있어요. 그런데 서울시는 응답이 없었고요. 제가 진행하는 시사 프로그램에서 그 얘기를 한 적이 있어요. 마포 쪽인데, 어딘지 대충 감이 잡히시지요? 이런 사업 하면 안 되는 겁니까?

임　그런 도시 재생 사업 사례는 오히려 목적의식이 분명한 거죠. 지금의 마을만들기는 뭘 하겠다는 건지 모르겠어요.

현재 마을만들기 정책의 문제점

김　자치를 지원하기 위해서, 주민들이 안을 가져오면 서울시가 지원해주는 방식이라고 할 수 있지 않나요?

임　당연히 그래도 되죠. 다만 마을만들기 센터 같은 것들이 과도하게 들어갈 필요 없이 창구 하나 만들면 되는 거였죠. 마을만들기를 하려면 큰 비전이 있어야 하는데 그게 안 보여요. 사실 상위 단계로 올라가면 올라갈수록 원칙은 단순해야 합니다. 우리는 이번에 돈을 실업률 감소에 쓰겠다, 재래시장 부흥에 쓰겠다 등등. 그 목표를 달성하기 위해서 행정 수단이나 재정 수단들을 다 동원하는 겁니다. 그렇게 목표를 잡고 아래까지 움직이게 만들어야 하는데, 지금은 서울시가 맨 아래 있는 마을까지 가서 주민들 의견만 듣겠다고 하고 있으니……. 사실 맨 아래까지 가서 다 듣겠다고 하면 천만 명의 목소리가 소음이 될 뿐입니다. 그중에 큰 목소리, 주변에 있는 목소리, 혹은 듣고 싶은 목소리만 도드라지게 살아남겠죠.

김 제가 지난번에 임동근 박사가 서울시장이 되지 말라는 법은 없는데 혹시 된다면 뭐부터 하겠냐고 물었더니 진단부터 하신다고 했잖아요. 그런데 현재 진단이 전혀 안 돼 있나요?

임 혹시 진단보고서 본 적 있으신가요? 아주 옛날부터 이 지역을 어떻게 바꾸겠다는 개발보고서는 잔뜩 있는데 이 지역이 뭐가 문제라는 진단보고서는 진짜 희귀합니다. 뭐가 잘못되었는지 모르는데 어떻게 칼을 대겠어요. 거기다 신자유주의 흐름이 거세지면서 병의 원인은 점점 더 머나먼 해외에서 오는데 이 지역만 칼을 대서 어떻게 대응하겠냐는 거죠. 마을에 조그마한 헛간 하나 바꾸는 미시적인 스케일의 개입이라고 해도 원인과 영향 관계는 국지적이지 않고 연결된 망들까지 합하면 국제적인 수준에 이릅니다.

김 간단히 보면 MB 시장 때까지만 해도 무조건 건물 짓는 식으로 단순명료했고 구시대적이었는데, 지금은 거기서는 탈피했지만 명확하게 영점조준이 안 되고 있다는 말씀이군요.

임 시기적으로도 문제가 있는 게 박 시장이 보궐선거로 당선되었기 때문에 엄청 촉박하기도 했고요. 재선을 노리는지 모르겠는데, 정책이 좀 조급하게 나오는 경우도 많았습니다. 대표적인 게 경전철이죠.

김 그런데 박원순 시장 같은 경우에는 최근 들어서 상당히 주력하고 있는 게 협동조합이에요. 협동조합과 마을만들기 사업을 접목하려는 의지가 있는 것 같아요. 이런 건 방향이 아닌가요?

임 그게 유럽 스타일인데 거기서는 '마을기업'이라고 합니다. 토목으로 돈이 들어가든 사회복지로 돈이 들어가든 목적 중심으로 전략적으로 자금을 집행하는 게 핵심 테마예요. 우리나라 도시 재생 사업처럼 국토부에 전권을 주는 게 아니고 부처들이 다 모여서 칸막이 예산 다 없애가면서 해야 합니다. 우리나라는 어느 부처가 주도해 그걸 새로운 아이템인 양 붙들고 있거든요. 실제로 도시 재생 사업에 들어가는 돈이 조만간 어마어마하게 풀릴 텐데 이런 식이면 결국 지역구별 나눠 먹기 식으로 갈 겁니다. 앞으로 도시 재생 사업 이야기가 나오면 일단 돈부터 확인하세요. 예를 들어서 노무현 정부 때 균특회계 했을 때 저도 장부를 열심히 다 봤는데, 중앙정부와 지방정부 사이에서 돈 준 사람은 줬다고 하는데 받은 사람은 안 받았다고 하는 황당한 경우가 많았습니다. 그만큼 국가 단위에서 기초단위로 돈을 뿌려줄 때는 새는 돈이 많습니다. 그런데 그 돈의 액수가 커요. 앞으로 들어갈 것도 그렇겠죠.

김 아니 그러면 횡령이었다는 말입니까?

<u>원</u> 횡령 아닙니다. 엇박자 나는 거죠. 돈을 언제 올릴지, 어디로 올릴지 안 보는 사람이 많기 때문에 빈틈이 많았던 거죠.

아무튼 기업 형태의 사업인데 공무원들을 늘리지 않으면서 공공의 일을 하게 만드는 에이전트를 많이 만드는 게 마을만들기의 핵심입니다. 지역 전문가와 그 지역을 잘 아는 사람과 분야별 전문가가 따로 있습니다. 이렇게 지역에 있는 전문가들을 국토부나 문화부처럼 특화되어 있는 부처들을 상대하는 전문가로 키우는 방식, 국토부 등에 돈을 풀어서 지역에 있는 에이전트를 새로 조직하는 방식, 이 두 방식이 결합되어 있는 게 마을만들기입니다. 그래서 지금까지 따로따로 돈을 받던 방식을 하나로 합쳐야 하니까 서로 번역하고 통역해야만 됩니다. 시스템과 용어들, 절차 등이 다 달랐기 때문에요.

거기에, 처음 문제가 뭔지 진단하고 이를 해결하기 위해서 돈이 들어갔기 때문에 얼마나 해결했는지를 보여주는 보고서가 나와야 합니다. 평가도 해야 되고요. 그래야 그다음에 돈이 들어갈지 말지를 결정할 수 있습니다. 그래서 기간 자체가 처음에는 2년이었다가 4년으로 늘어나고 이어 10년으로 계속 늘어납니다. 한번씩 해보면서 효과가 있다 없다 판단을 하는 겁니다. 예를 들면 이 지역에 청년 실업이 문제라고 하면 마을 센터는 청년 실업에 촛점을 맞춰서 진단을 하고 정책을 짜야 합니다. 왜 이 청년들이 일자리가 없을까 고민하고 원인들을 하나씩 해결하면서 실업률을 낮추는 프로세스를 거치는 겁니다. 건설이 필요하다면 건설을 해서 인부로 쓰고 관리자로 쓰고 하는 식으로요.

<u>김</u> 예로 드신 청년 실업도 그렇고 거의 대부분이 국가 차원, 사회경제

적인 배경에서 나타나는 문제라 마을만들기 사업으로 풀 수 있는 문제 인가 정말 의문이 드네요.

임　풀 수 없죠. 그래서 '마을만들기' 자체가 어폐가 있지만 시에서 하 는 경우가 별로 없습니다. 국가 사업입니다. 국가가 주도해서 해도 될까 말까 하는 사업이 마을만들기입니다. 국가가 먼저 인센티브를 가지고 시동을 걸고 시는 집행을 합니다. 국가가 진단과 관련된 일을 하고 시가 집행을 하고 평가는 NGO나 사회단체가 하는 삼박자가 딱 맞아떨어져 야 지속적으로 굴러갈 수 있죠. 조사를 지방정부가 하기는 힘들거든요. 가령 프랑스의 경우 통계청이 재정부 산하인데, 통계청에서 진단 프로 그램을 돌립니다.

김　자, 그러면 중앙정부 단위로 한번 확장을 해서 박근혜 정권 들어선 다음에 제2의 새마을 사업을 한다고 하지 않습니까? 이게 마을만들기 사업으로 연결이 될까요?

임　밑에서 일하는 사람들은 굉장히 많이 신경을 쓰고 있다고 들었습 니다. 결국은 마을만들기의 박근혜 판을 고안해야겠다는 정책 의지를 가진 분들이 꽤 있습니다.

김　그런데 박근혜 대통령은 아버지가 했던 생활 운동을 생각하고 있 는 게 아닌가요? 주택 개량 하고 건물 새로 올리고 건물 외벽 바꾸는 일 들이요. 어떻게 전망하세요?

임　저소득층 난방비를 줄일 수만 있어도 나쁘지 않죠. 아무래도 전 공 부를 해야 하니까 판단중지 하고 있습니다. 다만 이번에도 너무 빨리 지나갈 거 같아요.

김 우리 언론에 따르면 새마을운동이 아프리카를 비롯한 외국으로 많이 수출되고 있다면서요.

임 네, 굉장히 유명합니다.

김 그런데 마을만들기 같은 도시 재생 사업은 수입해온 거라고 하시니 좀 헷갈리네요.

임 영향을 받은 거지요. 수입을 하고 싶어서 한 게 아니라 그럴 수밖에 없는 상황에 도달한 겁니다. 신자유주의 이후 낙후된 도시의 전망이 워낙 암울하고 이 문제를 해결해야 하는데 국가 돈으로 복지에 집중하자니 돈이 너무 많이 들어가고, 민간에 계속 맡기자니 더 열악해질 게 뻔하고. 신자유주의 동력대로 움직이도록 두면 빈민촌은 더욱더 빈민촌화 되거든요. 거기에 안전, 치안, 노동 문제 등이 중첩돼서 손을 안 댈 수 없는 상황까지 온 겁니다. 그때 개입하는 방식이 마을기업, 마을 센터 설립 등이 될 수밖에 없는 거지요. 선택지는 그것밖에 없는데 얼마나 잘하느냐가 지금 각 구청의 과제인 거죠.

김 빈민촌, 슬럼가라는 개념을 도입하면 서울에 외국과 같은 슬럼가가 있다고 봐야 하는 건가요?

임 지금은 얼마 안 남았다고 봅니다.

김 우리가 흔히 생각하는 슬럼가라고 하면 거주민 대부분은 실업자고, 범죄율도 높고, 아이들은 방치돼 있고, 교육은 무방비이고……. 이런 사각지대가 서울에 있긴 있습니까?

임　그런 이미지를 만든 게 UN 같은 기관입니다. 현실을 과장하는 측면도 있습니다. 인도 뭄바이 이야기도 많이 하지만 그 안에서도 혁신이 일어나고 그렇습니다. 학자들끼리 논쟁도 많이 합니다. 마이크 데이비스의 『슬럼, 지구를 뒤덮다(Planet of Slums)』라는 책을 보면 슬럼을 굉장히 안 좋은 쪽으로 묘사하는데, 어떤 학자들은 현실을 너무 추상적으로 일반화했다고 비판합니다. 실제로 슬럼에서 벌어지는 민중들의 삶의 변화에 대해서는 이야기를 거의 안 했다는 거죠.

김　알겠습니다. 그럼 마을만들기 말고, 뉴타운 출구 전략은 어떻게 평가하세요?

임　그거야말로 설거지죠.

김　사실 뭐 치우고 있는 거잖아요. 오히려 박원순 시장 입장에서는 정치적으로 마이너스가 될 수 있는 거죠. 뉴타운을 해제해버리면 여전히 찬성하는 사람들은 박원순 시장을 싫어할 테니까. 그럼에도 불구하고 충실히 설거지를 하고 있다고 평가를 하십니까?

임　진짜 조심스럽습니다. 한 다리 건너면 당사자가 있고 찬성하는 사람들도 있고, 반대하는 사람도 있으니까 제가 말하기 난처한 부분이 있어요. 그럼에도 원칙을 확인할 필요는 있습니다. 뉴타운 출구 전략에서 제일 문제는 사람입니다. 자살 위험까지도 있습니다. 마치 한국전쟁에서 마을 사람들끼리 서로 총 들고 싸운 거랑 비슷한 겁니다. 봉합도 안

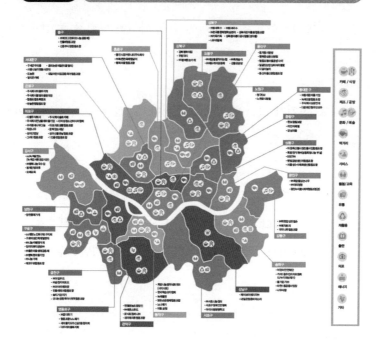

서울시 마을기업 분포

된 상황에서 유야무야 넘어가는 건 힘들죠. 특히 낙후된 지역일수록 오랫동안 사셨던 분들이 많은데 그분들끼리 싸움이 너무 커져버렸습니다. 그래서 출구 전략 때 주민들 스트레스 치료를 시정부 돈으로 해주면 안 되냐고 건의를 한 적은 있어요. 직장인들 건강검진 다 하잖아요. 비슷하게 자영업자 대상으로, 세입자 대상으로 해주었으면 좋겠다고 얘기한 적은 있습니다. 정말 섬세하게 접근해서 밟아야 할 절차들이 아주 많습니다.

가치 선언과 돈의 흐름을 만들기

김 자, 그러면 더 이상 청계천 복원 같은 사업은 먹히지 않는다, 토목 사업을 재임 기간 시정의 상징으로 삼는 시대는 지났다, 이런 이야기에 동의하십니까?

임 아니요. 선거가 있는 한 계속할 겁니다. 큰 건 한 건이 선거에 미치는 효과가 워낙 커요.

김 전에도 다음 지방선거 이야기를 할 때에 개발을 언급하셨어요. 지방선거도 결국은 개발 의제, 개발 이슈가 지배할 거라고 보세요?

임 몇몇 지역에서는 그럴 수밖에 없다고 보는데, 지역별로 많이 다르긴 합니다.

김 왜 여쭤보느냐 하면 이후 서울 시정의 방향이 어떻게 가야 하느냐, 총론조로 마무리해야 하기 때문입니다. 앞으로 서울 시정이 어느 방향으로 가야 한다고 보세요?

임 시장들이 가치 선언을 해주는 게 제일 좋습니다. 단기적으로 할 수 있는 일이 별로 없다, 장기적으로 여기로 가기 위해서 이 단계 이 단계를 진행하겠다, 이렇게요. 우리는 단계적으로 정책을 설계한다는 얘기를 들어본 역사가 거의 없습니다.

김 없죠. 내 재임 기간에 다 하겠다고 하죠.

임 서울시의 경우는 시장의 재선, 삼선이 열려 있는 상태기 때문에 너

무 정치적으로만 가지 않는다면, 큰 가치를 잡고 나가는 편이 나을 거
같습니다.

김 어떤 가치로 제시하면 좋을까요?

임 그건 제가 얘기하기 힘들죠.(웃음) 뭐 저는 개인적으로 청년들 집 문
제도 만만치 않으니까 사회주택도 괜찮고요. 일자리 문제도 있으니까
민관 합작으로 '이 기업은 서울시 청년을 위해서 돈을 많이 쓰는 기업
이다.'라는 명칭을 달아주는 정책도 괜찮다고 봐요. 한국인 기업이라고
광고하는 경우는 많지만 '이 기업은 서울의 발전에 도움을 주는 기업입
니다.'라고 하는 사례는 본 적이 없거든요. 지방에는 토착 기업들이 있
었으니까 좀 달랐지만요.

김 지금까지 지방선거는 토목에 기초한 개발 의제면 다 먹힌다고 생각
해왔는데 여기서 벗어나야 하는 거 아니냐 하는 이야기가 있어요. 2006
년 지방선거에서 무상급식이라는 의제가 지배했는데 이제 그런 시대가
도래했다는 거죠. 그래서 복지 의제가 중요하다는 말인데요.

임 고공전으로 갈 일이 있고, 밑에서 훑을 사업이 있습니다. 양쪽을 다
봐야죠.

김 가치 선언은 고공전일 테고, 그럼 각개전투는 여전히 지역별 맞춤
형 개발인가요?

임 예, 상인조합 같은 것들도 하나의 방법이고요. 그런 쪽으로 하나씩
완성돼가는 경우들이 보이겠지요. 아무래도 시라고 하는 도시는 상인

들의 연합체입니다. 상인들이 결국은 외부에서 도시로 들어오는 돈을 돌리는 역할을 하기 때문에 상인들과 어떤 관계를 맺느냐가 돈의 흐름과 정치의 흐름을 결정해왔고 지금도 크게 달라지지는 않았습니다.

김 그렇죠. 그런데 자영업자들을 위한 정책이 무슨 골목상권 보호, 대형 마트 규제 이런 것밖에 없잖아요.

임 핵심은 돈을 돌리는 겁니다. 돈을 어떻게 돌리느냐에 따라서 상인과 어떤 관계를 맺을지가 나옵니다. 좌파 정당이 노동문제만 계속 붙잡느라고 상인들을 배제했는데, 그러면 시와 관련해서는 할 수 있는 일이 별로 없습니다.

김 돈이 도는 것을 너무 강조하다 보면 이른바 성장 담론에 치우치는 것 아닌가요?

임 성장 안 해도 돌기만 하면 됩니다.

김 어떻게 돌아요?

임 돈을 적절히 쓰게 만들어야죠. 돈이 재래시장으로 가면 효과가 굉장히 크니까 제일 좋은 예였는데 그것도 옛날이야기지 요즈음은 조금 다를 겁니다. 내가 돈을 누구에게 받았고 누구에게 주는지를 체크를 많이 해보셔야 돼요. 우리 커뮤니티 안에서 돈이 얼마나 도는지를요. 지역화폐도 그런 이야기죠. 돈이 지역 안에서 돌면 안정적인 겁니다. 이거는 좌파냐 우파냐를 떠나서, 국가냐 기업이냐를 떠나서 돈과 관련된 단체들은 다 생각하는 겁니다.

예를 들자면 울산에서는 현대 다니면서 현대로부터 임금 받아서 현대백화점에서 쓰고 현대스포츠센터에 가고 현대고등학교 가거든요. 이렇게 돈이 계속 안에서 도는 시스템을 만드는 거죠. 우파 교수에게 들은 재미있는 통계가 있는데, 파리의 경우 개인 소비를 놓고 보면 70퍼센트가 집하고 교통입니다. 그런데 이 70퍼센트가 국가에 속한 게 많습니다. 대중교통은 공영 버스, 공영 지하철이니까 대중교통도 국가 소유, 집도 공영 주택이 워낙 많으니까 국가 것입니다. 프랑스는 전 세계에서 네 번째로 다른 나라에 돈을 많이 빌려준 나라이고 네 번째로 돈을 많이 빌려 온 나라랍니다. 그렇게 뻔질나게 돈이 국내외를 왔다 갔다 하면서도 경제가 안정되게 유지되는 이유는 바로, 안에서 돈이 안정적으로 돌기 때문입니다. 안에서 돈을 어떻게 돌릴지에 대한 마스터플랜이 있어야 합니다. 특히 대도시는 이 부분이 매우 중요합니다.

김　고차원적인 작업 같은데요. 대형 마트 규제를 찬성하는 사람이 이야기하는 게, 규제를 해야 하는 이유 중 하나가 대형 마트가 버는 돈의 80퍼센트가 본사로 송금돼서 지역을 벗어나버리기 때문이라고 하더라고요. 대형 마트가 지역에 기여하는 게 없다는 얘기죠.

임　그래서 지방법인 이야기 한참 많이 나왔죠. 법인세를 서울에 내니까 그렇게 되는 거죠. 그런 게 한둘이 아닙니다. 여러 가지가 복잡하게 얽혀 있는 시스템을 설계해야 합니다. 자영업자들에게 돈이 얼마나 가고 있고 돈을 얼마나 걷고 있으며 그들은 누구에게 쓰고 있나, 이런 이야기들이 나와야 하는 거예요. 또한 액수를 확 줄이거나 늘리는 건 별로 안 좋습니다. 최근에 4대강 복원할 때 천천히 하자는 얘기가 언론에서 나온 것처럼, 정책은 굉장히 천천히 움직이면서 주위의 관심을 끌어모으고 한단계씩 높여가야지, 와장창 해버리면 와장창 깨집니다.

김 좌고우면 하면서.

임 아주 조금씩 바꾸어야 됩니다.

김 알겠습니다. 사실 처음에 정치지리학이라는 방법론이 참 생경했어요. 그런데 진행을 하다 보니까 시정 하나하나에 진짜로 정치 논리, 나아가서 자본의 논리가 어떻게 투영돼 있는지 적나라하게 드러나는 것 같아요.

임 권력이 땅을 통해 어떤 효과들을 만들어내는지 주의 깊게 보는 거지요. 앞으로 대중들이 이와 관련된 내용을 많이 접할 수 있길 바랍니다. 그동안 생소한 이야기를 들어주셔서 감사합니다.

참고문헌

강부성 외, 『한국 공동주택계획의 역사』, 세진사, 1999.

건설부, 『국토계획추진현황』, 1966.

건설부, 『국토계획추진상황 보고』, 1966.

건설부, 『국토계획기본구상』, 1968.

건설부, 『개발제한구역해설』, 1976.

건설부, 『국토 건설 25년사』, 1987.

건설부, 『개발 제한 구역 관리규정』, 1988.

건설부, 『국토이용에 관한 연차보고서』, 1990.

건설교통부, 『건설교통통계연보』, 2002.

경제기획원, 『경제 백서』, 1962.

경제기획원, 『경제활동인구 조사보고서』, 1967.

공세권, 『한국의 가족계획사업, 1961~1980』, 가족계획연구원, 1981.

국정브리핑 특별기획팀, 『대한민국 부동산 40년』, 한스미디어, 2007.

국토개발연구원, 『특정지역재정비계획』, 1980.

국토개발연구원, 『국토 50년』, 서울프레스, 1996.

국토건설청, 『국토건설연감』, 1961.

권이혁, 「특이지역사회에 대한 사회의학적 조사」, 서울대학교연구위원회, 1963.

권이혁, 「도시 인구에 대한 연구」, 서울대학교 의학대학, 1967.

권순복, 「도시행정과 시민참여」, 『건국대학교 행정대학원 연구논총』, vol. 12, 1984,
　　293~310쪽.

권태환 외, 『한국의 인구와 가족』, 일신사, 1995.

권태환 외, 『인구의 이해』, 서울대학교출판부, 2002.

권태환 외, 『한국의 도시화와 도시문제』, 다해, 2006.

김광웅, 김몽실 (편), 『행정관리의 과학적 접근』, KIFP, 1977.

김광웅, 김선웅,『한국인의 인구정책 결정과정』, 아세아정책연구원, 1985.

김익진,「토지구획정리사업의 공과」,《도시문제》, vol. 8, no. 4, 1973, 15~24쪽.

김정호,『현행개발이익환수제도와 개선방안연구』, 국토개발연구원, 1983.

김준영,『(해방이후) 한국의 물가정책』, 성균관대학교출판부, 2000.

김정중,「서울특별시 지가 변동과 그 정책에 관한 연구」,《건국대학교 학술지》, vol. 14, 1972, 225~248쪽.

김민경,『인구센서스의 이해』, 서울, 글로벌, 2000.

김문모,『한국의 노동력』, 인력개발연구소, 1968.

김사달,『좋은 아기를 낳는 가족계획』, 신태양사, 1961.

김영미,「일제시기~한국전쟁기 주민 동원·통제 연구: 서울지역 정·동회조직의 변화를 중심으로」, 서울대학교 대학원 박사논문, 2005.

김영미,「해방 이후 주민등록제도의 변천과 그 성격」,《한국사 연구》, vol. 136, 2007, 287~323쪽.

내무부,『새마을 운동, 도시 병리 진단과 그 치료를 위한 도시 새마을 운동 전개 방향』, 1976.

내무부,『한국지방행정사』, 1966.

내무부,『반상회 운영: 지방 행정 자료 통계』, 1987.

내무부,『지방행정편람』, 1969.

노융희,『서울 인구 집중 억제 정책』, 한국 행정 문제 연구소, 1966.

동부교육구청, 향토사회공동조사위원회,『우리의 지역사회: 성동구』, 동대문구, 1973.

대한가족계획협회,『한국가족계획 10년사』, 1975.

대한국토계획학회,『국토계획학회 30년사』, 1989.

대한국토 도시계획학회,『이야기로 듣는 국토 도시계획 반백년』, 보성각, 2009.

대한민국,『국토건설종합계획 1972~1981』, 1971.

맹치영,『개발제한구역의 이해』, 시대공론사, 1992.

변시민 (편),『우리나라 인구 및 고용에 관한 조사 연구』, 인구문제연구소, 1968.

보건부,『한국가족계획사업』, 1965.

보건부,『한국가족계획사업』, 1966.

서울특별시 도시계획위원회, 『도시계획 기본자료 조사서 1권』, 1962.

서울특별시, 『서울도시계획연혁』, 1991.

서울특별시, 『서울행정사』, 1997.

서울특별시, 『서울상공업사』, 2003.

대한주택공사, 『주택유효수요추정연구』, 1977.

대한주택공사, 『대한주택공사 20년사』, 1979.

대한주택공사, 『대규모단지 개발계획』, 1980.

박병주, 「도시개발과 토지구획 정리사업」, 『도시문제, 1973~1974』, 4~14쪽.

박철수, 「해방 전후 우리나라 최초의 아파트에 관한 연구: 서울지역 7개 아파트에 대한
    논란을 중심으로」, 《서울학연구》, vol. 34, 2009, 175~215쪽.

박노식, 조동규, 『향토지리조사방법론』, 정음사, 1962.

박노자, 「누가 이 '병역기피자'에게 돌을 던지나」, 《한겨레 21》, n. 664, 2007.

박태화, 『한국의 위성도시』, 형설, 1988.

삼성물산, 『건설삼십년사: 1977~2007』, 2007, 15쪽.

서재근, 오세철, 『방범 활동의 각 방법에 대한 효과측정 및 최선의 방안』, 문교부,
    1979.

서호철, 「1890~1930년대 주민등록제도와 근대적 통치성의 형성: 호적제도의 변용과
    '내무행정'을 중심으로」, 서울대학교 대학원 박사논문, 2007.

서현주, 「조선말 일제하 서울의 하부 행정제도 연구」, 서울대학교 대학원 박사논문,
    2002.

손정목, 『한국 도시 60년의 이야기 1권』, 한울, 2005.

손정목, 『한국 도시계획 이야기 3권』, 한울, 2003.

손정목, 『한국 도시계획 이야기 4권』, 한울, 2003.

송남헌, 『해방삼년사』, 까치, 1985.

안승국, 「자본축적전략과 계급구조의 변화: 한국과 대만에 있어서 신중간계급과 노동
    계급의 형성」, 《사회과학논집》, vol. 18, n. 1, 2000.

양재모 (편), 『교회활동을 통한 도시영세민의 가족계획사업 기초조사: 서울 연희동
    부산범래골』, 연세대학교 인구 및 가족계획연구소, 1973.

양문승,『경찰서 및 파출소의 기능·역할의 정립과 설치의 기준·규모에 관한 연구』, 치안연구소, 2000.

오천혜,『기독교와 인구문제』, 조문사, 1961.

윤종주,「서울시 전입가구의 주거 이동에 관한 연구」,『서울여자대학논문집』, no.5, 1976, 83~101쪽.

윤경진,「조선 초기 한성부의 인구통제와 역제운영」,《서울학연구》, no. 21, 2003, 1~36쪽.

윤석범,『한국의 도시 인구 집중 현상과 그 경제적 요인』, 서울, 한국경제연구센터, 1976.

유의영, 석현호 (편),『한국정부 통계자료의 현황과 문제점』, vol. 1, 서울대학교문리과 대학 인구 및 발전문제연구소, 1971.

이규태,「한국의 '지방학'의 현황과 문제점」,『서울학연구』, n. 28, 2007, 177~209쪽.

이만갑,『공업발전과 한국농촌』, 서울대학교출판부, 1984.

이명종,「일제말기 조선인 징병을 위한 기류(寄留)제도의 시행 및 호적조사」,《사회와 역사》, vol. 74, 2007, 75~106쪽.

이임전, 이시백,『자비부담가족계획수용가능성에 대한 조사연구』, 가족계획연구원, 1979.

이종재, 서정화,『주요국가 의무교육제도』, 한국교육개발원, 1979.

이태교,「한국의 토지투기에 관한 연구: 투기실태와 원인분석을 중심으로」, 한양대학교 박사논문, 1985.

이태우,「수도권 인구분산에 관한 외국사례」,《도시문제》, vol.4, n.6, 1969, 54~69쪽.

임동근,「한국 사회에서 주택의 의미를 다시 묻는다」,《진보평론》, vol. 24, 2007, 143~155쪽.

임서환,『주택정책 반세기』, 기문당, 2005.

장윤식, 유의영, 석현호 (편),《한국정부통계자료의 현황과 문제점》, vol. 2, 서울대학교 문리과대학 인구및발전문제연구소, 1972.

정경균,『가족계획 어머니회 연구: 부녀조직 구성 및 관리지침서』, 대한가족계획협회, 1987.

정석희, 이옥란, 『토지구획정리사업제도의 개선방안 연구』, 국토개발연구원, 1990.

정상천, 「지방의 시대와 우리 주민참가론」, 《사회과학논총》, vol. 2, 1987, 1~37쪽.

조진구, 「신시가지 개발에 있어 토지구획정리사업에 관한 연구」, 서울대학교 석사논문, 1978.

최창호, 강영기, 「리 동 통 및 반 행정의 실태와 개선 방향」, 《연구논총》, vol. 9, 건국대학교 행정대학원, 1981, 139~168쪽.

한국제1무임소장관실, 『수도권인구재배치계획(1977~1986)』, 1977.

한국보건사회연구원, 『인구정책30년』, 1991.

한국토지개발공사, 『한국토지개발공사 20년사』, 1999.

홍춘식, 「인구문제와 수도권정비계획: 서울인구와 수도권 광역계획」, 《도시문제》, vol. 4, no. 6, 1969, 40~53쪽.

홍문식, 「출산력 억제정책의 영향과 변천에 관한 고찰」, 《한국인구학》, vol. 21, no. 2, 1998.

홍사원, 『한국의 인구와 인구 정책』, 한국개발연구원, 1978.

사진 출처

p. 26 문화재청 홈페이지 아카이브 / p. 81 『지방행정구역편람』, 1963 / p. 103 서울특별시 홈페이지 아카이브 / p. 132 e영상역사관 / p. 148 국가기록원 홈페이지 아카이브 / p. 160 『대한주택공사 20년사』 / p. 212 ⓒ압구정동 향우회 / p. 241 ⓒ임동근 / p. 272 서울특별시 홈페이지 아카이브 / p. 319, 325 ⓒ임찬경 http://blog.naver.com/imck81 / p. 350 서울특별시 고시 제2013-400호 / p. 360~361 《동아일보》 2003년 6월 30일자 / p. 367 서울특별시 홈페이지(2007년) / p. 368 대한민국 정부 홈페이지(2009년) / p. 391 《매일경제신문》 온라인판의 광고(2013) / p. 405 서울마을공동체종합지원센터 홈페이지

메트로폴리스 서울의 탄생

서울의 삶을 만들어낸 권력, 자본, 제도, 그리고 욕망들

1판 1쇄 펴냄 2015년 7월 27일
1판 12쇄 펴냄 2024년 8월 30일

지은이 임동근·김종배
펴낸이 박상준
책임편집 김희진
편집 최예원 박아름 최고은
펴낸곳 반비

출판등록 1997. 3. 24.(제16-1444호)
(06027) 서울시 강남구 도산대로1길 62
대표전화 515-2000, 팩시밀리 515-2007
편집부 517-4263, 팩시밀리 514-2329

글 ⓒ 임동근·김종배, 2015. Printed in Seoul, Korea.

ISBN 978-89-8371-725-2 (03980)

반비는 민음사출판그룹의 인문·교양 브랜드입니다.